高等学校教材

无人系统及其作战运用

吴虎胜　主编

西北工业大学出版社

西　安

图书在版编目(CIP)数据

无人系统及其作战运用 / 吴虎胜主编. -- 西安 ：
西北工业大学出版社，2024.8. -- ISBN 978 - 7 - 5612
- 9480 - 2

Ⅰ. E94

中国国家版本馆 CIP 数据核字第 2024F4A166 号

WUREN XITONG JIQI ZUOZHAN YUNYONG

无 人 系 统 及 其 作 战 运 用

吴虎胜　主编

责任编辑：朱晓娟	策划编辑：杨　军
责任校对：张　友	装帧设计：高永斌　李　飞

出版发行：西北工业大学出版社

通信地址：西安市友谊西路 127 号　　　邮编：710072

电　　话：(029)88491757，88493844

网　　址：www.nwpup.com

印 刷 者：兴平市博闻印务有限公司

开　　本：787 mm×1 092 mm　　　1/16

印　　张：17

字　　数：424 千字

版　　次：2024 年 8 月第 1 版　　　2024 年 8 月第 1 次印刷

书　　号：ISBN 978 - 7 - 5612 - 9480 - 2

定　　价：69.00 元

《无人系统及其作战运用》

编委会

主编　吴虎胜

编者　吴虎胜　李志文　宛泉伯

　　　张　皓　卫超强　闫　倩

前　言

　　科技发展日新月异,无人系统已在各种军事活动中崭露头角。纵观历史,深入思考可知,无人系统将像20世纪的坦克、潜艇和原子弹一样,成为改变21世纪军事战争规则的颠覆性装备,深刻影响作战理论发展、武器装备体系建设、部队人员编成、后装保障等。

　　本书共七章:介绍无人作战系统的基本概念、特点、优势、劣势、分类、发展历程;论述无人系统涉及的自主控制技术、集群协同控制技术、通信与数据链等关键技术;介绍空中无人系统、地面无人系统、水域无人系统的任务需求、性能特点、典型装备、典型作战应用等;分析指出我军无人系统的任务使命、运用准则,以及有人/无人协同作战、集群作战、空地一体协同作战等新型作战模式。

　　希望本书能够为读者带来一幅无人系统及其作战运用的全景图、立体图,为读者了解无人系统的概念、原理、技术、应用、发展等提供有益帮助。

　　全书由吴虎胜任主编,吴虎胜编写第一、七章,李志文编写第二章,卫超强、闫倩编写第三章,宛泉伯编写第四、五章,吴虎胜、张皓编写第六章。

　　在编写本书的过程中,曾参阅了相关文献资料,在此谨对其作者表示感谢。

　　由于水平有限,书中难免存在疏漏和不妥之处,恳请读者批评指正并多提宝贵意见。

编　者

2023 年 5 月

目　　录

第一章 无人作战系统概述

新技术革命正引领人类进入第二次机器革命,以信息技术为核心的军事高科技的发展及其广泛应用,正在深刻地改变着军事斗争的面貌,引发军事领域的一系列革命性变化。"无人作战"正是这场军事变革的重要体现之一。智能技术孕育出新一代的智能化"无人"武器装备,与其他新理论、新技术、新装备一起引发了信息化战争的战争形态、作战原则和军事理论的变化,为这场军事变革提供了物质、技术基础。回顾近 30 年发生的历次战争,无人作战飞机、无人潜航器、微小型地面机器人等已经在战争中崭露头角,军事斗争正进入无人作战时代。无人作战系统将成为改变 21 世纪战争规则的颠覆性技术之一,并且已经成为国家间军事博弈的重要力量。美军正在大力推进并建立基于无人装备的制胜装备体系,其《无人作战系统发展综合路线图 2013—2038》指出:"无人作战系统目前已经可与传统的有人作战系统相匹敌。"该书对美军未来 25 年无人作战能力建设做出了明确的规划和指导。

战争形态是以主战兵器技术属性为主要标志的战争历史性的表现形式和状态。经过冷兵器、热兵器、机械化战争形态,在人类战争进入后机械化和信息化形态后,战场上出现大量的移动作战武器平台,包括各种飞机、舰船、坦克和装甲车辆。这类武器平台由操作人员直接在平台上控制其运动,并操作搭载的相应武器系统,统称为有人驾驶的战斗平台,可简称"有人平台",它们是机械化战争和信息化战争初期的主角。随着科学技术的不断发展和各国综合国力的不断增强,武器系统不断完善,杀伤力、系统复杂度、自身经济价值和后勤保障需求不断提高,使"有人平台"在未来战场上执行作战任务的生存能力、战斗效能受到考验,对国家来说,战争损耗与政治风险越来越难以承受。无人作战系统的出现主要是适应构建现代军事力量体系特别是发展新型作战力量的需要,加快发展远程全域作战、非线性作战、隐身精确作战、无人作战等新手段已经成为我军新型作战力量建设的重要指导,"无人作战"以其特有的"信息黏合+体系对抗"的显著特点,突出体现了基于信息系统的体系作战的特征和要求,已经成为我军信息化武器装备发展中的重要内容。

第一节 无人作战系统的基本概念

一、基本定义

无人作战系统是由无人平台(有动力、可重复使用)、指挥与控制站、数传/通信系统和任务载荷等部分有机构成的综合化作战系统,通过信息网络连接,由操作人员远程遥控或计算机自主控制,可像有人作战系统一样执行侦察、干扰、攻击敌方目标等任务,是未来信息化武器装备体系中的重要组成部分,是信息化战争中夺取信息优势、实施精确打击、完成特殊作战任务的重要手段之一。

二、体系结构

无人作战系统主要包括无人平台、指挥与控制站、数传/通信系统和任务载荷四个部分。

(1)无人平台是无人作战系统最主要的组成部分,包括各种自主控制或远程遥控、可重复使用、能携带任务载荷的军用飞机、车辆、舰船等平台,如图1-1和图1-2所示。无人平台与有人平台的区别在于使用过程中平台上没有操作人员,与导弹、地雷等武器系统的最大区别是其具有可重复使用性。

图1-1 空中无人作战系统

图1-2 水面及地面无人作战系统

(2)指挥与控制站是无人作战系统的用户终端,操作人员通过指挥与控制站(指挥车)来获取无人平台的当前状态,并向无人平台发送控制指令。无人作战系统所具有的远程操控能力,使其能够更好地融入未来信息化武器装备体系中,这在信息化战争中发挥重要作用。

(3)数传/通信系统是无人平台和指挥与控制站之间、平台之间、系统之间的关联途径,是无人作战体系构成的关键。当前,无人作战系统主要使用数据链连接,并通过数据链接入战术信息网络。

(4)无人作战系统执行相关作战任务必须搭载相应的任务载荷,包括扬声器、侦察设备、通信设备等。这些任务载荷必须具备无人操作能力。

第二节　无人作战系统的结构特点、优势和劣势

无人作战系统的结构特点是"平台无人，系统有人"，它具备许多有人作战系统无法比拟的优势，但同时也存在一些劣势。

一、平台无人

无人作战系统最直观的特点是"平台无人"。"平台无人"是指对于传统有人作战系统，无人作战系统侦察、作战的平台是无人的。"平台无人"所带来的最主要优势是不必考虑乘员的需求，因此可突破人类的生理限制设计系统，具有相对航时长、体积小、重量轻、成本低、机动性强、隐身性能好、便于在高危（核化等）地区工作等优点。

目前，无人平台主要包括各种军用无人机、无人车辆、无人船艇等，平台种类在不断丰富、发展着。智能化且具有独立侦察、作战能力的无人平台，已经呈现出替代传统有人平台的趋势。2006年，美国参议院就武器装备发展明确表示："任何有人系统的申请计划，都必须证明无人作战系统不能满足计划要求。"国外军事专家认为：无人作战飞机的加入将有可能改变未来空中作战的力量结构、组织编成、条例条令、作战原则、战术思想、作战方式以及国防采办等各个方面；无人潜航器的使用将可能改变未来水下作战的样式；无人车辆将可能改变陆战的性质，未来地面战中的突击部队将可能是一支遥控或自主的无人战车和机器人的部队，跟随其后的才是由战斗人员组成的部队。美国阿布鲁金斯学会21世纪防御计划项目负责人P.W.辛格描述道："5 000年来，战争一直是人类的独角戏，而现在，这个局面已经结束了。"

二、系统有人

相对于"平台无人"的表象，无人作战系统的本质特点是"系统有人"。人始终是战争胜负的决定性因素，这是战争历史反复证明了的真理。在信息化战争的形态下，人的地位和作用被提高到了空前的高度。人不仅仅是武器装备的制造者和使用者，在信息化战争的条件下，战术、战略意图的决定权依然在指挥员（人）手中，通过人和智能化"无人"武器装备的高度融合，人的智能将更为直接地转化为战斗力。无人平台等先进的武器装备只有在人的指挥、操作下才能最大限度发挥其作战效能。

信息化形态下的战场同以往战场一样，是勇气的比拼，更是智慧、科技的交锋，归根到底，是交战双方人才的较量。

"系统有人"可具体理解为指挥员在无人作战系统中具有决定性作用。随着现代战争形式的发展，美军信息作战的目标正在由"谋求信息优势"向"谋求决策优势"转化，相应的手段从"四个任务"变为"五个恰当"，即从"在任何时刻、任何地点将任何信息送到任何人手中"改变为"在恰当的时间、恰当的地点将恰当的信息以恰当的形式交给恰当的接收者"，同时压制

敌方谋求同样能力的企图,从而将信息获取能力最大限度地转化为科学决策的能力和作战能力。

在信息化战争中,无人平台在侦察、打击等方面带来前所未有的改变,信息获取、传递、使用、管理与共享的能力得到了空前的提高,各种军事单元之间通过各种纵横交错的网络实现"无缝连接",战场的各种情报信息可以在第一时间传送给指挥员,但是面对得到的信息,如何做出有针对性的兵力部署、如何配置火力、何时何地发起攻击等,依然主要依靠指挥员的综合决策。

当前及未来一段时间内,无人平台将主要采取有人遥控实施作战。例如,美国的"捕食者"无人机通过卫星链路向地面控制站传送飞行状态和各类侦察信息,指挥员根据接收的数据做出决策,然后通过上行链路将遥控指令发送给无人机,操控千里之外的无人机飞行、侦察和攻击。随着空-天-地-海信息网络的逐步完备,无人平台自身的自主能力不断提高,单个任务站控制多无人平台协同作战、有人/无人平台协同作战、无人平台自主作战、无人平台自组织集群作战等新的作战样式逐步呈现。

三、优势

(一)无人作战系统以作战任务为中心进行设计,不必考虑乘员需求

无人平台设计的一大特点是以任务为中心来设计,不必考虑乘员的需求,许多受到人身安全、人的生理限制而无法在有人平台上使用的技术都可以在无人作战平台上使用,因此其具有体积小、重量轻、机动性强、隐身性能好、航时长等优点。

以无人作战飞机为例,与携带相同有效载荷的有人作战飞机相比:无人作战飞机的重量可减轻 15%~57%(取决于携带武器的类型),体积可缩小 40%;飞机的飞行速度、高度、航程和机动性有极大的提高,如最大飞行速度甚至可达到高超声速($Ma = 12 \sim 15$),最大飞行高度可达到 25~38 km,航程可达 20 000 km,续航时间长达 160 h,机动过载可高达 20g(g 为重力加速度),这些优异性能都是有人作战飞机很难或根本不可能达到的(例如,飞行员目前能短时承受的机动过载能力只有 $7g \sim 9g$)。

(二)无人作战系统研制和使用费用低,作战效费比高

有人平台费用的持续上涨极大地困扰着各国的军事部门,以美国的飞机为例:第三代战斗机——F-15战斗机的研制费用为 20 多亿美元,采购单价达到 3 000 万~5 000 万美元,第四代超声速战斗机——F-22战斗机的研制费用高达 200 多亿美元,根据不同配置,采购单价为 1.4 亿~2.2 亿美元。而最新的 X-47B 隐身无人攻击机的初期研发费用仅为6.36亿美元,无人作战系统不需要驾驶舱、环境控制和防护救生等系统,大大降低了研制和生产费用,同时,体积小、重量轻的特点还节省了使用与后勤保障费用。据估计无人战斗机的研发和生产成本大约为有人战斗机的1/3,操作和维护费用大约为有人战斗机的1/4。

F-22战斗机是美军寄予厚望的隐身攻击型作战飞机,花费巨大。但在 2011 年 5 月 6 日,美国国防部却对 F-22 战斗机做出了"无限期停飞"的决定。美国空军给出的理由是:

F-22 战斗机向机舱供氧气的制氧系统出现了问题。早在 2010 年 11 月 17 日,就有一架 F-22 战斗机因为制氧系统发生故障在阿拉斯加坠毁。调查显示:飞行员事发前很可能严重缺氧,随后进入昏迷状态,继而引发了 F-22 战斗机的坠毁。当时,美国空军决定将 F-22 战斗机在常规训练时的高度限制在 7 600 m。后续调查中发现 F-22 战斗机制氧系统出现问题的原因一时难以准确定位及解决,因此美国空军又给所有 F-22 战斗机加装了后备制氧系统。如此昂贵的战机,因为驾驶员的供氧系统缺陷而停飞,导致无法发挥其作战效能,这凸显了有人平台的局限性。

在 1998 年 12 月的"沙漠之狐"行动中,美军在 70 h 内分别发射了 325 枚"战斧"巡航导弹和 90 枚 AGM-86C 空射巡航导弹。如果当时能选用可重复使用的无人作战飞机挂载采用全球定位系统(Global Positioning System,GPS)精确制导的联合直接攻击炸弹来实施相同打击任务,作战的效费比将大大提高(GPS 制导炸弹的费用约为 2.5 万美元/枚,战斧巡航导弹的费用约为 100 万美元/枚)。

(三)无人作战系统侦察与打击效率高

与人类相比,计算机具有存储信息量大、计算速度快而且精确的显著优势。随着无人作战系统及其支撑信息系统的使用,战场情报侦察的及时性和有效性都得到了质的提高。例如,在阿富汗战争中使用的"捕食者"无人机,可一次升空盘旋 40 h,由于装备先进的传感器和卫星通信数据链,可在昼夜和全天候环境下提供实时视频图像,使得从侦察到情报核实、下达作战任务的整个过程可以在 5~10 min 内完成。

(四)无人作战系统适于在枯燥、恶劣、危险环境执行任务

无人作战系统所表现出的耐力、多样性、更高的生存力和对人类生命的保护,使其成为完成枯燥、恶劣、危险任务的优先选择。在"非接触战争""零伤亡"目标的驱动下,美军常将一些必须执行的危险系数极大的工作交由无人作战系统去执行。在核沾染和生化武器的威胁下执行各种战术任务,也是无人作战系统极具优势的应用领域。另外,在与有人平台协同编队作战时,无人平台还可以在关键时刻牺牲自己,确保人员安全。

(五)无人作战系统研制复杂但操作简单

由于没有操作人员所需的操作空间和相应设备,所以无人平台结构上比较简单,可以采用模块化设计,以便于更换任务组件。要求研制阶段充分考虑模块化和标准化需求,研制中的复杂性换来的是使用中的便利性和高效率。

(六)无人作战系统指挥与控制人员培训简化,指挥更加高效

一方面,随着技术的发展,无人作战系统操作人员培训过程不断简化,美军已经出现了大批不会飞行的"飞行员",其培训周期和费用降低;另一方面,操作人员远离硝烟弥漫、血雨腥风的战场,心理压力小,综合判断更为客观。2010 年,美军培养的无人机操作人员数量首次超过培养有人机驾驶员数量。截至 2013 年底,美军现役的无人机操作人员的总数已经超过了现役的有人机驾驶员的总数。

无人平台(例如无人驾驶飞机等)的大量使用可以对敏感地区进行全天候的监控和侦察,在先进的信息处理系统的支持下,美国国防部获取情报信息后,一般 15 min 内就能拿出 1~3 个经过可行性论证和得失权衡的模拟作战方案,这才使得美军在伊拉克战争开始前 2 h 内,完成对"斩首"行动的决策、准备和实施,极大提高了指挥系统的效率。

四、劣势

(一)无人作战系统遥控作业时易遭受电磁干扰

无人作战系统在遥控作业时易遭受敌方的电磁干扰。2011 年 12 月 4 日,伊朗向全世界展示了所俘获的一架先进的美国 RQ - 170H"坎大哈魔鬼"隐身无人机,引起了世界的轰动。2012 年 12 月 4 日,伊朗称捕获美军从波斯湾内军舰上起飞的"扫描鹰"无人机。2014 年 5 月 11 日,伊朗展示了其复制的 RQ - 170 无人机。根据伊朗方面的情报:伊朗首先通过某种手段对无人机的通信系统进行了强大的干扰,切断了无人机与指挥部之间的联系,迫使无人机进入保护状态,自动返航;然后伊朗方面模拟了一个假的 GPS 信号,诱导美军无人机降落在伊朗境内。

2012 年 6 月,在美国国土安全部门的要求下,得克萨斯大学的学生仅使用了价值大约 1 000 美元的民用设备,就通过 GPS 欺骗方式成功地控制了一架军用无人机,证实了上述方法的有效性。

有研究者指出:未来战争将包括所谓"电子说服战",战斗中敌对双方都会竭尽全力"说服"对方的无人装备。例如:"武装机器人重新编码,将所有美军士兵和平民设定为敌方作战人员,授权自主射击!"此类状况一旦发生,后果不堪设想。

上述事实或设想,为在未来战场上压制敌方无人平台提供了有效的思路。

(二)无人作战系统自主识别敌我目标、假目标和伪装目标的能力有限

P.W.辛格曾经这样说:"对付配备有机枪的地面机器人,最有效的一种对策,不是拥有 AK - 47 自动步枪的塔利班武装分子,而是一个 6 岁阿富汗小男孩。"辛格的设想是基于这样的考虑:战争中通常会把孩子、妇女设定为非战斗人员,不加防范或者不进行主动的攻击,而这些"非战斗人员"只需要用一个喷漆罐,对着机器人的传感器进行喷射,就足以使得一个地面机器人失去作战能力。在相当长一段时间内,无人作战装备在不依靠人类在线智力支持的条件下,其自主识别敌我目标、假目标和伪装目标的能力依然十分有限。

(三)反制无人作战系统的手段日益增多

为了应对北约以无人机为主的空中威胁,叙利亚政府于 2013 年紧急引进 6 枚俄罗斯制 S - 300 防空导弹,这表明当前的先进防空导弹系统对于"捕食者 II"这类低速飞行的无人机依然是一个非常大的威胁。2010 年,美国海军在加利福尼亚西海岸进行了舰载激光炮击毁无人机的试验,试验中共击毁了 4 架无人机。"矛"和"盾"从来都是共生共存的,有了无人作战系统这样的进攻手段,自然会产生应对无人作战系统的反制手段。

第三节 无人作战系统的分类

根据作战区域的不同,无人作战系统可以划分为空中无人系统、地面无人系统、水域无人系统和空间无人系统四大类。这四类无人作战系统的主体是相应的无人平台,辅之以对应的指挥与控制站、任务载荷和数传/通信系统。

一、空中无人系统

空中无人系统的主体是无人机。无人机是一种有动力的飞行器,它无需操作人员,由空气动力装置提供提升动力,采用自主飞行或遥控驾驶方式,可以一次性使用或重复使用,并能够携带各种任务载荷。

近年来,无人机技术快速发展,已在世界范围内形成了高、中、低空,远、中、近程,大、中、小型,战略、战术,通信中继、电子对抗、攻击作战等多层面、多梯次搭配的无人机体系。无人机的常见分类方法如下:

(1)按重量划分为微型(空机重量小于 0.25 kg)、轻型(空机重量不超过 4 kg 且最大起飞重量不超过 7 kg)、小型(空机重量不超过 15 kg 且最大起飞重量不超过 25 kg)、中型(最大起飞重量不超过 150 kg,但不包括微型、轻型、小型无人驾驶航空器)、大型(最大起飞重量超过 150 kg)五个类型;

(2)按航程分为超近程(小于或等于 50 km)、近程(50～300 km)、中程(300～1 000 km)、远程(大于 1 000 km)四个类型;

(3)按飞行方式划分为固定翼无人机、旋翼无人机、扑翼无人机、飞艇等;

(4)按用途划分为无人侦察机、电子战无人机、靶机、反辐射无人机、对地攻击无人机、通信中继无人机、火炮校射无人机、特种无人机、诱饵无人机等。

二、地面无人系统

地面无人系统的主体是地面无人平台,又称为地面军用智能机器人。地面无人平台以遥控或自主方式行驶的地面机动平台为载体,配置各种不同的任务载荷。按平台重量的不同,地面无人平台可划分为微型(小于或等于 5 kg)、小型(5～300 kg)、轻型(0.3～5 t)、中型(5～10 t)、重型(10 t 以上)五个类型;根据操作方式自主程度的不同,地面无人平台可分为遥控式、半自主式、自主式和网络中心式。

(一)遥控式地面无人平台

遥控式地面无人平台是在操作人员直接遥控下作业的地面无人平台,可以执行建筑物与隧道搜索、探雷、排雷、物资运输、侦察/监视等作战任务。

(二)半自主式地面无人平台

半自主式地面无人平台是具备一定的自主能力,如在通信信号丢失或不能使用遥控操作的情况下,能够自主完成部分预设任务的地面无人平台,可以执行地面物资运输、补给护送、医疗后送、烟雾施放、间瞄火力、侦察/监视等作战任务。

(三)自主式地面无人平台

自主式地面无人平台是具有较强的环境识别和自主能力,可自主完成大部分预设任务的地面无人平台,可以协助作战人员自主执行侧翼辅助作战、遥感、狙击/反狙击、反侦察/渗透、间瞄火力、前哨/侦察、化学生物战剂检测、战损评估等作战任务。

(四)网络中心式无人平台

网络中心式无人平台是具有高度自主与协同能力的地面无人平台,可执行多平台协作编队猎杀、纵深侦察、联合作战、固定区域防守等作战任务。

三、水域无人系统

水域无人系统的主体包括无人潜航器和水面无人高速艇。

无人潜航器是一种水下智能化的潜航器,它通常依附在潜艇或水面舰艇上,并能从艇上布放或回收,部分潜航器可以从飞机或岸上设备布放。无人潜航器能携带多种传感器、专用机械设备或武器,靠遥控或自主控制在水下航行,适于长时间、大范围的侦察任务。按照无人潜航器与水面支持设备(母船或平台)间联系方式的不同,无人潜航器可以分为两大类:

(1)无人有缆潜航器,由于有缆潜航都是遥控式的,所以习惯上把它称作遥控式潜航器(Remotely Operated Vehicle,ROV),按其运动方式可分为拖曳式、(海底)移动式和浮游(自航)式三种。

(2)无人无缆潜航器,也称为"自主式潜航器"(Autonomous Under water Vehicle,AUV),它主要借助导航设备和计算机导航、推进控制和任务管理。由于摆脱了缆线的制约,所以 AUV 的作用范围更广、自主作业能力更强,但相比于 ROV,其抗干扰能力较差。AUV 以自主方式在水面航行,其生存能力较强,能适应各种气候,可昼夜连续值勤,适合执行近海长时间巡逻任务,能有效保护易受恐怖袭击的航道、港口、桥梁、电站、海上石油平台、海军舰艇等目标的安全。

四、空间无人系统

空间无人系统的主体是空间无人平台,它是由火箭发射或直接部署在空间的作战武器,主要由无人空天飞机、无人高超声速飞行器和天基攻击武器等组成,可用于攻击和摧毁空间飞行的目标,也可用于对地攻击。空间遥控机器人亦可成为空间无人平台,执行卫星维修、攻击捕获敌方卫星等任务。空间无人平台一般具有卫星的特征和结构,包括星体、电源、通信、遥测等基本结构。

目前,空间无人平台的任务载荷(如空间激光武器、空间动能拦截弹和空间电磁炮等方面)发展迅速。学术界对于卫星等空间飞行器是否归类为无人作战系统尚存争议,因此本书对空间无人系统不进行过多叙述。

第四节 无人作战系统的发展历程

一、空中无人系统的发展历程

世界上第一架无人机(见图1-3)诞生在英国。最初的研制计划被命名为"AT计划",经过多次试验,研制小组首先研制出一台无线电遥控装置。飞机设计师杰佛里·德·哈维兰设计出一架小型上单翼机。随后,研制小组把无线电遥控装置安装到这架小飞机上。1917年3月,在第一次世界大战临近结束之际,世界上第一架无人驾驶飞机在英国皇家飞行训练学校进行了第一次飞行试验。可是,飞机刚起飞不久,发动机就突然熄火,飞机因失速而坠毁。不久后,研制小组又研制出第二架无人机进行试验,飞机在无线电的操纵下平稳地飞行了一段时间后又突然熄火,失去动力的无人机一头栽入人群。

图1-3 世界上第一架无人机

两次试验的失败,让研制小组感到十分沮丧,"AT计划"就此画上了句号。但试验负责人A.M.洛教授并没有灰心,继续进行着无人机的研制。功夫不负有心人,10年后,他终于取得成功。1927年,由A.M.洛教授参与研制的"喉"式单翼无人机在英国海军"堡垒"号军舰上成功地进行了试飞。该机载有113 kg的炸弹,以322 km/h的速度飞行了480 km。"喉"式无人机的问世当时在全世界范围内引起极大的轰动。

20世纪60年代,美国的U2高空侦察机频繁被击落,特别是飞行员被捕以后令美国在政治上处于被动地位。为此,美军悄悄地启动了"标签纸"和"萤火虫"这两个无人高空侦察机研制计划。"标签纸"的产物——BQM-34A"火蜂"无人照相侦察机(见图1-4)投入越南战争当中,从1964年至1975年,"火蜂"系列无人照相侦察机共1 016架参战,出动3 435架次,但限于当时的技术条件,"火蜂"照相侦察机可靠性和机动性均较差,侦察效果也不理想,因此美军暂停了该系列无人机相关的研究计划。

20世纪80年代初,美军首先引进了以色列生产的"先锋"无人机装备部队,在波黑、海湾等地区参加过多次作战任务,随后美军开始大规模研发无人机,"全球鹰"、MQ-9("捕食者B")是其中杰出的代表。最新研制的X-47B隐身无人攻击机(见图1-5)于2013年5月14日首次从航母弹射起飞,并于2013年7月10日首次成功着舰。

图1-4 BQM-34A"火蜂"
无人照相侦察机

图1-5 X-47B隐身无人攻击机

另外,美国研制的X-37B无人空天飞机(见图1-6)也引人注目。X-37B空天飞机长约8.8 m,翼展约4.6 m,起飞重量超过5 t。X-37B无人空天飞机研发时间超过10年,最初是由NASA(National Aeronautics and Space Administration,美国国家航空航天局)和波音公司于1999年开始研发的一种成本较低、可重复使用的太空战机,2004年改由美国空军接手,自此变成绝密军事项目。该机于2010年4月22日首飞留空225天,于2011年3月5日再次发射,并在轨道中停留469天,于2012年12月17日返回。据分析,该机具有很强的空间变轨和对地观测能力,可执行攻击敌方太空飞行器等任务,甚至有执行全球快速打击任务的潜力。

图1-6 X-37B无人空天飞机

图1-7 "神经元"隐身无人机

欧洲六国(法国、瑞典、意大利、西班牙、希腊、瑞士)共同研制的"神经元"隐身无人机(见图1-7)于2012年12月在法国南部的伊斯特尔空军基地顺利完成了两次试飞。"神经元"

隐身无人机的外形与美军 X-47B 隐身无人攻击机十分相近,采用飞翼气动布局,进气道和尾喷口都采用隐身设计,机身覆盖隐身涂层。该机总长为 9.2 m,翼展为 12.5 m,最大起飞重量为 7 t,有效载荷超过 1 t,最大飞行速度的马赫数 0.8,续航时间超过 3 h,具有航程远、滞空时间长等基本特点。

"神经元"隐身无人机的最大优势是:可以在不接受任何指令的情况下独立完成飞行,并在复杂飞行环境中自我校正,其飞行速度也超过了一般侦察机。更为引人注目的是,"神经元"隐身无人机的翼展尺寸与"幻影-2000"隐身无人机相当,但显示在雷达屏幕上的尺寸却不超过一只麻雀。由于具备多种作战能力,因此该机被国际防务专家视为有效的多功能隐身无人战斗机。

二、地面无人系统的发展历程

地面无人系统的起源可追溯到 20 世纪 30 年代苏联研制的无线电遥控坦克。第二次世界大战期间,英国开发了"黑王子"遥控坦克,德国研制出"歌利亚"遥控爆破车(见图1-8),但当时相关技术尚未成熟,这些地面无人系统的鼻祖在实战应用中并不太成功。

世界上第一台能自主控制的地面无人平台是由斯坦福研究所于 1969 年研制的 Shakey 机器人(见图1-9)。Shakey 机器人在人工设置的"积木"世界中运行。其传感器包括视频摄像机和激光测距仪,限于当时的技术条件,机器人每次向前运动数米,耗时约 1 h,大部分时间消耗用于视觉处理。

图 1-8　"歌利亚"遥控爆破车　　　　图 1-9　Shakey 机器人

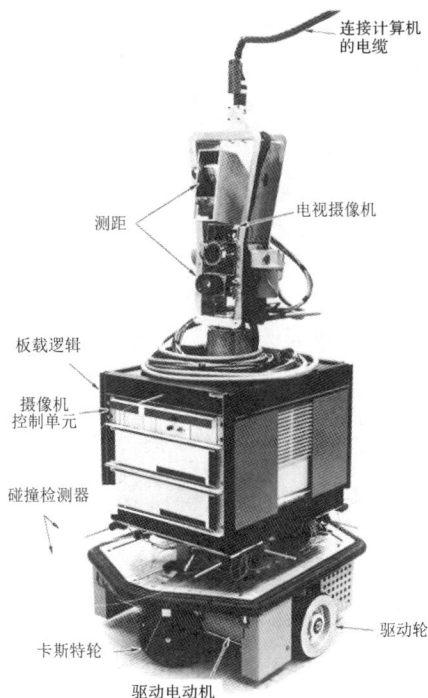

1983年,美国国防高级研究计划局(Defense Advanced Research Projects Agency, DARPA)启动了一项雄心勃勃的计算机研究计划,即战略计算机计划,主要目的是演示它们对DARPA军事用户的价值。其中一项是自主陆地车辆(Autonomous Land Vehicle, ALV)(见图1-10),意在取得车辆室外自主运动的重大进展。

图1-10 自主陆地车辆

ALV项目有两个定性目标:它必须完全在室外运行,包括多种道路和越野条件;它必须完全独立运行,所有的计算均在车上进行。战略计算机计划要求:ALV在1985年初行驶车速达到10 km/h,1990年提高至80 km/h;在1987年越野行驶车速可达到5 km/h,1989年提高至10 km/h。ALV成了第一台有自主越野行驶能力的机器人车辆。1987年8月,ALV根据传感器数据进行了第一次自主越野行驶,此后试验延续了一年左右,ALV在数千米的行驶中绕过了各种孤立的正障碍。

在此之后,美国先后研制了"徘徊者"无人巡逻车(见图1-11)TOV系列遥控地面车辆、DEMO系列智能侦察车(见图1-12)等地面无人系统。1992年启动的UGV/Demo Ⅱ计划推动了无人平台技术的进一步发展。其研究重点是面向军事侦察任务的道路及越野条件下的两点之间自主机动。Demo Ⅱ平台由美军Hummer平台改装,装备有黑白摄像机和安装于云台上的单台彩色摄像机,安装红外立体摄像机进行夜间障碍检测,另外还装备有激光雷达。在道路跟踪技术方面,Demo Ⅱ计划主要研究了前馈神经元网络技术。Demo Ⅱ计划对三个障碍检测与进让系统进行了对比试验,分别是Ganesha、Ranger、Starty。在Demo Ⅱ计划末期,演示了白天和夜晚各种良好天气条件下的道路跟踪。相比于ALV,部分Demo Ⅱ平台性能有了很大提高。

图1-11 "徘徊者"无人巡逻车

图1-12 DEMO系列智能侦察车

该项计划最突出的成果是Demo Ⅲ B地面智能车辆。2001年秋,该车白天在有植被的崎岖地形上越野自主导航的速度达到 32 km/h,在夜间及湿地上速度为 16 km/h。它不但能识别出凸起的路障和凹下的坑和沟,而且还能发现用树枝覆盖伪装起来的坑和沟,具备很强的战场侦察能力,同时能够由多无人平台和指挥车共同组成战斗群组,形成协同作战能力。

进入 21 世纪后,对于地面无人系统的研究进入快速发展时期,各种新概念日新月异,各种新平台层出不穷,重要研究成果包括班组任务支援系统(Squad Mission Support System,SMSS)、"粉碎机"(Crusher)高机动无人战车、"阿特拉斯"(Atlas)双足机器人和有腿班组支援系统(Legged Squad Support System,LS3)等。

SMSS 即美国洛克希德·马丁公司研制的军用无人后勤支援车辆,如图 1-13 所示。2012 年,美国陆军将 4 台 SMSS 部署到阿富汗。2013 年通过卫星 320 km 外远距离控制进行战地测试成功。

"粉碎机"高机动无人战车(见图 1-14)越野能力极强,速度可达 42 km/h,可跨越1.2 m 高的障碍,爬上大于 40°的陡坡。该车的设计思想是以高机动性弥补地面无人平台环境感知能力的不足。

图 1-13 军用无人后勤支援车辆

图 1-14 "粉碎机"高机动无人战车

"阿特拉斯"双足人型机器人是美国波士顿动力公司设计制造的高机动性双足人型机器人(见图 1-15),于 2013 年 7 月初首次公开展示。铰接式的头部中安装的传感器包括立体相机和激光雷达。不少人将"阿特拉斯"双足人型机器人视为未来机器人士兵的雏形。

图 1-15 "阿特拉斯"双足人型机器人

除美国外,德国、英国、以色列、法国、意大利等国家也都十分重视地面无人作战系统的研究。德国智能机器人的研究和应用在世界上处于先进水平,现装备的主要车型以扫雷和爆炸物处理机器人为主,如"清道夫-2000"扫雷车、"犀牛"扫雷车、MV4系列机器人、GARATN-3多用途机器人等。目前实施的地面无人车辆项目是1985年启动的"智能机动无人作战系统",其主要目标是半自主无人车辆的开发和集成先进技术,使用的试验平台是数字化"鼬鼠-2"装甲车。"鼬鼠-2"装甲车可进行有雷道路和地形的侦察,自主作业时在开阔地面上车速可达30 km/h,在公路上可达到50 km/h。

英国研制的履带式"手推车"排爆机器人及"超级手推车"排爆机器人,已向50多个国家的军警机构售出了800台以上。最近英国又将手推车机器人加以优化,研制出"土拨鼠"遥控电动排爆机器人及BISON"野牛"两种遥控电动排爆机器人,英国皇家工程兵在波黑及科索沃都用它们探测及处理爆炸物。"土拨鼠"遥控电动排爆机器人重35 kg,在桅杆上装有两台摄像机。"野牛"遥控电动排爆机器人重210 kg,可负载100 kg。两者均采用无线电控制系统,遥控距离约为1 km。

以色列研制的"守护者"无人车是一款装甲版的沙漠越野车,2008年首次公开展示,具有猎杀能力。据以色列国防部称,该车装载了若干传感器和武器,可以自己巡逻,利用传感器自动发现威胁,并"使用多种有力手段消灭威胁",能够"对意外事件做出反应,并且遵照专门针对现场特点制定的准则行事"。"守护者"无人车很可能会成为世界上首款投入实战的地面无人战车。

三、水域无人系统的发展历程

最初各国水域无人系统的研究工作重点关注在无人潜航器上。1966年,美军研制的CURV-Ⅰ遥控深潜器成功地完成了从地中海870 m深处打捞氢弹的任务,如图1-16所示。

图1-16 CURV-Ⅰ遥控深潜器

"9·11"恐怖袭击以后,美国在水域无人系统的研制思路上有很大的改变,开始更多关注无人水面艇,研制出"水虎鱼"无人摩托艇、"斯巴达侦察艇"概念验证艇(见图1-17)等。这些无人水面艇最大的优点是可以长时间地无人驾驶,对舰队、桥梁、核电站、港口这样一些容易遭到非对称恐怖袭击的目标进行 24 h 的巡逻和防护,应用表明此种保护策略确有实效。

图 1-17　"斯巴达侦察艇"概念验证艇

当前,无人水域艇的功能向作战领域扩展,例如"独立号"濒海战斗舰携带的无人艇(见图 1-18)就具备打击能力,使得该舰的作战能力大大提升。

隐身无人艇也正在研制中。美军研制中的"食人鱼"隐身无人艇(见图 1-19)外形具备隐身特性,且艇身几乎全部使用碳纤维-纳米管复合材料建造,雷达可探测性极低。

图 1-18　"独立号"濒海战斗舰
携带的无人艇

图 1-19　"食人鱼"隐身无人艇

此外,以色列研制的"保护者"无人艇(见图 1-20)已投入使用,新加坡海军是其首个用户,在亚丁湾执行反海盗任务的新加坡海军登陆舰就携带有两艘"保护者"无人艇。"保护者"无人艇装备了一套综合作战系统,主要武器装备是 12.7 mm 口径机枪,还能选装 30 mm 的舰炮和40 mm 口径自动榴弹发射器。

图 1-20　"保护者"无人艇

第五节　无人作战系统的发展趋势

以美国为代表的军事强国,已将无人作战系统作为推动其军事能力转型的重要力量,逐步向主战装备发展。美军已形成比较完整的无人作战体系。美军无人机越来越多地承担战略监控与目标侦察、战术侦察、时间敏感性目标打击等作战任务,已很好地融入了美军信息网络作战力量。美国的《四年国防审查》报告中明确提出了使无人装备数量达到空军远程打击装备 45% 的建设目标;美国空军在《无人机系统飞行计划》中规划了完整的无人机系统主战装备体系和任务谱系;美国海军在《海军航空愿景》中提出了在 2025 年左右列装无人驾驶的舰载远程打击飞机,并于 2011 年启动了"海军型无人作战航空系统"计划中的型号研制工作。2011 年 9 月,美军在犹他州达格韦试验场迈克尔陆军机场完成了"有人与无人作战系统集成能力"项目的综合演练。

在空中战场,美军 X-47B 隐身无人攻击机已实现自主空中加油、航母起降等关键技术,且作战半径超过了 5 500 km,滞空时间可达数十天,逐渐成为战略预警作战的新生力量。在地面战场,"派克波特"(PackBot)、"魔爪"(Talon)等单兵便携式机器人也得到了大量应用。在伊拉克和阿富汗,美军部署了超过 8 000 套地面无人系统,用以支持包括机动突击(快速接近并消灭敌人)、机动支援(清除自然和人为的障碍)和装备维护等多种作战模式。美陆军、海军和海军陆战队的拆弹部队利用地面无人系统已累计发现并拆除数万个简易爆炸装置。目前,美军正在对支援班组作战的地面无人车辆、仿生运输机器人(LS3 四足运输机器人参加了 2014 年 7 月举行的环太平洋联合军事演习)等进行密集的实战测试,无人巡逻车辆也已开始投入应用。在水域战场上,美军无人潜航器早在 2003 年的"伊拉克自由行动"期间就成功地执行了排雷任务,小体积的无人潜航器目前也已成为美军在浅水区域港口探雷的主要装备力量。2011 年 8 月部署到新加坡的濒海战斗舰已装备了多种型号的无人水面艇、无人潜航器和无人猎杀艇等。反水雷、反潜战、海域侦察等已成为美军水中无人系统的优先任务。

此外,英国、法国、德国、俄罗斯、日本等国也十分重视无人作战系统的发展,研制大量不同类型的无人平台,并不断加大研发和应用的深度和广度。

目前,无人作战系统正向自主化、协同化、多样化方向发展,呈现如下趋势。

(一)作战任务由在安全区域执行侦察与监视任务向在高危区域执行主流作战任务的方向发展

美军无人作战系统的任务能力将从传统的情报侦察与监视任务向压制敌防空系统、纵深精确攻击任务扩展甚至具备打击作战能力,其中情报侦察与监视任务仍是无人作战系统的基本使命。在 2020 年之前,无人机执行诸如压制/摧毁敌防空之类的危险任务将成为现实。地面无人系统和水域无人系统的反雷战也是一项非常危险的任务,进入核生化、辐射和高泄露爆炸物这些"恶劣的"区域进行侦察也是无人作战系统的主要任务之一。无人作战系统的打击能力取决于制导武器和定向能武器等载荷技术的发展。目前无人作战系统的打击能力还处于初级阶段,将来无人机的空地攻击和空空打击能力比现在有很大的飞跃,地面无人车辆将具备发射导弹的能力,无人潜航器具备打击事件敏感性目标的能力。

(二)战场感知由结构化环境感知向非结构化环境感知与认知的方向发展

随着传感器、计算机等硬件水平的不断提高,环境感知和信息处理技术已经取得了很大的进展。目前无人作战系统在结构化的环境中,能够实现较高能力的自主行为,但是在非结构化的不确定环境中,实现不同目标的感知与识别还存在困难。同时,战场环境的感知与理解大多停留在较低层次的感知阶段,对环境态势的自动理解水平较低,难以满足无人作战系统的复杂作战任务的需要。因此,必须从认知理论与方法出发,开拓新的研究思路,将对战场环境的感知与理解从片面的、离散的、被动的感知层次提高到全局的、关联的、主动的认知层次上,实现环境理解方法的新突破,为无人作战系统达到更高层次自主提供认知基础。

(三)平台控制由简单的遥控、程控方式向人机智能融合的交互控制方式转变,并逐步向全自主控制方式发展

自主控制水平是无人作战系统区别于有人作战系统,实现无人操作和执行各种任务的关键。当前无人作战系统的智能化水平还比较低,平台控制方式主要以单遥控和预编程控制为主。随着无人作战系统智能化水平的提高,人机智能融合的交互控制逐渐处于主导地位。人机智能融合的交互控制对通信系统的能力要求较高,在面临复杂的战场环境时,由于存在通信中断、链路带宽和距离受限以及人员操作能力等因素的限制,人机智能融合的交互控制仍存在很大的缺陷。因此,全自主控制是无人作战系统未来发展的必然方向。实现全自主控制的技术目前主要有两类:一类是多层控制结构,用于地面无人平台的四层递阶智能控制结构;另一类是人工智能专家系统。全自主控制的发展还取决于高性能的嵌入式计算机、实时操作系统、模式识别和人工智能技术的突破。

(四)任务控制站由"多对一"向"一对多"的系统综合技术方向发展

随着无人作战系统的能力提升,其对控制站和操作人员的依赖正在减少。如早期的"捕食者"需要多个操作人员来控制单个平台,发展到"全球鹰"时,随着系统能力的提升,只需要一个操作人员就可以实现对平台的操作。由此可见,人-系统综合技术是提高无人作战系统性能和技术发展的重要手段。在美军最初的无人作战飞机系统研究计划中,曾对地面控制站指挥无人作战飞机的数量进行扩充,提出了"一站四机"的方案。随着研究工作和作战模拟的深入,又提出指挥所式地面控制结构方案,即由一个指控站控制多批、多架(30架以上)无人作战飞机。因此,发展"一对多"的人-系统综合技术,最大限度发挥人机各自的智能优势,是未来无人作战系统发展的趋势之一。

(五)通信方式由专用信道、点对点通信向共享信道、网络化通信方向发展

目前,大多数无人作战系统的通信方式必须采用专用信道,以点对点模式实现通信,难以实现多平台间的互联、互通和互操作。美国研发"全球鹰"时,其通信方式已经转化为既有点对点通信能力,又有经由卫星组网通信能力的混合模式。美军原计划,到2016年左右,使每架无人作战飞机都成为全球信息栅格中的一个节点。依照无人作战系统的作战使用特点,采用共享信道,实现具有自修复能力的空中自组织网络通信,将是未来无人作战系统通信技术发展的重要方向。同时,发展新的通信技术,提高通信带宽,进行动态通信,实现信息的快速、安全传输也是重要的发展方向。另外,水声通信技术是突破水下无人系统信息传输困难的关键,激光通信技术将使未来无人作战系统的通信带宽产生质的飞跃。

(六)作战模式由单平台作战向有人/无人作战平台协同作战、多无人作战平台协同作战方向发展

在未来日益复杂的作战环境下,单平台所能发挥的作战效能将极为有限,因此,无人作战系统的作战模式由单平台逐步发展为更灵活的多平台集群作战、有人/无人协同作战方式。美军在《无人系统综合路线图(2013—2038年)》中已明确要将适用于海、陆、空各领域的全新无人作战系统都集成到有人/无人作战系统编队中,并且认为"有人/无人作战系统编队的重要性越来越大,在不久的将来,可利用灵活性更高的小型有人/无人作战系统编队,在面临反介入区域拒止(Anti-Access/Area Denial,A2/AD)挑战的情况下,实现快速机动,防止和击退敌人进攻。"同时还认为,有人/无人作战系统编队可以提供一系列关键能力,包括保证具备攻势作战所需的机动性、支持多点进入、保护战斗前哨、维持持续监视、从更远距离排除爆炸危险等。

(七)平台和体系结构由专用化、单一化向通用化、标准化、互操作方向发展

互操作技术提高无人作战系统执行作战任务时的协同作战能力,包括多个层次:同军种内同一类型无人作战系统的互操作,同一军种内不同类型无人作战系统的互操作,联合作战系统的互操作,军用系统和民用系统的互操作,本国和他国无人作战系统的互操作等。美国国防部规定下属机构必须利用统一的架构、标准和接口,进行信息技术的开发、采办、测试、部署和维护工作,确保现有的信息技术可为其提供支持,并与美国其他力量和盟友之间具备有效的互操作性。美军已经着手研究通用控制技术,使无人作战系统在控制、通信、数据、数据链等方面达到更高的互操作性,通用化将使无人作战系统的可维护性和发展速度迅速提高,大大简化军队的后勤保障。目前,美军已采纳并应用了开放式系统设计原则和架构,保证有人作战系统和无人作战系统安全运作和有效集成,实现对无人作战系统及其装载武器的标准化的、完全的控制,从而进一步加强无人作战系统的合作和联合军种的协作,提高作战指挥部的指挥效率,增强无人作战系统的协同作战能力。

习 题

1.请思考无人作战系统的优势及在武警部队遂行反恐作战任务中的应用。
2.请思考无人作战系统的劣势,并用战例加以说明。
3.请思考无人作战系统的发展趋势。

第二章　无人系统关键技术基础

无人系统是武器装备发展的必然结果,将大大提高武器装备的威力和作战效能,无人系统的发展已经对战争产生深远的影响。无人系统主要是利用传感、机器视觉及智能学习等新技术手段,代替人进行侦察和打击等操作。无人系统主要是能够实现恶劣环境和远程的隐秘探查、准确识别目标和精确打击,因此在无人系统的发展中,自主控制技术、多装备之间的协同控制、通信技术及指挥与控制系统为其关键技术,同时为了适应作战任务的需求,对于无人系统来说,任务载荷技术也至关重要。

第一节　自主控制技术

控制系统是无人系统的"大脑",主要完成操纵、指挥与控制和任务管理功能。自主控制系统是在无人直接参与下可使作战过程或其他过程按期望规律或预定程序进行的控制系统。自主控制系统是实现自动化的主要手段。

在无人系统涉及的各项关键技术中,自主控制技术是一项核心技术。本节主要介绍无人系统的自主控制技术,包括平台自主控制结构、环境感知与理解、先进的控制技术。

一、平台自主控制结构

结构是一个系统用来识别、定义、组织和集成其组件及其相互关系以及环境的机制,也是指导设计和开发的基本原则。它对子系统功能进行分配,以及对子系统之间的接口标准进行设计。平台自主控制基本结构是平台自主控制系统设计的参考框架,是系统中定义的子系统内部及相互联系所需要的所有实体集、相互关系和信息单元结构的集合。一个合理的平台自主控制基本结构,能高效、协调地整合系统各部分功能,提高系统中人机智能的融合能力,实现对于无人平台的有效控制。

自主控制意味着能在线感知态势,并按确定的任务、原则在飞行中进行自主决策并执行相应的任务,其主要挑战是在不确定的条件下,实现实时的自主决策并做出相应的调整。本节将分析无人平台自主控制结构的不同类型及各自的优缺点,然后针对一种典型的平台自主控制结构进行详细分析和探讨。

当前,无人平台的自主控制结构主要分为三种类型,即分层递阶式(慎思式)、反应式和混合式(慎思/反应式)。

(一)分层递阶式自主控制结构

分层递阶式自主控制结构,也就是慎思式自主控制结构,主要模仿人类智能的实现过程。在这种结构中,感知、规划和执行三个阶段不断循环,是目前大多数无人平台采用的自主控制结构。它的主要优点在于:

(1)拥有规划器和世界模型,系统具备(潜在的)模仿人类智能的能力;

(2)具有制定战略和战术规划的能力;

(3)具有学习的能力;

(4)可以进行任务分解。

它的主要缺点是:

(1)规划器和世界模型降低了系统的反应速度;

(2)需要预先设计世界模型,这项工作十分繁重(利用学习能力有可能减轻负荷);

(3)到目前为止还没有完全实现的先例(在很多无人平台中已部分实现)。

(二)反应式自主控制结构

反应式自主控制结构只有感知和执行两个阶段,只是简单地根据感知结果执行相应动作,目前已经在小型机器人上成功实现,例如麻省理工学院所研发的包容式自主控制结构。反应式自主控制结构的优点有:

(1)结构简单,在设计上具有一定的优势;

(2)可以利用简单的程序设计实现复杂的行为;

(3)具备快速响应能力;

(4)程序量较少;

(5)制造成本低。

它的主要缺点有:

(1)不具备学习、世界建模和规划的能力;

(2)即使在特定的领域内也无法模仿人类的智能;

(3)不同的并发执行行为之间可能产生冲突。

(三)混合式自主控制结构

混合式自主控制结构结合了分层递阶式自主控制结构和反应式自主控制结构的优点,是目前平台自主控制结构研究的一个主要方向。混合式自主控制结构与分层递阶式自主控制结构一样具有规划器和世界模型,能模仿人类智能,具有制定战略和战术规划的能力,同时在任何合适的时候也能具备反应式自主控制结构的快速响应能力。例如,地面无人平台全速行驶时为了躲避突然出现的行人,可令反应式自主控制结构发挥作用。目前已经设计出了多种混合式结构,例如美国国家标准与技术研究院(National Institude of Standardsand Technology,NST)的 4D RCS 结构、美国国家航空航天局的 3T 结构、很多机器人使用的 Saphira 体系结构、NASA 在移动机器人上使用的任务控制体系结构(Task Control Architecture,TCA)等。

除了以分层递阶式、反应式行为进行区分之外,一个具有学习能力的无人平台的自主控制结构也可以称为是沉思式自主控制结构。沉思式(reflective)的自主控制结构能够监控和改变自己的行为以便更好地适应环境(例如通过自我评价),相当于在无人平台的自主控制结构中嵌入了一个内部控制系统。

二、环境感知与理解

环境感知与理解系统是无人平台的"眼睛"和"耳朵",同人类一样,无人平台想要完成人类赋予它的任务,前提条件是,它必须有能力感知周边发生的一切,这就是环境感知与理解技术要解决的问题。

一个环境感知与理解系统由硬件和软件两部分构成,与之相对应的环境感知与理解技术也是由两部分构成的。其中:与硬件系统相对应的是环境传感器技术;与软件相对应的是环境信息处理技术,也就是理解技术。

(一)环境传感器技术

人类感知周边的环境主要是靠五官及肢体,具体包括视觉、听觉、触觉、嗅觉及味觉,除此之外还有本体感受器,主要感受人体自身的行为姿态。无人平台同样具有类似这样的"器官"。例如,无人车上配备的传感器包括立体视觉相机、三维激光雷达和陀螺惯导系统。其中:立体视觉系统类似人类的双眼,用来获取环境图像信息;三维激光雷达可进行360°全向测距,主要用来获取环境中各目标的距离信息;陀螺惯导系统类似人类的本体感受器,主要用于测量无人车自身的位置和姿态。

无人系统环境传感器技术,主要研究各种环境传感器,帮助无人系统获取周边环境信息。无人平台配备环境传感器的初衷是为了模仿人类的感官,但是随着传感器技术的进步,无人平台上配备的传感器在有些方面的性能已经超越了人类的感官能力。例如:美军研制的越野环境下的DEMOⅢ无人侦察车所配备的植被穿透雷达,能够透过草丛发现隐藏在草丛中的石头或深坑;红外视觉系统,能够在夜间完全没有照明的情况下依靠环境中物体自身向外辐射的远红外光实现对目标的检测和识别。这些都是单纯靠人眼所不能实现的。

根据是否主动向外界发射能量,环境传感器可分为主动传感器和被动传感器两大类。主动传感器以电磁波、激光等形式向外发射能量,根据返回的能量信号特征感知环境。其优点是通常感知范围广,且不容易受外界因素的干扰,缺点是易被发现。被动传感器不向外主动发射能量,根据接收到的环境信号特征感知环境,具有很好的隐蔽性。无人平台上常用的环境传感器有图像传感器、毫米波雷达和激光雷达,其中图像传感器是典型的被动传感器,毫米波雷达和激光雷达属于主动传感器。

(二)环境信息处理技术

环境传感器技术为探测周围环境提供了物质基础。为了令无人平台能"认识"环境、"理解"环境,还需要对传感器采集的各种环境信息进行分析、处理,这就是环境信息处理技术。

环境信息处理技术包括信号检测技术、模式识别技术和机器学习技术等。环境信息处理技术最核心的工作,就是融合多种传感器信息,使各种传感器信息能够取长补短,实现对环境的准确感知与理解。环境信息处理技术的内涵与无人平台所处的环境有很大的关系,不同的环境下要完成的环境识别任务各不相同。例如:在城市环境中,无人平台需要识别各种交通标志、车道标志线,以及各种障碍物等;在越野环境中,无人平台最需要解决的是地形起伏条件下各种障碍物的判别,除了对凸起的土堆、灌木进行准确判断外,在有些时候还要能够判断坑等凹下的障碍物;在水面环境中,无人平台需要识别包括船只、灯塔在内的各种水面障碍物。

三、先进的控制技术

(一)基于多模型的自适应控制技术

多模型自适应控制技术是建立在多模型、转化和校正等概念的基础上提出的,包括多个并行的识别模式、相应的控制器以及适应选择的转化机制。转化机制的作用是,发现最符合当前工作状态的模型,并转化到相应的控制器以改善整体性能,以一个有限模型集就能描述对象的不同状况为基础,相对每个模型设计出相应控制器。控制器可以保证在每个模型周围充分大的集合内的鲁棒性,并使这些集合间相互交叠,从而保证整个系统的解存在。

基于多模型自适应控制概念,NASA 提出了一种人工智能自主控制技术方案,这种方案特别适合于先进无人系统的控制,其特点如下:

(1)采用层次分阶的控制结构,保证了系统结构的开放性;

(2)可以方便地扩展到针对外部决策环境和自身重构控制等多种不确定的情况;

(3)可以离线描述各种不确定性状态,降低决策和控制的复杂度;

(4)可以方便地与当前基于多模态控制的成熟控制技术相结合,有助于将有人机控制技术的研究成果移植到无人设备控制领域。

(二)战术控制系统

战术控制系统是为无人设备研制的一种开放式结构的先进控制系统,其主要功能是通过计算机系统向操作人员提供有关的通信、任务作业、任务计划和任务执行的信息,并对其数据进行数据处理和分发。

战术控制系统可以对无人设备机体及其传感器和载荷进行五种级别的命令和控制。这五种级别的控制层次依次提高。

第一级可以对一般的次级图像或数据进行接收和传送。

第二级可以直接从无人设备接收图像或数据。

第三级可以控制无人设备的载荷。

第四级除了出发和回收之外,可以控制无人设备的其他所有机动。

第五级可以控制无人设备的所有机动,包括出发和回收任务。

(三)智能控制

对无人设备控制的最高要求是,能够实现完全的自主决策与控制。智能控制是将控制技术与人工智能技术相结合而产生的一种先进控制思想和方法,它为解决无人设备自主控制问题提供了重要手段,无人设备自主控制水平的高低也依赖于智能技术的发展。具体地说,无人设备的智能控制要求主要表现在以下方面:

(1)可靠的自主起飞/着陆技术;

(2)出现故障、损伤、信息中断和遭遇强干扰时,能自行觉察判断,在无法修复和应变的情况下,自动返航的技术;

(3)能根据运行状态、战场态势与目标变化,快速做出改换目标、线路的决策技术;

(4)与目标对抗时,能快速识别目标及其变化情况,并作出攻击决策的技术;

(5)实时的任务/路径管理、规划技术。

第二节　定位与导航制导技术

定位、定向是无人平台不可或缺的功能之一,只有随时知道平台自身当前所处的位置和朝向,无人平台才能确保后续运动的规划控制。常用的无人平台定位、定向的方法有惯性导航、卫星导航和其他导航。

一、惯性导航技术

惯性导航系统(Inertial Navigation System,INS)是一种不依赖于外部信息,也不向外部辐射能量的自主式导航系统。其工作环境不仅包括空中、地面,还可以在水下。

惯性导航的基本工作原理是以牛顿力学定律为基础,通过测量载体在惯性参考系的加速度,将它对时间进行积分,且把它变换到导航坐标系中,就能够得到在导航坐标系中的速度、偏航角和位置等信息。惯性导航系统属于一种推算导航方式,即从一已知点的位置根据连续测得的运载体航向角和速度推算出下一点的位置,因而可连续测出运动体的当前位置。惯性导航系统中的陀螺仪用来形成一个导航坐标系,使加速度计的测量轴稳定在该坐标系中并给出航向和姿态角;加速度计用来测量运动体的加速度,经过对时间的一次积分得到速度,速度再经过对时间的一次积分即可得到距离。

目前,惯性导航设备分为两大类,即平台式惯导和捷联式惯导。它们的主要区别在于:平台式惯导有实体的物理平台,陀螺和加速度计置于稳定平台上,该平台跟踪导航坐标系,以实现速度和位置解算,姿态数据直接取自于平台的环架;在捷联式惯导中,陀螺和加速度计直接固连在载体上,惯性平台的功能由计算机完成,故有时也称作"数学平台",其飞行姿态数据是通过计算得到的。

惯性导航系统目前已经发展出挠性惯导、光纤惯导、激光惯导、微固态惯性仪表等多种方式。陀螺仪由传统的绕线陀螺发展到静电陀螺、激光陀螺、光纤陀螺、微机械陀螺等。激光陀螺测量动态范围宽,线性度好,性能稳定,具有良好的温度稳定性和重复性,在高精度的应用领域中一直占据着主导位置。随着科技进步,成本较低的光纤陀螺和微机械陀螺精度越来越高,是未来陀螺技术发展的方向。

近年来,我国的惯导技术已经取得了长足进步,液浮陀螺平台惯性导航系统、动力调谐陀螺四轴平台系统已相继应用于长征系列运载火箭。其他各类小型化捷联惯导、光纤陀螺惯导、激光陀螺惯导以及匹配GPS修正的惯导装置等也已经大量应用于战术制导武器、飞机、舰艇、运载火箭、宇宙飞船等。如漂移率0.01~0.02(°)/h的新型激光陀螺捷联系统在新型战机上试飞,漂移率0.05(°)/h以下的光纤陀螺、捷联惯导在舰艇、潜艇上的应用,以及小型化挠性捷联惯导在各类导弹制导武器上的应用,都极大地改善了装备的性能。

惯性导航系统有如下主要优点:

(1)不依赖于任何外部信息,不向外部辐射能量,隐蔽性好,也不受外界电磁干扰影响。

(2)可全天候、全球、全时间地工作于空中、地球表面乃至水下。

(3)能提供位置、速度、航向和姿态角数据,所产生的导航信息连续性好而且噪声低。

(4)数据更新率高,短期精度和稳定性好。

其缺点是:

(1)由于导航信息经过积分产生,所以定位误差随时间而累积增大,长期精度差。

(2)每次使用之前需要较长的初始对准时间。

(3)设备的价格较昂贵。

(4)不能给出时间信息。特别是惯导有固定的漂移率,会造成物体运动的误差,因此射程远的武器通常会采用指令、GPS等对惯导进行定时修正,以获取持续准确的位置参数。比如,中距空空导弹中段采用捷联式惯导和指令修正相结合,以获取持续准确的位置参数。

二、卫星导航技术

(一)全球卫星定位(GPS)技术

GPS是美国国防部于1973年11月授权开始研制的海、陆、空三军共用的新一代卫星导航系统。GPS可以提供全球任一点的三维空间位置、速度和时间,具有全球性、全天候、连续的精密三维导航与定位能力。

GPS分为三部分,即空间卫星部分、地面监控部分和用户接收机部分。GPS的空间卫星部分由24颗卫星组成,其中包括3颗备用卫星。卫星分布在6个轨道面内,每个轨道面上分布有4颗卫星。每颗卫星每天约有5 h在地平线上,同时位于地平线以上的卫星个数随时间和地点的不同而有差异,最少4颗,最多可以达到11颗,这种GPS卫星配置方式保障了在地球任何地区、任何时间都至少可以同时观测到4颗卫星,加之卫星信号的传播和接收不受天气的影响,因而保证了GPS定位的全球性、全天候和实时性。不过GPS卫星的这种分布,也使得在个别地区可能在某一段时间(如数分钟)内,只能观测到4颗位置不理想的卫星,而无法达到必要的定位精度。

GPS的地面监控部分主要由分布在全球各地的5个监控站组成,其中包括卫星监测站、卫星主控站和信息注入站。卫星监测站都是无人值守的数据收集中心,在卫星主控站的控制下跟踪接收卫星发射的 L 波段双频信号,并通过环境数据传感器收集当地的气象数据,由信息处理机处理收集所得的全部信息,并传送给卫星主控站。卫星监测站设有原子钟,与卫星主控站原子钟同步,作为精密时间基准。主控站控制整个地面站的工作,主控站的精密时钟是 GPS 的时间基准,各个监测站和各卫星的时钟都需要与主控站的精密时间同步。注入站是当卫星通过其视界时,用 S 波段载波将导航信息注入卫星,还负责监测注入卫星的导航信息是否正确。

GPS 的空间部分和地面监控部分是用户应用系统进行定位的基础,只有通过终端才能收到 GPS 卫星发出的信息,才能实现应用 GPS 定位的目的。用户终端的主要任务是接收 GPS 卫星发射的无线电信号,以获得必要的定位信息及观测量,并经数据处理来完成定位工作。

GPS 接收机可接收用于授时而准确至纳秒级的时间信息(用于预测未来几个月内卫星所处概略位置的预报星历,用于计算定位时所需卫星坐标的广播星历,精度为几米至几十米),以及 GPS 系统信息,如卫星状况等。GPS 虽然优点很多,但也有致命弱点,例如:对于机动性高的场合,会产生"周跳"现象,导航精度急剧下降;完全依赖外界(如卫星和地面控制中心)的可靠性,易受干扰,战时可能被关闭。

GPS 接收机通过对信号码的量测可得到卫星接收机的距离,这个距离由于含有接收机卫星钟的误差及大气传播误差,故称为伪距。对 CA 码(民码)测得的伪距称为伪距 CA 码,精度约为 20 m;对 P 码(军码)测得的伪距称为 P 码伪距,精度约为 2 m。

按定位方式,GPS 定位分为单点定位和相对定位(差分定位)。单点定位就是根据一台接收机的观测数据来确定接收机天线位置的方式,它只能采用伪距观测量,可用于车船等的概略导航定位。相对定位(差分定位)是根据两台以上接收机的观测数据来确定观测点之间的相对位置的方法,它既可采用伪距观测量也可采用相位观测量。GPS 观测量中包含了卫星和接收机的钟差、大气传播延迟、多路效应等误差,在定位计算时还要受到卫星广播星历误差的影响,在进行相对定位时,大部分公共误差被抵消或减弱,因此相对定位精度大大提高。双频接收机可以根据两个频率的观测量抵消大气中电离层误差的主要部分,在精度要求高、接收机间的距离较远时(大气有明显差别),应选用双频接收机。

在定位观测时,若接收机相对于地球表面运动,则称为动态定位。例如,用于车船等概略导航定位的精度为 5~30 m 的伪距单点定位,或用于城市车辆导航定位的米级精度的伪距差分定位等。在定位观测时,若接收机相对于地球表面静止,则称为静态定位。在进行控制网观测时,一般均采用这种方式,它需要由几台接收机同时观测,能最大限度地发挥 GPS 的定位精度。专用于这种目的的接收机被称为测量型接收机,这种接收机是接收机中性能最好的一类。

(二)差分 GPS 定位技术

差分技术很早就被人们所应用。它实际上是一个观测站对两个目标的观测量、两个观测站对一个目标的观测量或一个观测站对一个目标的两次观测量之间的差。其目的在于消除公共误差和公共参数。差分技术在以前的无线电定位系统中广泛应用。

GPS 是一种高精度卫星定位系统,能给出高精度的定位结果。在 GPS 定位过程中,存在着三部分误差。第一部分是每一个用户接收机所公有的,如卫星钟误差、星历误差、电离层误差、对流层误差等;第二部分是不能由用户测量或由校正模型来计算的传播延迟误差;第三部分为各用户接收机所固有的误差,如内部噪声、通道延迟、多径效应等。利用差分技术,第一部分误差完全可以消除,第二部分误差大部分可以消除,第三部分误差则无法消除。开始时,有人提出利用差分技术来进一步提高定位精度,但由于用户要求还不迫切,所以这一技术发展缓慢。随着 GPS 应用领域的进一步开拓,人们越来越重视定位精度的提高。为此,又开始发展差分 GPS 定位技术。它使用一台 GPS 基准接收机和一台用户接收机,利用实时或事后处理技术,让用户测量时消去公共的误差源。

根据差分 GPS 基准站发送的信息方式可将差分 GPS 定位分为三类,即位置差分、伪距差分和相位差分。这三类差分方式的工作原理是相同的,即都是由基准站发送改正数,由用户站接收并对测量结果进行改正,以获得精确的定位结果。所不同的是,发送改正数的具体内容不一样,其差分定位精度也不同。

位置差分是一种最简单的差分方法,任何一种 GPS 接收机均可改装和组成这种差分系统。安装在基准站上的 GPS 接收机观测 4 颗卫星后便可进行三维定位,解算出基准站的坐标。由于存在着轨道误差、时钟误差、卫星钟偏差(SA)影响、大气影响、多径效应以及其他误差,因此解算出的坐标与基准站的已知坐标是不一样的,存在误差。基准站利用数据链将此改正数发送出去,由用户站接收,并且对其解算的用户站坐标进行改正。最后得到的改正后的用户坐标已消去了基准站和用户站的共同误差,如卫星轨道误差、SA 影响、大气影响等,提高了定位精度。以上先决条件是基准站和用户站观测同一组卫星的情况。

伪距差分是目前用途最广的一种技术。几乎所有的商用差分 GPS 接收机均采用这种技术。国际海事无线电委员会推荐的 RTCM SC - 104 也采用了这种技术。在基准站上的接收机要求得到它至可见卫星的距离,并将此计算出的距离与含有误差的测量值加以比较。利用一个 $\alpha - \beta$ 滤波器将此差值滤波并求出其偏差。然后将所有卫星的测距误差传输给用户,用户利用此测距误差来改正测量的伪距。最后用户利用改正后的伪距来解算出本身的位置,就可消去公共误差,提高定位精度。与位置差分相似,伪距差分能将两基准站公共误差抵消,但随着用户到基准站距离的增加又出现了系统误差,这种误差用任何方法都是不能消除的。用户和基准站之间的距离对精度有决定性的影响。

相位差分技术又称为实时动态载波相位差分技术(Real Time Kinematic,RTK),是建立在实时处理两个测站的载波相位基础上的。它能实时提供观测点的三维坐标,并达到厘米级的高精度。与伪距差分原理相同,由基准站通过数据链实时将其载波观测量及基准站坐标信息一同传送给用户站,用户站接收 GPS 卫星的载波相位与来自基准站的载波相位,并组成相位差分观测值进行实时处理,能实现厘米级的定位结果。

(三)北斗导航系统

北斗卫星导航系统主要由用户段、地面段和空间段三部分组成。北斗卫星系统空间段是由 5 颗地球静止轨道卫星(GEO)、3 颗倾斜地球同步轨道(IGSO)和 27 颗中圆轨道地球(MEO)等组成的。截至 2024 年 7 月,北斗系统一共发射了 59 颗卫星,在轨运行卫星 51 颗,其中北斗二号系统 20 颗(其中 6 颗为备份星),北斗三号系统 35 颗(其中 5 颗为备份星)。

注入站、监测站和主控站是北斗卫星导航系统地面段的 3 个主要组成部分,其他部分还包括一些站点之间的链路运行管理设施。监测站的作用包括:接收卫星发送的观测数据,监测卫星以及卫星的运行轨道。注入站的作用包括:接受主控站的调度,向卫星发射相关信号。主控站的作用就是管理和控制系统的运行,它的职责有:处理监测站接收到的观测数据,得到观测信息、导航信息以及差分完好性等信息,控制注入站将相应信息发送给卫星。

北斗系统用户段有上、中、下 3 个链条组成:上游为基础产品(芯片、天线等),中游是终端产品(智能手机、车辆导航等),下游则是与北斗相关的解决方案、运维服务等行业应用。

北斗系统自建成以来,已经在各行各业得到了广泛的应用,如电力行业、交通运输、农业林业、消防救援、变形监测和 5G 等方面,在这些领域生根发芽,为国家消除了 GPS 带来的潜在威胁,为社会带来了显著的经济效益。

三、其他导航技术

(一)水声导航

由于水下电磁波的衰减极其严重,传播距离非常有限,对于长时间进行深水潜航的导航设备来说水声导航系统因其在水中较电波、光波传播距离更长成为目前比较主流的水下导航方式。水声学导航的原理是通过计算导航设备与声标之间声波信号的传输时间及其相位差来确定导航设备与声标之间的相对位置,然后通过坐标转换得到导航设备在大地坐标系上的位置信息。水声学导航大致可分为长基线(LBL)、短基线(SBL)和超短基线(USBL)3种导航方式,具体取决于基线的长度、基阵的数量和布置位置,如图 2-1 所示 。

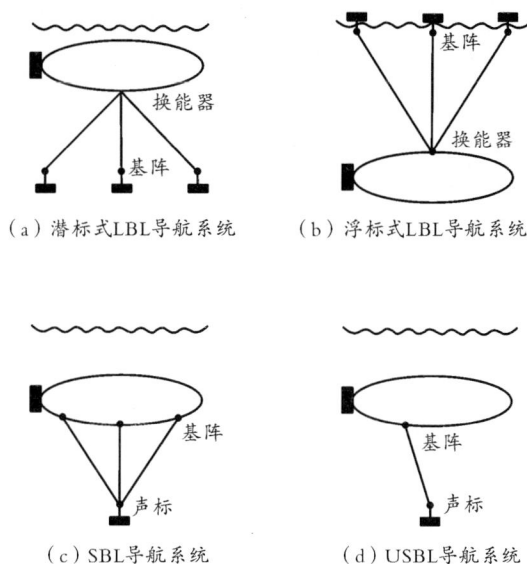

(a)潜标式LBL导航系统　　　　(b)浮标式LBL导航系统

(c)SBL导航系统　　　　(d)USBL导航系统

图 2-1　3 类声学定位导航系统示意图

(二)视觉导航

视觉导航主要包括视觉图像预处理、目标提取、目标跟踪、数据融合等问题。其中,运动目标检测可采用背景差法、帧差法、光流法等,固定标志物检测可用到角点提取、边提取、小变矩、Hough 变换、贪婪算法等,目标跟踪可以分析特征进行状态估计,并与其他传感器融合,用到的方法有卡尔曼滤波、粒子滤波器和人工神经网络等。还有很多方法(诸如全景图像几何形变的分析或者地平线的检测等)没有进行特征提取,而是直接将图像的某一变量加到控制中去。

图像处理技术以及摄像机硬件的发展使得计算机视觉技术可以引入无人机的导航问题中来。首先,依靠视觉所提供的实时信息可以与惯性导航和 GPS 信息进行融合,弥补后两者的缺陷,提高导航精度。其次,摄像机更善于捕捉运动信息,传统的传感器则较吃力,从应用的角度来看,视觉信号的抗干扰性能很好,而无线电和 GPS 信号易受阻塞。最后,摄像机属于被动传感器,利用的是可见光或者红外线这种自然信息,这在军事隐蔽侦察上尤为重要。

(三)激光导航

激光导航可分为基于反射标志物的激光导航、基于外界环境信息的激光导航和复合激光导航 3 种方式。

(1)基于反射标志物的激光导航是工厂应用中使用最多的一种激光导航方式。该种方式的原理是利用激光雷达扫描周边激光反射标志物,通过三点定位原理确定当前行驶位置进行导航。

激光雷达扫描一周的过程中,理论上可以计算激光雷达距离所有范围内反光板的距离。同时根据感测时间和扫描周期,利用三角公式可以计算得到任意块反光板之间的距离,将若干反射标志物间距与导航设备内的理论值表进行比较从而匹配得到每块反射标志物的编号和对应坐标,再根据标志物坐标和测量距离算得导航设备当前位置。为了提高定位速度,在导航设备运动过程中可以省去较为复杂的计算和匹配过程,在位置估计定时时间内,通过转向、速度和加速度等信息可以估算出导航设备大概位置。通过估算位置缩小标志物理论值表的匹配范围以提高匹配速度,或者可以通过设置反光板估算距离阈值的方式加速理论值表的匹配。该种导航方式需在导航设备的行驶路线周边布设足够数量且高度位置与激光雷达一致的激光反射标志物,一般为矩形或圆柱面反光板。所有布设反光板的位置都以二维坐标的形式记录在导航设备的地图内。通常情况下,在作业厂房内一次性布设足够的反光标志物,在后续路径的更变上只需要对导航设备的软件程序进行更改,后期维护成本较低。

(2)基于外界环境信息的激光导航又称为自然导航,以导航设备激光雷达探测到的环境轮廓信息作为地图特征进行定位导航,在业界通常称为激光 SLAM(Simultaneous Localization and Mapping,即时定位与地图构建)导航。使用激光雷达传感器感知周围环境,然后根据导航设备自身的激光雷达传感器获取的外界环境信息构建初始的环境地图,采用姿态估计算法实现对导航设备自身姿态和环境位置估计。激光 SLAM 导航在固定场景应用时,通常使用激光雷达扫描环境建立第一张地图,此后的运动中按算法将实时扫描地图与初始地图进行比对从而确定导航设备当前位置。在导航设备运动过程中,由于激光传感器的误差与环境噪声的干扰,必须要用卡尔曼滤波等算法对激光雷达数据进行处理,使用结果精度更高的算法往往需要牺牲数据处理的速度。在大部分工厂应用中,往往会在激光雷达建立的首张地图中选取一定数量的标志点用于往后扫描地图的快捷对比,以提高导航系统的计算速度。自然导航相比于基于反射标志的导航方式无须安装反射标志物,缩短了安装调试时间,但自然导航相较于前者精度和可靠性较低,特别是在环境信息单一、特征不足或复杂几何环境的场景下,如较长的走廊、散乱的工位布局。

(3)复合激光导航方式,主要利用周围自然环境信息对导航设备进行激光 SLAM 导航,在环境可识别性较差或需要精确定位的区域布设反射物以便激光雷达精准探测,还可以将激光 SLAM 与惯导技术、二维码定位导航技术等相融合。但是,这些复合导航方式相比于前两种方式导航的算法复杂度最高,需要考虑信息融合的问题,具体表现为导航设备实时位置的综合求解以及地图信息的统一描述。基于上述两种方式的复合式激光导航,同时兼顾可靠性与灵活性,具有极高的研究价值。

(四)组合导航

将两种或两种以上导航系统以适当方式组合为一种导航系统,以达到提高系统精度和改善系统可靠性等目的,这种系统被称为组合(或综合)导航系统。至于哪些导航系统可相互结合成为组合导航系统,一般是没有什么限制的。但惯性导航系统由于其工作的完全自主性,以及所提供信息的多样性(位置、速度及姿态),已成为当前各种运动平台上应用的一种主要导航设备。另外,在已得到应用的机载组合导航系统中,绝大部分为以惯性为基础的组合系统,其中惯性与 GPS 两者组合的导航系统是组合导航技术发展的一个重要方向。组合导航技术有望解决单项导航技术的不足。虽然 GPS 是当前最先进的具有全球、全天候、高精度、实时定位等优点的卫星导航定位系统,但是其动态性能和抗干扰能力较差。惯性导航系统具有自主导航能力,不需要任何外界电磁信号就可以独立给出载体的姿态、速度和位置信息,抗外界干扰能力强。但是,惯性导航系统定位误差随时间的延续不断增大,即误差积累、漂移大。GPS/惯导组合能够充分发挥各自的优点,克服缺点,实现在高动态和强电子干扰的环境下实时、高精度的导航定位。因此,GPS/惯导组合导航定位系统具有广泛的应用前景,特别是航空航天导航和武器制导等方面,具有非常重要的作用。组合式导航定位系统通常利用 GPS、惯导以及数字地图 GPS 或者其他技术等相互组合而成。现有的组合导航定位技术主要有 GPS/INS(INS 为惯性导航系统)、GPS/DR(DR 为航位推算)等。随着北斗卫星导航定位系统的建成,我国正在大力发展北斗 GPS 组合导航定位技术。上述组合导航技术是当前各种无人平台广泛采用的定位定向手段。

第三节　通信与数据链技术

无人系统通信数据链是无人系统的"神经",将战场上的传感器、指控系统和武器单元等多种要素紧密联系在一起,构成一个有机的信息网络系统。数据链维系着无人系统中无人设备及其载荷与地/海面指控系统之间信息的获取、融合、处理、传递和利用,满足姿态控制、任务载荷监控、情报处理、任务执行等作战需求,是无人系统必不可少的重要组成部分之一。

无人机通信链路的分类方法有多种,图 2-2 列举了常见的几种分类方式,下面进行具体说明。

按覆盖范围	平台内通信链路			平台外通信链路	
按用途	任务信息传输链路			控制链路	
按任务种类	测控链	指控链	ATC链	侦察监视链	作战协同链
按上下行	上行链路			下行链路	

图 2-2　通信链路分类

1.按覆盖范围划分

从覆盖范围来看,无人机通信数据链可分为两类,一类是无人作战平台的内部通信链路,另一类是无人作战平台与地面控制站之间,以及无人作战平台与其他有人平台的外部通信链路。

2.按用途划分

从用途来看,无人机通信链路可分为任务信息传输链路和控制链路。前者用于侦察情报传输和中继信息转发等,后者用于无人机的遥控、遥测和跟踪定位。

3.按任务种类划分

从任务种类来看,无人机数据链可以分为测控链、指控链、航空运输管制(Air Traffic Control,ATC)链、侦察与监视链和作战协同链等。测控链用于地面站对无人机飞行情况的控制、任务设备的遥控遥测和定位跟踪;指控链用于地面站对无人机的指令传输和姿态控制等;ATC 链用于与民航机有领域交互的无人机,实现交通控制和管理,防止碰撞;侦察与监视链用于无人机侦测信息的实时传输,一般都是数据传输、控制一体化的宽带高速数据链;作战协同链用于无人机与其他平台之间协同作战时的信息交互。

4.按上下行划分

从上下行来看,无人机数据链可分为上行链路和下行链路。前者主要传输数字式遥控信号、任务载荷的命令信号、无人机的飞行路线控制信号;后者主要传送无人机状态信号和视频信号。

信道是无人系统信号的传输媒质,根据借助的传输媒质不同,信道又可分为有线信道和无线信道。无人平台机动能力强,其通信一般使用无线信道。无线信道根据频段分为超短波信道、短波信道和卫星信道等。

一、超短波通信技术

4A/Link-11 数据链的 UHF(超高频)通信频段(225~400 MHz)以及超短波频段是无

人系统数据链的主要通信频段,覆盖 Link - 16 数据链的 L 通信频段(960～1 215 MHz)。

超短波通信的特点是:电波以视距传播方式为主,电离层对电波的反射频率存在理论上限值,即天波通信中的可用频率。频率在 30 MHz 以上的超短波频段(包括微波频段),天线电波已超出电离层反射的最大可用频率,不能采用天波传播,否则将穿出电离层而无法形成反射传播路径。

与短波、中波和长波相比,超短波频率较高,在大地中所感应的电流远大于短波、中波和长波感应电流,信号能量由于被地表面大量吸收而沿地面传播路径迅速衰减,传播距离非常有限,不宜采用地波传,因此超短波频段的电波主要采用视距传播方式。Link - 1 数据链的 UHF 对空通信频段、Link - 4A 数据链的 UHF 通信频段和 Link - 16 数据链的 L 通信频段均属于超短波频段,视距传播是数据链主要的电波传播方式。

通信距离与飞行高度和地面天线高度密切相关,由于超短波的视距传播特性,Link - 4A、Link - 11 以及 Link - 16 数据链的视距通信都存在有效通信区域。Link - 4A 数据链的主站是海面指挥平台,从站为空中飞行平台;Link - 11 数据链的主控站是地面海面指挥平台或空中预警指挥平台,前哨站为空中飞行平台;Link - 16 数据链的发送/接收平台是三军作战平台,可以是地面、空中或海面平台。Link - 4A、Link - 11、Link - 16 等数据链的视距通信距离有以下特点:

(1)受地球曲率影响较大。

(2)一定条件下,通信距离存在上界视线传播极限距离。

(3)发送平台在地面/海面时,接收平台飞行高度越高,视线范围越大,因而通信距离越远;地面天线高度越高,通信距离越远;将天线架高(高山或高大建筑物)将有效延伸视距传播距离。

(4)相同条件下,发送平台在空中时,与接收平台的通信距离视线传播极限距离是一个理论计算值,通常作为数据链通信距离的参考。在工程设计时,需要综合发射机发射功率、接收机灵敏度、自由空间传播损耗等因素,实际通信距离小于视线传播极限距离。实际应用中,为了充分利用近距离地波传播的优点,短波通信还占用了中频段高端的一部分频段,故短波通信实际使用的频率范围为 1.6～30 MHz(波长为 10～200 nm)。

二、短波通信技术

短波通信主要靠电离层反射(天波)来传播,也可以和长、中波样靠地波进行短距离传播。每一种传播形式都具有各自的频率范围和传播距离,当采用合适的通信设备时,都可以获得满意的信息传输。一般情况下,对于短波通信来讲,天波传播较地波传播具有更重要的意义。

1.地波传播

短波地波受地面吸收而衰减的程度,比长波和中波的大,传播的情况主要取决于地面(包括电波能够穿透的地层)的电气特性。地形起伏、地表植被以及建筑物等,对地波传播也都有很大影响。地波在导电性能良好的海面上传播时,衰减较小;反之,地波在干燥的砂地上或地形起伏很大的山区传播时,衰减则很大。因此,短波地波只适用于近距离通信。

由于地表上的地貌、地物以及土壤的电气参数都不会随时间很快地发生变化,而且基本上不受气象影响,因此地波传播几乎不存在日变化和季变化,利用地波通信,不需要像天波那样,为了维持链路通畅而经常改变工作频率。地波信号稳定,色散效应很小,短波地波传播大多用于海上舰船之间或船岸之间的通信链路,陆地上的短距离链路,也常常使用地波。

2.天波传播

短波通信链路主要依靠天波传播来建立。倾斜投射的天波经电离层反射后,可以传播到数千千米外的地面,天波的传播损耗比地波小得多,由电离层反射回的电波本来传播就要远些,尤其是在地面和电离层之间多次反射(多跳传播)之后,可以达到极远的地方。在远距离短波通信线路的设计中,为了获得比较小的传输衰减,或者为了避免仰角太小,以致现有的短波天线无法满足这一设计要求等原因时,都需要精心选择传输模式。

传输距离远,利用天波传播,短波单次反射最大地面传输距离可达数千千米,多次反射可达上万千米甚至进行环球传播。

3.存在寂静区

短波传播还有一个重要的特点就是所谓寂静区的存在。当采用无线电时,寂静区是围绕发射点的一个环形地域。寂静区的形成是由于在波传播中,地波衰减很快,在离开发射机不太远的地点,就无法接收地波。而电离层对一定频率的电波反射只能在一定距离以外才能接收那这样就形成了既收不到地波又收不到天波的所谓寂静区。

4.最高可用频率

最高可用频率(Max Usable Frequency,MUF)是指在实际通信中,能被电离层反射回地面的电波的最高频率。若选用的工作频率超过它,则电波穿出电离层,不再返回地面。MUF 具有以下重要特点:

(1)MUF 是指给定通信距离的最高可用频率。若通信距离改变了,计算所得的曲线族和实测的频高图都将发生变化,从而使临界点的位置发生变化,对应的 MUF 就改变。显然,MUF 还和反射层的电离密度有关,所以凡影响电离密度的诸因素,都将影响 MUF 的数值。

(2)当通信线路选用 MUF 作为工作频率时,由于只有一条传播路径,所以在一般情况下,有可能获得最佳接收。

(3)MUF 是电波能否返回地面和穿出电离层的临界值。考虑电离层的结构随时间的变化和保证获得长期稳定的接收,在确定线路的工作频率时,不是取预报的 MUF,而是取低于 MUF 的最佳传输频率(Frequency of Optimum Traffic,FOT),一般情况下 FOT=0.85MUF。选用 FOT 之后,能保证通信线路有 90% 的可通率。由于工作频率 MUF 下降了 15%,接收点的场强较工作在 MUF 时损失了 $10\sim20$ dB,可见为此付出的代价也是很大的。

三、卫星信道技术

随着无人作战平台运行范围的扩大,对无人系统数据链的传输距离需求不断增加。卫星通信远距离、大容量的传输优势已逐渐在数据链的距离扩展中得到应用,如美军的联合距离扩展、卫星战术数据链(SADLJ)和英军的卫星战术数据链。

卫星通信就是利用人造地球卫星运载的中继通信站作为中继,进行卫星天线波束覆盖范围内地球上(地面、水面和低层大气中)通信站之间的远距离无线通信。多个波束覆盖不同范围的地域,可以实现多个地球通信站之间的相互通信。

卫星通信线路主要有上行线路、下行线路以及卫星转发器,上行线路由地面站发送至卫星,下行线路由卫星发送至地面接收站,卫星"中继"设备又称转发器,基本原理与地面无人值守微波中继站相同。某一天线波束覆盖区域内的地面站发送的信号,经上行线路被卫星转发器接收并进行变频、放大等处理,转换为下行信号,然后经下行线路由另一天线向其波束覆盖区域内的地球站转发。

卫星通信作为一种重要的通信方式,在数字技术迅速发展的推动下,也得到了迅速发展。与其他通信技术相比,卫星通信技术有着自己与众不同的特点,主要表现在以下几个方面。

1.通信距离远,通信成本不受距离影响

卫星能为相距 18 000 km 的两个地面站提供直接通信。卫星通信的建站费用和运行费用不因通信站之间的距离及两站之间地面上的自然条件所改变。这在远距离通信时,比地面微波中继、电缆、光缆、短波通信等通信手段有明显的优势。

2.覆盖地域广、通信的灵活性大

卫星通信的覆盖面积大,理论上讲一颗静止卫星最大能覆盖 42.4% 的地球表面。由于卫星覆盖区域很大,而且在这个范围内的地球站基本上不受地理条件或通信对象的限制,有一颗在轨道上的卫星就相当于在全国铺设了可以通过任何一点的无形的电路,因此使通信线路具有很大的灵活性。

3.具有多址连接特性,实现多点对多点通信

大部分通信手段通常只能实现点对点通信。例如,在地面微波通信中,只有在干线或分支线路上的中继微波站才能参与通信,线路以外的其他微波中继站点均无法利用它通信。而在卫星通信中,可以实现多点对多点通信,让地球站之间共用同一颗卫星进行双边或多边通信,也称为多址通信。多址连接的意思是同一个卫星转发器可以连接多个地球站,多址技术是根据信号的特征来分割信号和识别信号,信号通常具有频率、时间、空间等特征。

4.传播稳定可靠,通信质量高

卫星通信的电波主要是在大气层以外的宇宙空间传输,宇宙空间接近真空状态,可看作是均匀介质,电波传播比较稳定,不易受到自然条件和干扰的影响,信道近似为恒信信道,传输质量高,链路可用度通常都在 99% 以上;卫星通信具有自发自收的能力,便于进行信号监测,确保传输质量。

5.组网灵活,应用多样

卫星通信能够根据需要组成不同的网络结构和运行控制体系;点开通和撤收时间短,建站一般不受地理条件的限制;不仅能作为大型固定地球站之间的远距离干线通信,还可以为

小型固定站、各类移动站和个人终端提供通信,能够根据需要迅速建立与各个方向的通信链,在短时间内将通信网延伸至新的区域,或者使设施遭到破坏的地域迅速恢复通信。

6.可用的无线电频率范围大(频带宽)

由于卫星通信使用微波频段,信号所用带宽和传输容量要比其他频段大得多。目前,卫星通信带宽可达 1 GHz 以上。一颗卫星的容量可达数千路以至上万路电话,并可传输高分辨率的照片和其他信息。

7.高速接入

卫星通信技术的接入速度比因特网提高了一个层次,它将用户的上行数据和下行数据分离,相对较少的上行数据(如对网站的信息请求)以通过现有的 Modem(Modem 为调制解调器)和 ISDN(ISDN 为综合业务信息网)等任何方式传输,而大量的下行数据(见图片、动态图像)则通过 54 MB 宽带卫星转发器直接发送到用户端。用户可以享受高达 400 kbit/s 的浏览和下载速度,这一速度是标准 NMN(NMN 为下一代移动网络)的 3 倍多,是 28.8 kbit/s Modem 的 14 倍,它支持标准的 T/P 网络协议及 WWW、E - mail、Newsgroup、Telnet 等应用。同时,它不像 SDN(SDN 为软件定义网络)和小范围内应用的 ADSL(ADSL 为对称数字用户线路)及 Cable Modem 技术,拥有可以用于卫星通信具有上述这些突出的优点,从而获得了迅速的发展,立即为全球任何角落提供服务的成熟技术。

第四节　任务载荷技术

无人系统在现代战争中的地位越来越重要,其作战任务非常广泛,为完成这些作战任务,无人系统必须携带相应的载荷。本节详细分析目前各国装备的可用于无人系统的典型有效载荷,对其发展状况与发展趋势进行概述。

一、侦察/探测载荷

在无人系统中,目前占比例最大的是侦察/探测载荷。即便是在攻击型无人系统中,侦察载荷也是必不可少的。需要侦察/探测载荷协助完成的作战任务有广域侦察、拒止区侦察(对禁止飞越的区域进行信息收集)、战术监视/侦察、监视/移动目标指示、战场情报准备、精确制导弹药瞄准、城区监视/侦察、部队防护、生化剂侦测和识别、战斗损伤评估、本土防御、战场模拟演习等。无人系统的探测设备已经经历了几代的发展,目前应用的主要有光电侦察载荷,包括照相机、电视摄像机、红外探测设备等。雷达也是常见的设备之一,如合成孔径雷达、激光雷达以及脉冲多普勒雷达等。另外,近年还出现了一些新的有应用前景的探测装备,如多光谱/超光谱成像(MSI/HSI)与光探测和测距(LIDAR)设备等。实际应用中的探测装备,往往不是基于某一个物理原理的探测器,而是多探测器的集成,从而提高了探测的精度和环境适应能力。

(一)光电侦察系统

光电侦察系统是无人系统,尤其是无人飞行器系统上装载的主要侦察、监视装备。随着光电技术发展,电视摄像机、红外热像仪的重量、体积、成本都大大降低,这些侦察设备已装载到小型甚至微型无人系统上。

1.电视摄像机

电视摄像机已经取代最初的光学照相机,成为目前无人系统中最常见的一种光电侦察设备,不仅用于监视、侦察获取实时图像情报,而且用于辅助地面操作人员遥控驾驶。

目前的电视摄像机一般都采用焦平面阵列电荷耦合器件。北约在战争中使用的 7 种无人飞行器中有 6 种采用电视摄像机,奠定了电视摄像机在图像情报探测设备中的统治地位。焦平面阵列耦合器件的主要优点是体积小、重量轻、灵敏度高、抗冲击振动,因而能够得到广泛的应用。它常和前视红外等组成多探测器系统,满足全天候实时图像情报需要。

美国空军“捕食者”和陆军“猎人”无人飞行器在其转台上便安装有商用实时电视摄像系统。“捕食者”的电视系统在近距离通常可以提供可见光图像。

2.红外探测器

红外探测器包括红外行扫描仪、前视红外设备等。法国的“独眼巨人”2000 红外行扫描仪设计用于小型有人驾驶侦察飞机和无人飞行器,装配有结构紧凑的高性能(工作温度可降低到 0.1 ℃)、高空间分辨率($8\sim12~\mu m$)的红外扫描器,可以在垂直/水平范围内扫描,还有数据记录和显示设备。它也是法国军队“红隼”战场侦察无人飞行器传感器套件中的红外行扫描仪。

但目前已经很少在无人系统上使用红外行扫描器,多使用前视红外扫描器。

前视红外扫描器是无可替代的昼夜全天候实时成像探测设备,它还常常被作为核心,与电视摄像机、激光测距仪/激光照射器组合成为多探测转台,昼夜执行多种任务。第一代红外前视扫描器采用扫描红外探测器。第二代采用扫描阵列红外探测器。第三代采用凝视焦平面阵列红外探测器,在成像焦平面上纵横着数以百计的红外敏感元件,通常和电荷耦合器件等信号处理电路集成在同一个芯片上,或集成在两个芯片上,一次完成成像探测、积分、滤波和多路转换功能。这种全固态红外成像器不仅体积小、重量轻、可靠性高,而且凝视比扫视具有更高的灵敏度和分辨率以及更远的作用距离。第四代前视红外技术(又称灵巧焦平面阵列技术)将采用 HgCdTe 传感器和先进的信号处理技术,可以覆盖整个可见光波段和近、中、远红外波段,可为飞机提供 100 多千米的红外搜索跟踪能力。第四代前视红外设备将在“全球鹰”无人机的红外搜索与跟踪系统中得到应用。

3.水下光电探测系统

现在已有美国、英国、俄罗斯、日本、加拿大等国对水下光电探测系统进行研究,有的产品已投入实际使用。在军事领域,水下光电探测系统可以安装在潜艇、灭雷具、水下机器人等水下载具上,用于水中目标侦察、探测、识别等,可实施探雷、探潜、反潜网探测和潜艇导航避碰等。其中研究得最多的是水下激光探测系统。表 2-1 列出了几种国外水下激光探测系统及其性能特点。

表 2-1 国外几种水下激光探测系统

水下激光探测系统名称	成像方式	激光器及性能
美国 Sparta 水下激光探测系统	距离选通	Nd：YAG(倍频)(工作物质：半导体二极管泵浦 Nd：YAG 激光器)，波长 0.530 μm，脉宽＜10 ms，重复频率 10 Hz，脉冲能量大约是 10 mJ，转换效率为 1％
美国 Spectrum 水下激光探测系统	机械同步扫描	
美国 LLNL 水下激光探测系统	机械同步扫描	氩离子激光器，输出功率大于 7 W，转换效率低于 0.1％，扫描速率为 30 Hz，空间分辨率为 1 mrad(毫弧度)，总视场为 10°
美国微软公司 SM2000 型水下激光探测系统	脉冲同步扫描	氩离子激光器，输出功率为 1.5 W，成像距离比普通水下摄像机提高 3～5 倍
美国 TVI 水下激光探测系统	脉冲同步扫描	He-Ne 激光器，输出功率为 6 mW，波长为 0.632 8 μm
美国水雷目视激光识别系统(LVIS)	同步扫描	
加拿大 LUCIE 水下激光探测系统		Nd：YAG 激光器，输出功率为 80 mW，波长为 0.532 μm

(二) 雷达

1.合成孔径雷达

合成孔径雷达在无人机系统中应用较多，它克服了一般雷达受天线长度和周长的限制而使分辨率不高的缺陷，采用侧视天线阵，利用向前运动的多普勒效应。

合成孔径雷达使多阵元合成天线阵列的波束锐化，从而提高雷达的分辨率。合成孔径雷达在夜间和恶劣气候时也能有效地工作，可以穿透云、雾和战场遮蔽物，以高分辨率进行大范围成像。目前，轻型天线和紧凑型信号处理装置的发展以及成本的降低，使合成孔径雷达已经能够装备在战术无人系统上。

美国的 TESAR 合成孔径雷达系统是"捕食者"中空长航时无人机的任务载荷。该系统是一种工作在 J 波段(16.4 GHz)的高性能轻型监视雷达，设计用于各种地形和不利气候条件下工作。它可以以合成孔径雷达和运动目标指示两种模式工作。在合成孔径雷达模式下，分辨率为 0.3～1 m，在距离和扫描宽度上均可改变。在运动目标指示模式下，雷达可以将目标报告叠加在电子地图上。

2.激光雷达

激光雷达采用单色光且发射波束极窄，隐身性好，对地物和背景具有极强的抑制能力，不像红外成像系统那样易要环境变化的影响。另外，激光对红外隐身的灵敏度，且抗干扰能力十分突出。激光雷达波长短，与微波雷达目标和质量都比较小。就精度而言，激光雷达相对较高,分辨率达到分米甚至厘米量级,如今其他探测器很难超越。美国的"低成本自主攻击系统"(Low Cost Autonomous Attack System,LOCAAS)就是依靠其头部的激光雷达探测器完成制导、目标搜索、识别、定位和打击。LOCAAS 的激光雷达探测器在静态试验(91.4 m高塔)和载飞试验中作用距离分别达到了 10 km 和 5 km,即使在雨、雪、雾和烟尘等条件下,也可以有较远的作用距离。经过验证,这种探测器具有对目标的三维成像能力,可实现自主制导,分辨率较高,可达厘米级。

3.多普勒雷达

脉冲多普勒雷达是应用多普勒效应并以频谱分离技术抑制各种杂波的脉冲雷达,能在强背景(地面、海面)中发现移动目标。如美国 AN/APS - 144 雷达是一种轻型、J 波段脉冲多普勒目标指示雷达,目前已经安装在"琥珀"无人机上。在自身运动速度为 222 km/h 的情况下,该雷达可以探测出缓慢移动的小型车辆和人,适用于短时间内进行大面积监视,典型应用包括战场前沿监视和阵地侦察,边界巡逻等。

(三)新型探测设备

为提高无人系统的侦察/探测能力,国外对新型探测装备和技术的研究从来没有停止过,并开发出了许多新型设备和技术,比较有应用潜力的是多光谱/超光谱成像以及光探测和测距技术。

多光谱/超光谱成像:多频谱探测技术寻求不同类型探测器,利用同一孔径,且有时利用同一半导体器件工作。这些探测器可以探测不同红外带宽、不同光谱甚至混合光和射频以及激光测距的光谱。这将提供更多信息并减轻信号处理负荷。超光谱成像可用于探测和生化战剂微粒识别,对气溶胶云的被动超光谱成像可以对非常规攻击提前告警,因此可以进行战场侦察和本土防御。另外,该项技术还可以用来对付敌人的普通伪装、隐身和拒止战术。美国海军研究实验室已经开发出"战马"可见光/近红外超光谱传感器系统,并在"捕食者"无人机上进行了演示。

光探测和测距(LIDAR):光探测和测距是对指定感兴趣区域从纵向拍摄几幅图像,然后将其"合成"一幅图像。光探测和测距也可以用来透过障碍物成像。在有轻微或者中等厚度的云层、灰尘时,用精确短激光脉冲,并且只捕获第一批返回的光子,就能生成光探测和测距图像。另外,利用照射某种物质的颗粒或者气云,可以简化对该物质的识别过程。如果与超光谱摄像仪配合使用,光探测可以提供对某种物质更为快捷和精确的识别,因此可以协助探测和识别生化战剂。

二、武器装备载荷技术

对于要携带武器装备的无人系统来说,作战需求与模式有较大差别,其作战任务使命会有所不同,因此装备的武器也会不一样,各有特点。

由于无人飞行器通常比普通飞机体积更小,其武器舱比较小,因此,无人作战飞行器需配备较小型的武器载荷。美国空军于 2005 年 11 月向工业部门发出了对精确制导对地攻击武器进行改进的信息征召书,要求研制可以用于 MQ - 1 和 MQ - 9"捕食者"无人机以及陆军 MQ-5"猎人"无人机等平台的 100 lb(1 lb≈453.6 g)级或 100 lb 级以下的武器载荷。目前无人作战飞行器的作战任务有对地攻击、对敌防空系统压制、近空支援、打击事件关键目标等,因此已经或计划装备的武器大都是完成以上作战任务的,包括精确制导炸弹、反坦克导弹、小型导弹、末敏弹/制导子弹药、无人飞行器等。

(1)反坦克导弹。反坦克导弹是最早应用于无人机系统的武器。2002 年 11 月 3 日的一次行动中,一架"捕食者"无人机发射其携带的"海尔法"导弹,消灭了隐藏在一辆汽车中的 6 名基地组织成员,完成了由无人机系统发射反坦克导弹对地面目标的首次攻击。"海尔法"导弹长为 1 626 mm,弹径为 178 mm,弹重为 45.7 kg,一架 MQ-1A"捕食者"无人机可以挂载 2 枚"海尔法"导弹。除"海尔法"导弹之外,美国雷声公司还研制了空射型"标枪"反坦克导弹,可以作为无人机的载荷,曾与 SA-GEM 公司合作研究如何满足法国"斯普维尔"无人机的武器装备需求。

(2)精确制导炸弹。在无人机上挂载精确制导炸弹,执行近空支援和对敌防空系统压制任务也是空中无人武器系统的重要发展方向。计划中的精确制导炸弹主要是 GPS/INS 制导的,如 GBU-38 JDAM 和 GBU-39 SDBII(小直径炸弹)。美国洛克希德·马丁与波音公司共同研制的小直径炸弹 II,作为无人机的理想战斗载荷,长为 1.8 m,直径为 190 mm,重量约为 115 kg,末制导采用激光目标指示,其战斗部为爆破式,能够全天候攻击地面移动目标。

(3)末敏弹/制导子弹药。由于末敏弹和制导子弹药体积小、重量轻,且都有末端自寻的功能,能够实现"发射后不管",非常适合无人机携带与投放。美国智能反装甲子弹药(BAT)是一种制导子弹药,全长为 914 mm,直径为 140 mm,重量为 20 kg,携带串联空心装药战斗部,可以成批的对付移动装甲目标,目前已经装备美国"猎人"无人机。美国达信公司提出为无人机配备 U-ADD 通用布撒器的方案中用到了末敏弹。该布撒器能够投放 CBU-105 传感器引爆武器,内装 4 个斯基特子弹药(一种末敏弹),可用来攻击坦克、装甲车、卡车、停放的飞机、移动雷达,甚至能打击水面目标如小型水面舰艇集群等目标。

无人飞行器自身带有传感器和动力系统,可以在目标区域上空自主巡飞、搜索、探测、识别和攻击目标,是对付事件关键目标的有效手段,本身就是一种空中无人武器系统,但也可以用作无人飞行器的载荷。典型的无人飞行器有"低成本自主攻击系统"和 250 lb 级"小型侦察攻击巡航导弹"(Surveiling Miniature Attack Cruise Missile,SMACM)。它们都携带多模战斗部,可以攻击软硬目标。一架 MQ-1"捕食者"能够携带 2 枚 SMACM,而一架 MQ-9"捕食者"则能携带 8 枚 SMACM。

三、通信/电子战载荷技术

(一)通信中继

由于空中通信节点比卫星更能快速、高效地满足战术通信要求,可以有效提高战区卫星的能力,解决在容量和连通性方面的不足,所以,目前担任通信节点任务的无人系统主要是无人机。其主要优势有:

(1)能高效利用带宽。

(2)可扩展现有地面视距通信系统的覆盖范围。

(3)可将通信区域拓展至卫星服务的盲区。

(4)与卫星相比,大大增强了接收的功率密度和接收能力,提高了抗干扰能力。

美国国防高级研究计划局发起的联合自适应 C⁴ISR(指挥、控制、通信、计算机、情报及监视与侦察)节点(AJCN)研究计划,其目的是开发一种模块化、可升级的通信中继有效载荷。该通信装置经改装可以装在 RQ-4"全球鹰"无人机上,提供较大范围的防区支援(可覆盖直径为约 555 km 区域),也可以装在 RQ/7"影子"无人机上(覆盖直径为约 111 km 的区域),能满足战术要求。

用无人系统作为通信中继节点,极大地提高了通信支援的效率。美国在"沙漠风暴"行动中,为部署通信中继装置,需要出动 40 架次的 C-5 和 24 艘舰船。而如果改为大量自动部署基于无人机的空中通信节点,可以使通信支援所需的空运架次减少 1/2~2/3。

(二)电子支援/电子情报载荷

电子支援(ES)和电子情报(ELINT)传感器是重要的信息来源。信号情报同图像情报一起可以形成更全面和更精确的态势感知图像,这对于建立和更新电子作战序列至关重要。电子监视载荷只需要接收和处理信号,对功率需求不大,适合无人系统携载。同有人驾驶平台的电子情报载荷相比,无人系统电子情报载荷由于成本低、体积小,因而其精度不可能很高。但只要能近距离抵达目标处,ES/ELINT 传感器即使只具有中等的精度,也能够获得清晰的态势感知,甚至能获得目标瞄准需要的精度。

如 AES-210 是采用接收、测向和信息处理的现代技术开发的电子监视/电子情报系统,可以装在无人飞行器上,对海面和地面进行监视以及电子情报收集,对敌方雷达进行确认和定位,并具载机自防护功能。该系统能自动探测、测量和确认地面、舰载和机载武器系统发出的雷达波,并计算出其发射位置。

(三)电子攻击载荷

电子攻击主要是对敌方通信、电子设备实施干扰。出于安全考虑,有人驾驶的干扰飞机通常只能位于敌防区以外实施远距离干扰,因此对干扰功率要求很高。而无人平台的电子攻击载荷由于是近距离、小区域干扰,所以所需功率要小得多,而且干扰效果更好,同时可以避免对己方电子设备的影响,适合实施电子攻击。分析表明,要保护一个 10 km 处的目标,一部距雷达 10 km 的 100 W 干扰机可获得的干信比与试图干扰同一目标的、距雷达 100 km 的 10 kW 干扰机的干信比相当。

英国的"帝王"电子战系统可以实施电子攻击,有 2 种基本型号。一个基本型号为通信干扰器,能远距离监视超高频通信,并从敌后方干扰主机无线电,可以全向接收和传输,以截取和报告无线电信号,对选择的信号进行自动或者受控干扰,应答噪声干扰以切断指挥和控制链。另一个基本型号为雷达干扰器,可以用于战胜敌方雷达,保护无人机平台和友机并提供干扰训练,可以截取威胁雷达,选择最佳的干扰模式,发射有效信号破坏敌方火力控制,瓦解敌人发射行动,并将威胁细节和干扰情况发射给地面控制站。

四、任务载荷的发展趋势

无人系统任务载荷的发展势头之强劲是史无前例的。基于新材料、新技术和新概念的任务载荷研究方向众多,无人机任务载荷正朝着多功能、高性能和综合性的方向发展。随着微电子技术、通信技术、计算机技术和航空技术的进步,无人机任务载荷的技术发展将主要聚焦在以下方面。

(一)高红外传感器性能

1.发展第四代前视红外系统

第四代前视红外技术(又称灵巧焦平面阵列技术)将采用碲镉汞传感器和先进的信号处理技术,可以覆盖整个可见光波段和近、中、远红外波段,为飞机提供约 100 km 的红外搜索跟踪能力。第四代前视红外系统准备用于"全球鹰"无人机的红外搜索与跟踪系统以及美国海军的 E-2C 预警机。

2.非制冷凝视焦平面阵列

红外探测器一般分为两类,即光探测器和热探测器。热探测器与光探测器不同,热探测器要达到良好性能的关键是敏感元件与相邻元件、基板之间最大限度地绝热。热探测器一般可以工作在室温下,不需要昂贵的深冷制冷器。因此,热电探测器也通常被称为非制冷红外探测器。非制冷红外探测器与凝视焦平面阵列结合在一起,更适用于无人机。分析表明,非制冷红外凝视焦平面阵列可能成为近距、低成本红外成像侦察设备的首选。它很适合战术无人机特别是微型无人机任务载荷的要求。

(二)提高电视摄像机分辨率

电视摄像机逐步取代光学照相机在无人侦察机上广泛应用,也正在进一步追求光学照相机的图像质量。电视摄像机与前视红外特别是深冷扫描线列前视红外相比,正在向体积小、重量轻的方向发展。微型无人机对任务载荷体积、重量的要求,促使任务载荷技术在微型化上会有重大突破。

(三)增强多光谱和超光谱探测器的探测能力

多光谱探测技术可以探测不同的红外带宽、光谱甚至混合光和射频以及激光测距的频谱,将提供更多的信息并减轻信号处理负荷。未来的机载成像光谱仪可以在几十个甚至几百个波段成像,而不是只进行双波段的探测。采用中、低光谱分辨率的超光谱成像系统并结合适当的探测算法,可进行大面积搜索。中、低分辨率超光谱成像器件具有超强的目标探测能力,能够迅速发现目标,而且得到的数量大大少于普通光电成像器件,从而减轻了数据处理负担,其不足之处是难以进行目标识别。因此,将其与普通光电成像器件的高分辨率目标识别能力相结合,可兼得两种系统的优点。

(四)任务载荷安装与使用更加灵活

无人机系统的结构日趋复杂,全寿命使用成本也在不断提高,使用者越来越希望无人机具有执行多种不同任务的能力。受无人机任务载荷搭载能力的限制,目前只有大型无人机具备执行多种任务的能力。如果各种设备使用公用的信号和图像数据处理设备,即侦测数据的处理、各模块的控制等任务由机载公用处理设备完成,就可以减轻探测器的重量。这种方法同时也存在着一些需要解决的问题,如降低了整个无人机系统的可靠性,提高了对设备接口、输出数据格式的要求,要求协调执行多种任务时的公共资源分配等。随着广泛应用模块化观念设计无人机搭载设备,现在的无人机已可以根据不同任务需要灵活地更换载荷设备。模块式任务载荷的概念正在受到越来越多的关注,这是因为它可使无人机中的一个传感器或一些传感器改变到适合每一任务或一系列任务的需要。

(五)任务载荷综合化

未来信息化战争要求无人侦察机具有更强的信息获取能力,即要求无人侦察机扩大信息获取空间,延长信息获取时间,增加获取信息的种类,提高获取信息的有效性。对用以获取作战所需信息的有效载荷来讲,要能够在复杂的战争环境中全天候、全天时工作,就需要提高有效载荷的性能和功能综合化程度。无人侦察机信息获取载荷功能的综合化,是通过多种在功能上互补的信息获取载荷的合理配置,来扩大无人侦察机信息获取系统工作的空域、时域、频域,提高其获取信息的能力和所获信息的实时性与有效性来实现的。

(六)侦察系统数字化

无人侦察系统只有实现数字化,才能加强系统的功能性和有效性。数字化侦察图像具有以下优点:

(1)图像效果增强。数字化对比度处理使图像清晰度更好。

(2)可辨认和提取感兴趣的区域,将场景以多种视角和尺寸显示出来,数字工具能够测算感兴趣的目标。

(3)采用数据压缩和错误校正编码,便于图像传输和还原。目前的红外热成像和激光测距机等技术已基本实现了数字化。

(七)信息实时化

为了将侦察到的情报及时传送到指挥员手中,侦察系统必须包含先进的通信系统。机载通信系统一般采用空地无线电通信设备或卫星通信设备。超光谱成像和高分辨力成像器件等先进传感器的应用,要求通信链路不断拓宽频带和提高信息传输容量。建设高速数据链路是解决信息高速传输的基本手段。采用提高工作频率、提高频带利用率和合理使用频率资源等措施,可以提高通信系统传输高速数据的能力。采用适宜传输高速数据的数据压缩和编译码体系,选择适当的编码增益和码比率,是建立高费效比的高速数据传输系统的重要保证。

（八）机载通信情报侦察系统功能多元化

美军正在研究基于无人机机载通信情报侦察系统功能的多元化，通过采用机载通信截获和干扰移动电话的方法。由于商业移动电话使用扩频和跳频技术，因此截获和干扰并不容易。这将使无人机不得不飞得足够低，以截获这些低功率信号。

第五节　集群协同控制技术

近年来，集群自主协同决策控制技术得到了学者的广泛关注和研究，并作为目前复杂性科学的前沿课题，能广泛应用于导弹、机器人、无人机、自制的水下交通工具、卫星以及自动化交通控制等方面。对面向协同作战的集群编队，分别从集群协同任务分配和协同航迹规划问题、一致性协同编队控制、紧密编队中气动耦合问题、编队规避防障控制方面对国内外技术研究现状进行阐述。

（一）协同任务分配和协同航迹规划

集群协同航迹规划是集群任务规划的一部分，其目的是在确定的单架飞行性能、燃油量、武器装备性能以及自然地理环境等条件下，考虑编队飞行的队形保持、碰撞避免、安全飞行等各种约束条件，计算并选择最优或次优的飞行航迹，尽可能地提升协同编队作战的优势，完成预期作战任务。研究集群的协同航迹规划离不开协同任务分配，集群攻击多目标的协同任务分配原则是尽可能增大杀伤概率，避免重复攻击和遗漏，力求最大限度地发挥作战效能，主要有以下几种研究方法：

（1）基于线性规划模型的确定性算法。在 UAV 协同控制研究中，目标分配常常被看作是一个整数规划问题，分支定界法（Branchand Bound）和割平面法（Cutting Plane）是求解整数规划问题的典型确定性算法。美国国防分析研究所一直致力于协同分配问题的研究，于 1999 年 8 月提出了改进的武器优化与资源需求模型，这是一个线性规划模型，考虑了武器费用以及不同武器组合对目标的打击情况。

（2）基于智能优化算法的协同分配方法。这主要包括进化算法、禁忌搜索和粒子群优化等。最近的研究热点是将进化算法的应用扩展至多目标，出现了多目标进化算法（Multi-Objective Evolutionary Algorithms，MOEA），集群任务分配这类多目标复杂问题在求解上也具有很大的潜力。

（3）基于市场机制的协同分配方法。任务分配本质上是一种资源分配问题，动态协调的资源分配机制恰恰适合任务分配的动态特性，并且在此基础上市场机制还能支持各种资源的联合分配，基于市场机制的任务分配算法也相继提出。基于合同网的市场竞拍机制是一种行之有效的方法，为解决基于合同网的多分布式任务分配问题，可采用新的协商机制——基于效能补偿的条件合同机制。

协同航迹规划问题主要有以下几种研究方法：

（1）几何航迹规划方法。运动 Agent 的导引、导航和控制近几年已经成为重要的研究课题,研究成果大量地应用于水面舰艇、水下交通工具、机器人以及无人飞行器等方面。

(2)障碍回避的航迹规划方法。这是一种回避障碍的航迹规划方法,采用人工势场法,它不需要利用图形的形式规划空间,而是将物体看成是两种力的结果:一种是吸引力,它将运动物体拉向目标点;另一种是排斥力,它使运动物体远离障碍物和威胁源。采用基于人工势场法提出针对机器人的实时障碍回避算法,此方法中机器人在人工势场中运动,将目标作为吸引力建模,而将障碍和其他运动体作为排斥力建模。常用的概略图法包括可视图法、随机路线图法、Voronoi 图法等。

(3)动态航迹规划。现在有许多学者采用数学最优化方法分析动态飞行器模型。该方法分别研究了非线性规划法(NP)和混合整数线性规划法(MILP)。在连续线性最优化问题上,MILP 允许包含整数变量和离散量,这些变量可用于实现模型的逻辑约束如障碍和碰撞回避。尽管 MILP 算法可以回避航迹规划中出现的矩形障碍,以生成可行的航迹,但它不适合处理大规模航迹规划问题中计算的复杂性,其算法在动态变化的环境中也不是非常有效。模型预测控制(Model Predictive Control,MPC)和滚动时域控制(Receding Horizon Control,RHC)方法可用来处理动态航迹规划问题,这是一种不断地在线优化确定控制策略的算法,以滚动方式进行在线轨迹规划,先平滑航路的一段,使 UAV 一边沿着规划好的航迹飞行,一边处理余下的航路,随滚动窗口的推进不断取得新的环境信息,从而实现优化与反馈的合理结合,并大大节省规划的耗时。可采用一种基于 MPC 轨迹的方法,通过前馈的指定航迹用于解决一种时变、线性的最优化问题,进一步扩展可解决障碍回避中的轨迹规划问题。除航迹规划外,目前研究人员已将其扩展应用于更上层的协同控制,出现了基于 MPC 的任务分配方法和基于混合整数线性规划的 RHC 方法。

(二)一致性协同编队控制研究

基于一致性的协同编队控制方法是一种典型的分布式控制方法。与传统的集中式协同编队控制方法相比,该方法具有通信和控制结构灵活,个体数量规模不受限制等优点。该方法仅需要系统内部分个体的状态信息,算法简单,计算量小,易于工程实现。

二阶一致性算法,将其应用到多移动机器人的编队控制中,通过反馈线性化将机器人模型转换为线性系统,实现了多机器人自主编队控制。在实际工程应用中,由于任务的改变或者环境的影响,智能体的编队队形、速度均可能发生较大变化。在固定和切换通信拓扑结构下,可研究具有时变参考状态的一致性问题并将其应用到编队控制中。

(三)多 UAV 间气动耦合影响研究

在飞行过程中,各架 UAV 间侧向距离小于翼展,则此种编队飞行模式称为紧密编队(Tight Formation)或近距离编队(Close Formation)。紧密编队飞行可有效减少编队中每架 UAV 的动力需求,增加编队的航程延长续航时间,从而提高编队的整体飞行效率。自 20世纪 70 年代开始,NASA 进行了大量编队飞行的风洞试验和飞行试验,验证了不同情况下(如不同机间距离、不同飞机机型、不同编队飞机数目以及不同飞行速度等)的编队飞行,将可能使气动干扰产生不同的效果。美国空军飞行试验中心于 2001 年底进行了 T - 38s 的双机和三机编队飞行试验,从飞行的空气动力学的理论可以获知,三机编队要比双机编队在减小阻力方面具有更好的气动效果,但实际飞行结果中优势并不明显。另外,美国空军理工学院的研究人员进行各种编队飞行状态的仿真计算,结果显示在 $Ma=0.5$,并考虑操作面效应的情况下,双机编队中的僚机阻力减小 15%,三机编队中最后一架飞机的阻力减小 18%。该结果比无尾三角翼 UAV 的双机编队飞行的试验结果数据还小,即说明编队飞行的速度对减小阻力的效果具有一定的影响力。

(四)编队规避防障控制

在 UAV 协同作战过程中,必须保证所有飞行器之间避免发生碰撞,每个飞行器对作战环境中的障碍物也能自动进行规避。如果飞行器数量较少,可以通过预先规划的方法进行避碰,但是当飞行器数量较大或者战场环境具有未知障碍时,传统通过预先航路规划进行避碰和规避障碍的方法不再适应未来作战需要。传统基于 MPC 方法的编队控制律中通过向优化问题中增加不等式约束的方法来进行避碰控制,这种方法虽然形式简单,但增加了优化问题的非凸性,尤其是当无人飞行器数量较多时,优化问题求解将变得非常复杂。惩罚函数法是处理非凸约束的有效办法,这样可以避免增加非凸约束,从而可以缩短优化问题的求解时间。另外,引入协调的思想可以使飞行器编队具有良好的安全性和可扩展性。编队控制中的实时规避防障问题基本上都归结到单架无人机进行实时航迹规划来实现避碰,但是当编队规模较大时,需要进行协同避碰,这样才能具有更好的控制效果和良好的扩展性。

第六节　指挥与控制技术

指挥与控制技术是指实现指挥与控制功能的技术手段,主要是依赖于指挥与控制系统实现对无人平台的控制。指挥与控制系统其定义包涵广义定义和狭义定义。广义的指挥与控制系统既包含指挥与控制的主体,又包含指挥与控制的客体,即由人和人所使用的工具组成。而狭义的指挥与控制系统不包括人,仅指指挥与控制的工具。无人机指挥与控制系统即指完成无人机指挥与控制功能的工具系统。

指挥与控制系统的特点具有层次性、交互性和扩展性。根据其作用对象具有分层分级的特点。树型无人机指挥与控制系统从控制对象的分类来讲,是属于单类单个武器平台指挥与控制系统,而无人机指挥与控制系统属于一类武器平台的指挥与控制系统。但依据指挥与控制的目的来分,二者都属于作战指挥与控制系统。单类单个武器平台指挥与控制系统强调的是对单个武器平台的指挥与控制能力,而一类武器平台指挥与控制系统则强调的是一类武器平台的指挥与控制系统的共性控制(包括互联互通互操作)和协调协同、整体整合优化控制的能力。因此对无人机指挥与控制系统的研究,主要分成两个层次:一是单个无人指挥与控制系统的研究;二是指体系的研究,即整个无人指挥与控制系统的研究。

单个无人指挥与控制系统的研究主要考虑个体无人设备指挥与控制系统内部的物理连接、信息交互,考虑的外部因素相对较少。主要考虑的是将单个无人设备指挥与控制系统构成一个能独立完成特定任务的完整功能。这种研究可依赖于单个无人设备设计单位或组织来完成,实现单一独立的无人指挥与控制系统的功能完备性。这种研究可提倡发展各型无人设备指挥与控制系统的特点,做到独立部署、独立使用,强调无人指挥与控制系统设计的百花齐放、百家争鸣。具体内容如图 2-3、图 2-4 所示。

图 2-3　单个无人设备指挥与控制系统

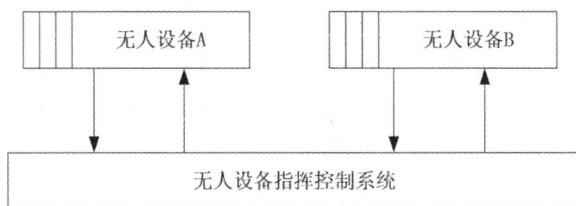

图 2-4　无人指挥与控制体系

而整个无人机指挥与控制系统的研究则倾向于个体无人机指挥与控制系统和别的个体无人机指挥与控制系统或别的指挥与控制系统之间的相互关系及整个体系的特征,强调考虑整个无人机指挥与控制系统所面临的环境因素、无人机体系中多个指挥与控制系统之间的协同、信息分发、信息传输、信息互补、信息融合、功能互补,达到的目标是无人机整体集成作战效能上的最大化。这种研究严重依赖国家或军队组织,采用自上而下的体系结构把握研究,强调整体优化、兼容并包,提倡整体的适应性、协同和自同步能力,提倡无人机指挥与控制体系的建立、优化与迭代完善,推动整个无人机体系作战效能的发展。

习　　题

1.简述无人系统中自主控制技术特点。

2.无人系统可应用哪些定位和导航技术?

3.无人系统有几种通信技术?

4.举例介绍几种无人系统的载荷。

5.举例分析当前集群协同控制技术的发展现状。

第三章　空中无人系统及其作战运用

空中无人系统的发展经历了爆炸性的增长,特别是在反恐战争中,各类空中无人系统耀眼的表现,使其当之无愧地成为战争中为数不多的亮点。当今,空中无人系统受到各国军方的高度重视,本章分固定翼、旋翼及仿生飞行器3类空中无人系统对其综述、结构原理、技术难点及典型飞行器进行介绍。本章还将详细介绍当前空中无人系统的集群作战样式和典型作战运用,并对空中无人系统的发展趋势进行展望。

第一节　空中无人系统概述

空中无人飞行器主要是指能够飞行的设备,包括无人机、无人艇及仿生飞行器等,是可以无人驾驶、自动程序控制飞行和无线电遥控引导飞行、具有执行一定的任务能力、可重复使用的飞行器。

一、空中无人系统的概念、分类和特点

"无人系统"从狭义概念上主要指的是空中飞行平台,但从无人装备技术特点上,更重要的是"无人系统"概念。所谓"系统",是由若干个相互联系、相互作用、相互依存的组成部分(要素)结合而成的、具有特定功能的有机整体:从组成上来说,是指"相关部件(子系统)、软件与功能的有机集合";从技术上来说,是指"具有相互依存功能的机械结构、电器、电子的一种集合"。飞机本身可以作为一个独立系统,而无人驾驶空中飞行器平台通常不是一个独立系统,这正是无人系统不同于有人驾驶飞机之处。

2005年,美国在"无人机系统线路图"报告中,不再单纯提"无人飞行器"(UAV),而将"无人机系统"(Unmanned Aircraft System,UAS)作为基本概念,即UAS不仅是无人飞行器本身,还包括无人机通信、任务载荷设备和地面设备(地面测控站、发射与回收设备、地面保障设备)。从更广意义上,"无人系统"还包括地面测控无人设备的操作人员。

空中无人系统一般分为无人机系统、无人飞艇系统及仿生飞行器3种类型,目前使用较多的为无人机系统。无人机按飞行平台构型分可分为固定翼无人机、旋翼无人机、无人飞艇、伞翼无人机、扑翼无人机等,按用途可分为军用无人机和民用无人机,按尺度分类(民航法规)可分为微型无人机、轻型无人机、小型无人机以及大型无人机。

无人飞行系统由于不需要机载操作人员而带来一系列优点:

（1）无机载人员损失小。无人飞行系统在作战时或飞行器失事时不会危及飞行员和机组人员。

（2）减少设备和减轻重量。由于机上没有驾驶人员，因此可省去驾驶舱和人工操作机构，也省去有关的人机环境及安全救生设备，因此大大减轻了飞行器的重量。

（3）降低成本，研制周期短。飞行器内部系统设备比较简洁，减少了大量设备的研制，因此研制费用低，也减少了机上驾驶人员的长时期训练，只需训练在地面操作的有关人员，大大缩短了研制周期。

（4）更适于执行危险性高、续航时间长的任务。执行深入敌境任务的突防军用飞机，很容易受到敌方的导弹炮火的攻击，无人飞行系统更适于执行这类高危险性任务。

（5）延长了留空飞行的时间。由于飞行器的重量轻、体积小而大大减小了摩擦阻力和升阻力，能源的消耗也大为减少，因此延长了留空飞行时间。

（6）更高的机动性，不受人员高速过载和环境的限制。由于机上没有驾驶员，因此战斗机高机动过载引起的驾驶员身体所能承受的生理限制或者引起晕眩误操作的可能性都将不复存在，也不存在缺氧、低温、低气压对机载人员造成的影响。

（7）隐身性好，相对体积小。由于飞行器减少了机载人员、大量设备，其体积会明显减小，也便于设计各种非常规布局、表面积小的飞行器，因此更适于隐身设计，从而也提高了突防能力。

（8）使用维护方便。飞行器机载系统组成相对比较简单，因此使用维护的程序也大大减少，飞行器上机载设备和部件一旦出现故障，还可以进行模块式更换，迅速修好再使用。

（9）起飞、着陆容易。中小型飞行器无须机场，可采用弹射起飞或手抛起飞；大型飞行器也可大大缩短起飞与着陆滑跑距离；还可以采用伞降与气囊等着陆手段。

美国国防部无人机系统路线图中提到无人机3个方面比有人飞机更具优势：

（1）更加适合执行枯燥无味的任务。

（2）更有利于执行有放射性侵害的任务（如核武器爆炸后采集放射样本）。

（3）更便于执行危险的任务，如避免有人侦察机、有人对敌攻击机所造成的机组人员损失，以及其他飞机机载人员可能被当作人质等，如果空中任务失败，采用无人机的政治和人员风险更低。无人机执行任务有更低的负面风险和更高的任务成功率。

"无人机系统线路图"报告认为无人机系统正通过执行许多复杂而危险的任务而不造成巨大经济损失和人员伤亡，改变着全球反恐和其他战争的军事作战。

二、空中无人系统的军事任务需求及性能要求

（一）军事任务需求

美军非常重视无人机需求研究，每两年要更新一次无人机装备需求。其需求来自3个方面：一是各军种历年无人机的装备情况，二是美军各作战司令部每年提交的作战需求综合顺序单，三是参谋长联席会议对各作战司令部和各军种无人机需求的最新调查结果。

从无人机装备情况分析，美军对无人机装备使用最多的是情报监视与侦察功能，并归纳

成 5 种模式——师旅级侦察与监视和目标捕获、舰载侦察、山区侦察、战略侦察及防区外侦察，并指出这 5 种模式的需求是长期的。

从美军各作战司令部每年提交的作战需求综合顺序单分析，美军每个作战司令部每年都要提交一份有关其战场作战能力缺陷的优先级排序目录，它具有 3 个根本特征：一是从源头来看它"直接来自战场"；二是从宏观上看它是"联合的"；三是每年都要重新审定一次，具有"时效性"。从 2006 年开始，美军装备发展需求转向寻找并弥补能力缺陷，重点提升 5 种能力——战场感知、指挥与控制、聚焦后勤、兵力运用和部队防护，除聚焦后勤能力外其他 4 种能力，无人机都可以发挥独特的作用。以 2005 年综合顺序单为例，它列出了 50 项能力缺陷，其中 27 项（占 54%）是当前或将来有可能由无人机来弥补的，其中 4 项明确指出无人机是满足要求的理想装备。

美军参谋长联席会议每年均对各作战司令部及各军种的无人机任务需求进行调查，以 2004 年、2006 年调查结果为例，按照 4 个基本类（小型、战术型、战区型和作战型）进行归纳，无人机可以完成 18 项任务，按任务优先级排序，详见表 3-1。2005—2030 年美国无人机发展路线图中将无人机分为 4 类：

（1）小型无人机，起飞总重小于 25 kg；

（2）战术无人机，起飞总重为 25~600 kg；

（3）战区无人机，起飞总重大于 600 kg；

（4）作战无人机，作为攻击平台设计，带内部炸弹舱或外部武器吊架，起飞总重大于 600 kg。

表 3-1　2006 年/2004 年美军无人机任务优先等级表

任务领域	小型	战术型	战区型	作战型
侦察与监视	1/1	1/1	1/1	1/1
目标精准定位和指示	2/2	2/2	2/3	2/2
信号情报	7/10	3/3	2/2	4/5
作战管理	3/4	4/10	5/4	6/7
通信/数据中继	8/5	6/6	4/5	7/8
核生化、辐射和爆炸物侦察	5/3	5/7	9/6	8/9
作战搜索和救援	4/6	7/8	8/8	9/10
武器化/攻击	16/16	8/4	7/12	3/3
电子战	12/14	11/9	6/10	5/4
水雷探测/反水雷	6/7	9/11	12/13	11/14
反伪装、隐蔽、欺骗	10/8	10/5	11/7	12/11
部队补给	14/9	16/16	14/17	15/16

从表 3-1 可以看出：各种无人机的侦察与监视任务都排在第一位，即使对于作战无人机来说也是如此；2004 年和 2006 年的任务范畴没有变化，只有排序稍有变化，如战术无人机 2004 年将"作战管理"任务排在第 10 位，2006 年提到第 4 位；2004 年战术无人机"武器

化/攻击"排在第 4 位,2006 年排在第 8 位。

美军越来越强调无人机协同作战能力,迫切需要提高无人机侦察、监视、情报收集及其他能力的联合应用的能力,以及各军种间无人机、无人机和有人机协同的能力。

(二)性能要求

为了建设信息化军队、打赢信息化战争,必须着力提高应对多种安全威胁、完成多样化军事任务的能力,增强打赢信息化条件下局部战争的核心军事能力,提高非战争军事行动能力。空中无人系统能独立或与有人系统合作执行战场侦察、破障除爆、战场救护、通信中继、后勤保障、武器投放、毁伤评估、目标指示与跟踪、进入核生化污染区和直接进行攻击等战斗任务,是打赢未来信息化条件下局部战争的重要手段之一。

为此,无人系统的发展应满足我军使命任务的需要,要在以下 5 个方面提升无人机的作战能力:

一是提升无人系统多维一体,全域覆盖,持续、实时,准确、精细的信息感知能力;

二是提升无人系统中远程机动通信保障和空基、近天基综合通信组网等通信中继能力;

三是提升无人系统联合作战体系破击能力、重要区域电子防空能力、空间对抗能力、立体机动信息支援能力等信息对抗能力;

四是提升无人系统对敌纵深目标精确打击和制空作战等火力打击能力;

五是提升无人系统间、无人系统和有人系统之间综合信息支持下的协同作战能力。

三、空域环境的特点及其影响

空域环境对空中无人系统的影响应该分为两部分来看待,分为实际自然环境的影响和法律环境的影响。空中无人系统是利用飞行平台执行制定任务的,因此,它的载具平台的安全运行非常依赖天气因素。无人系统的运行还存在人身安全问题、财产安全问题以及舆论风险等问题,需要制定相应的法律来约束无人飞行系统的设计、运行、维护和培训。

(一)自然环境影响无人飞行器的安全因素

直接影响无人机操作和飞行安全的航空气象因素大致可归纳为风、云、降水、浓雾及其他由气象变化导致的严重影响飞行安全的天气现象,如飞机结冰、乱流、雷暴引发的下击暴流、低空风切变、浓雾引起的低能见度等。

下面介绍一下这些航空气象因素的特点及其对无人飞行器操作和飞行安全造成的影响。

1.地面风

当有地面风时,根据地面风来选择跑道方向,同时也需要根据地面风来计算飞行器起飞时可承受的重量。风会影响飞行器起飞和着陆时的滑跑距离和时间。飞行器一般都逆风起降,这是因为逆风能获得较大的升力和阻力,缩短滑跑距离并增大飞行器运动开始时的稳定性和操作性。着陆时逆风便于修改航向,对准跑道,减小地的冲击力。

另外,飞行器着陆时还需要考虑飞行器允许的最大跑道侧风,当超过跑道侧风最大限制时,飞行器降落就会有危险。风速的变化会影响飞行器起降阶段的稳定性。一般而言:重型飞行器受风的变化影响较小,可在较大侧风下起飞;轻型飞行器受风的变化影响较大,如果起飞降落阶段碰到阵风时,应及时进行控制。

2.高空风

高空风是指地面上空各高度的空气水平运动,空气水平运动的大小即为风速。在飞行器飞行过程中,风速是影响飞行器飞行速度和飞行时间的很重要的因素。例如:飞行器在从甲地飞往乙地的过程中,若逆风飞行,其所花费的时间比在静风中飞行时的时间要长,因此需要携带更多的燃油,这样就要相对减小飞行器载重;相反,若顺风飞行,则可节省飞行时间和燃油,即可增大飞行器载重。

3.下击暴流

下击暴流是指在雷暴云天气形成的局部性强下沉气流,到达地面后会产生一股直线型大风,越接近地面风速会越大。下击暴流在接近地面时,空气向四方冲泻,当飞行器起飞时进入下击暴流区,首先遭遇到下击暴流所带来的强大逆风,空气冲向机翼,飞行器相对速度增加,使飞行器快速爬升;当飞行器随后继续通过下击暴流区正下方时,受下击暴流向下的冲击,飞行器又急剧下降;最后飞行器飞出下击暴流时又转变为强大的顺风,空速减弱,升力大幅度减小,因而造成飞行器起飞时坠毁的惨剧。

下击暴流对飞行器飞行影响很大,是飞行器飞行应极力避免的灾害性天气之一。下击暴流到达地面后产生的直线风向四面八方扩散时,会引起风场急速转变而产生风切变。

4.低空风切变

风切变是指风速矢量或其分量沿垂直方向或某一水平方向的变化。风切变反映了所研究的两点之间风速和风向的变化。在航空气象学中,低空风切变通常是指近地面 600 m 高度以下的风切变。

低空风切变的形成需要一定的天气背景和环境条件。雷暴、积雨云、龙卷风等天气有较强的对流,能形成强烈的垂直风切变;强下击暴流到达地面后向四周扩散的阵风,也能形成强烈的水平风切变。

根据飞行器的运动矢量相对于风矢量的不同情况,风切变可分为顺风切变、逆风切变、侧风切变和垂直风切变几种情况。低空风切变对飞行器的起飞和着陆有很大的影响,严重时甚至可能引发事故。低空风切变对飞行器起飞和着陆造成的主要影响有改变飞行器航迹、影响飞行器稳定性和操作性、使飞行器超越跑道降落,甚至造成飞机失速坠毁等。

5.云对飞行的影响

云是在飞行中经常碰到的会给飞行活动带来影响的一种气象条件。其主要影响是:云中的过冷水滴会使飞行器积冰;云中湍流会造成飞行器颠簸,云中的雷电会损坏飞行器,而且云底很低的云会影响飞行器的起飞和降落;等等。

6.雷暴对飞行的影响

雷暴是一种极具危险性的天气现象。雷暴会产生对飞机危害很大的电闪雷击和冰雹袭击;雷暴产生的风切变和湍流会使飞机颠簸、性能降低,强降雨使飞机气动性能变差、发动机熄火。雷暴发生时，闪电还会对地面的导航和通信设备造成干扰与破坏。虽然现在飞机性能、机载设备、地面导航设施都越来越先进，但这只是为尽早发现雷暴、顺利避开雷暴提供了更有利的条件。到目前为止，还不能完全消除雷暴对飞行的影响。

7.飞行器结冰

飞行器在含有过冷却水滴的云或雨中飞行时，如果飞行器的表面温度低于 0 ℃，过冷却水滴撞在飞行器上就会立即冻结累积起来，这种现象称飞行器结冰。飞行器结冰程度主要取决于云层温度、液态水含量、水滴直径和云层范围（水平长度与垂直高度）几个气象参数。结冰的温度一般发生在 0 ～ −20 ℃的范围内，尤其在 −2 ～ −10 ℃之间结冰的概率最高。结冰对飞行性能会产生很大影响，严重时会导致坠机事故发生。这主要体现在：机翼、尾翼前缘结冰会使翼型改变、升力降低，破坏操作性能；进气道前缘结冰则会导致进气不畅，影响发动机推力，如果冰层碎裂，冰块吸入发动机还可能打坏发动机，螺旋桨桨叶结冰会造成螺旋桨转动失去平衡，产生振动和摆动现象；空速管或天线结冰会影响仪表的指示，甚至使无线电及雷达信号失灵；飞机操作面、刹车及起落架结冰，会影响其正常操作功能。

8.浓雾与低能见度对飞行的影响

浓雾缩短了人类眼睛和传感器所能感受到的距离，在低能见度情况下，起降时很难看清跑道，因此对起飞和着陆带来严重的影响。恶劣的能见度严重威胁飞行器起飞、着陆的安全，也会给飞行造成困难。

无人飞行器飞行前要密切关注相关的气象数据、航空气象单位所提供的观测和预报数据，要满足无人飞行器飞行的各个阶段（起飞、巡航、执行任务和降落）的需求。

(二)无人系统运行法律环境影响

1.美国的相关法规

经历了长时间的等待，数次延期，2015 年 2 月 15 日，美国联邦航空管理局终于公布了期盼已久的无人机商用管理办法草案。这项新规打破了之前全面禁飞的局面，但是还有待最终定案。

这份规则主要适用于重量小于 25 kg 的无人机，主要限定包括：

（1）飞行时间，高度，速度，搭载限制。它限定无人机只能在白天飞行，且全程都必须保持在操作人员的视线范围内，飞行高度不得超过 150 m，速度不得超过 160 km/h。不得从人头顶上飞过，不得从无人机上扔东西，机体外侧不得搭挂包裹。

（2）飞行路线地点限制。无人机都必须避开飞机飞行路线和飞行限制区，必须严格遵守相关临时限飞令。无人机应避开人驾驶的飞机机场至少 8 km。无人机飞行时，应始终维持于无线电操作者视界以内。

（3）驾驶员资格要求。无人机操作人员至少满 17 岁，需考取美国联邦航空局无人机操作人员资格证书，并且通过 TSA（美国运输安全管理局）的审查要求。另外，关于爱好者的模型无人机，则仍然跟之前一样不受限制，只要不妨碍空中交通。

2.英国无人机政策

《世界无人机法规领航者》（CAP 722）是英国民航局在英国领空内对无人机使用的指导

准则,现在所有关于无人机的法规都收在《空中导航法2009》中,在那之前,CAP 722是英国无人机行业的参考标准,并被全世界所模仿学习与实施。这份文件强调了在英国操作无人机前需要注意的适航性和操作标准方面的安全要求。最新版的CAP 722发布于2012年8月,并且对民用无人机实施相当程度的开放政策。英国民航局是无人机法规领域的领航者。

3. 欧盟的相关政策

《欧洲法规2008》第216号监管着所有整机重量超过150 kg的无人机。无人机的设计和生产也必须和常规飞机一样遵循相关的认证规范(该规范由EuroUSC公司主导,该公司获得民航局的授权实施轻型无人机计划),并且必须获得适航认证或准飞许可。在英国,整机重量为20~150 kg的无人机需要具有英国法律下的适航性资质。如果飞机在半径500 m和低于120 m的范围或者在隔离的飞行区域内,并且无人机和该飞行有一定的适航性保证,英国民航局可以豁免适航性认证的需求。英国民航局也会在自己调查和被推荐的基础上颁发豁免权,当前仅有一家组织获得了此项许可。整机重量小于20 kg的无人机并不需要遵从很多主要政策要求,但是《领航法》第98号文中设立了一些条件。这些条件包括禁止在管制区域或者飞机场附近飞行,除非获得空管局的许可,最大高度为400 m和禁止在没有英国民航局特别许可的情况下高空作业。

虽然英国航空法中操作无人机并不需要认证飞行员执照,但是英国民航局要求所有潜在无人机操作者都掌握飞行资质。飞行资质可以通过完成指定课程获得,并有4家认证机构运营着培训与考试。

4. 国内无人机法规的发展

经过多年的发展,目前,国内民用无人机已在应急救援、环境检测、电力巡线、航拍测绘、农业植保等多个领域得到广泛应用。在民用无人机迅猛发展的大背景下,无人机的安全问题也成为公众关注的焦点。国内曾经发生过无人机违规飞行对民航客机产生影响的事件,也曾经发生过无人机危及地面人员生命财产安全的事件,而美国也曾经发生过民用无人机与民航客机险些相撞的事件,这些都引起了公众的强烈关注。另外,部分无人机生产商在设计过程中并没有考虑适航要求,这也使得无人机产品在安全上的考虑不足,造成了潜在的安全隐患。

面对这样的情况,民航局陆续颁布了一系列文件来规范管理无人机的审定与运营工作;工业和信息化部也开展了一系列针对无人机生产企业的准入条件的制定工作,来更好地维护公众利益,保障航空安全。

2000年7月24日,国务院办公厅发布了中华人民共和国国务院、中华人民共和国中央军事委员会令第288号《中华人民共和国飞行基本规则》。

根据2001年7月27日发布的《国务院、中央军委关于修改〈中华人民共和国飞行基本规则〉的决定》对该规则进行了第一次修订。又根据2007年10月18日发布《国务院、中央军委关于修改〈中华人民共和国飞行基本规则〉的决定》对该规则进行了第二次修订。其中的第27条提到了关于放飞无人驾驶自由气球和系留气球必须经飞行管制部门同意。第35条,所有飞行必须预先提出申请,经批准后方可执行。这是中国的法规中首次出现无人驾驶航空器内容。

2003年1月10日,中国民航局发布了国务院、中央军委令第371号《通用航空飞行管制条例》,提到了关于无人驾驶自由气球和系留气球必须遵守该条例。这是民航局的文件里首次出现无人驾驶航空器内容。

2015年4月23日,中国民航局再次发布《关于民用无人驾驶航空器系统驾驶员资质管理有关问题的通知》(民航发2015〔34〕号),继续将民用无人机驾驶员的资质管理授予中国航空器拥有者及驾驶员协会(AOPA)管理。时间范围是2015年4月30日至2018年4月30日,范围为视距内运行的空机重量大于7 kg以及在隔离空域超视距运行的无人机驾驶员的资质管理。

2016年11月30日,AOPA发布了《民用无人机驾驶员合格审定规则(暂行)》,依据民航发2015〔34〕号文件精神,AOPA按照相关法律、法规及规范性文件负责管理视距内运行的空机重量大于7 kg以及在隔离空域超视距运行的无人机驾驶员的人员资质。AOPA为了在局方授权范围内规范民用无人机驾驶员的合格审定工作制定了该规则,对驾驶员考试的课程、培训、飞行训练进行了详细说明。由AOPA负责颁发驾驶员训练机构临时合格证,并对训练机构的申请条件、场地限制、课程设置、训练质量等相关内容进行了说明。

近年来,我国出现多起航模飞行导致第三方生命财产安全受到损害的情况,航模与无人机对公众的安全影响也越来越大。目前国家对无人机和航模界定不清,使得这两种飞行器该由谁来管、怎么管的问题日渐突出。按照业内的普遍观点,无人机和航模的主要区别在于:有无自主飞行系统;无人机有任务载荷,而航模主要用来训练、比赛、娱乐。我国航模主要由国家体育总局下属航空运动管理中心管理,但民航局暂未授权任何机构作为7 kg以下的无人机的管理责任主体。目前,我国在无人机监管方面仍然有一段很长的道路要走,而AOPA作为协助政府行使职能的行业监管者,对我国无人机行业的发展有着不可替代的重要作用。路漫漫其修远兮,AOPA仍然在努力求索。

2016年11月30日颁布了《民用无人机驾驶员合格审定规则(暂行)》,该规则于2016年12月1日起正式生效。应该说就法规方面我国的无人机管理已经走在了世界的前列,管人、管物、管运行到底由谁来管等领域都有明确的规定。

四、空中无人系统的发展

目前,空中无人系统由作战保障型向无人作战型发展,由注重单一平台向"智能化平台+网络"发展,由自主系统向协同任务自适应自主系统发展。

全球已有30多个国家共研制出了近300种无人机,包括无人作战飞机(Unmanned Combat Aerial Vehicle,UCAV)和用于战略侦察与监视的"全球鹰"、用于战术侦察的"捕食者"和侦察与打击一体化的"死神"无人机,低端无人机有用于战场侦察的"影子200"无人机等。以色列在无人机领域也具有丰富的研制和作战使用经验,在中低端无人机领域占有独特的地位。美国国防部在2000年、2002年、2005年、2007年、2009年、2011年、2013年分别发布了7版无人机和无人系统发展的路线图,展示了当时和未来25年无人机和无人系统的需求、重点发展的关键技术、任务和能力路线图等。俄罗斯也制定了《2010年前及更长时期内研制各种统一标准无人机的全面目标规划》,加快无人机系统的发展。

(一)无人作战飞机

无人作战飞机是可用来执行侦察、攻击和电子战任务,具有发现及摧毁能力的多用途无人机。美国无人作战飞机发展速度最快,水平最高,目前已经进入系统演示验证阶段。美国海军的 X - 47B 系统,向长航时、高隐身的海上监视-攻击系统方向发展,原计划于 2018—2020 年装备部队。美国空军的未来远程攻击系统项目在发展 X - 45C 的同时,不排除未来采购满足空军需求的 X - 47B 的可能性。

美国无人作战飞机预期达到的技术能力有:

(1)无人作战飞机作战概念仿真验证;

(2)多无人机协同任务作战;

(3)分布式控制,任务控制权切换;

(4)单一操作人员对飞行器的控制能力;

(5)无人作战飞机自主驾驶;

(6)通信中断情况下的自主返航和自主着陆;

(7)超视距通信能力;

(8)实现精确的时间控制和位置控制;

(9)任务管理和发射后部分武器的使用;

(10)飞行期间动态任务更新任务规划的能力。

目前,美国海军的 X - 47B 取得较大的进展,能够实现 24 h 情报、监视、侦察和态势感知,具有全向、宽带隐身能力,续航时间可达 50 h。此外,欧洲、俄罗斯、以色列等国家和地区同样具有发展无人作战飞机的技术能力,并有潜在的军事需求。

(二)高空长航时无人侦察机

高空长航时无人侦察机是一种飞行高度在 18 000 m 以上,飞行时间在 24 h 以上,能昼夜持续空中侦察、监视的无人机。高空长航时无人机一般都用于执行战略侦察任务,收集目标区完整的情报信息,为指挥员做出及时、准确的决策提供可靠的依据。高空长航时无人机翼面积大,翼展宽(确保有足够的升力),需要采用高效、节油的涡轮发动机,具备通信中继设备和数字式中继链(确保数据或图像实时传输给地面指挥中心),采用自主式导航系统,主要是 GPS 惯性导航组合系统,配备高速计算机进行数据处理和分发。其中最典型代表机型就是诺·格公司的"全球鹰"无人机以及欧洲的"欧洲鹰"无人机等。

(三)侦察与打击一体化无人机

侦察与打击一体化无人机是在同一无人机平台上实现"探测-识别-跟踪-打击-评估"等功能,从而有效打击事件敏感性目标。自 2001 年美军将"捕食者"无人机 MQ - 1 改装为侦察与打击一体化无人机,并在阿富汗战争中成功应用以来,已经先后出现了 6 种侦察与打击一体化无人机,平台的种类从中高空大型无人机到低高空小型无人机。

侦察与打击一体化无人机的发展趋势是:高速化趋势,缩短飞抵作战区域执行任务的时间;隐身化趋势,提高突防的成功概率;远距离攻击趋势,在目标防御火力范围外发起攻击;

智能化趋势,自动搜索目标、自主决策行动;低成本自杀式趋势。侦察与打击一体化无人机适应了信息化战争中战场态势瞬息万变、战机稍纵即逝的特点,大大提高了作战效率,目前世界各国已经展开相关的技术研究。

第二节　固定翼飞行器

一、固定翼飞行器概述

固定翼飞行器是指机翼位置、后掠角等参数固定不变的飞行器。相对现代一些的超声速飞行器,在以低速飞行时,为了得到较大的升力,机翼伸展较大(后掠角较小),在飞行中随飞行器速度增大,后掠角可以改变加大,这就不再是固定翼飞行器了,典型的固定翼飞行器是直升机和旋翼机,没有固定的机翼;舰载飞机为了减小停放时占地面积,将机翼折叠。但飞行中机翼不能出现折叠动作的,或改变角度的,仍属于固定翼飞机。目前民航客机都属于固定翼飞行器。国内外市场上的固定翼飞行器模型多为单翼、双翼飞机。

对于固定翼无人飞行器,航时和航程是最重要的飞行性能指标。航程远表示飞行器活动范围大,使用区域受限少;航时久表示飞行器留空时间长,单架次获得信息更多。航拍测绘、森林防护、巡逻、侦察及运输等作业,均对无人飞行器的航时和航程要求较高,以期减少出动架次,提高作业效率。

一般的固定翼无人飞行器系统由 5 个主要部分组成,即机体结构、航电系统、动力系统、起降系统和地面控制站。

机体结构由可拆卸的模块化机体组成,既方便携带,又可以在短时间内完成组装、起飞。航电系统由飞行控制计算机、感应器、配载、对无线通信、空电电池组成,完成飞行器控制系统的需要。动力系统由动力电池、螺旋桨、无刷电动机组成,提供飞行器飞行所需的动力。起降系统由弹射绳、弹射架、降落伞组成,帮助飞行器完成弹射起飞和伞降着陆。地面控制站包括地面站计算机、手柄、电台等通信设备,用以辅助完成路线规划任务和飞行过程的监控。

二、典型固定翼飞行器

1.MQ-9"死神"

MQ-9"死神"(Predator)无人机(见图 3-1)是 20 世纪 90 年代至 21 世纪初期美国研制的一种无人作战飞机。在过去数十年里,MQ-9"死神"及其前身 MQ-1"捕食者"一直是美国空军在中东地区的主力无人机,可提供实时监控画面和对目标实施打击。MQ-9 无人机使用一台功率为 900 hp(1 hp=735 W)的涡轮螺旋桨发动机,它的飞行速度可以达到捕食者的 3 倍。此外,它的载弹量也更大,装备 6 个武器挂架,可搭载海尔法导弹和 500 lb 炸弹等。

图 3-1 MQ-9"死神"(Predator)无人机

MQ-9无人机可以执行情报、监视与侦察(ISR)任务。美国空军在其作战试验刚刚结束后,就决定将其投入实战,并于2007年3月组建了"收割者"无人机攻击中队,还成立了专门的 MQ-9无人机工作组,开始研究战术、训练机组人员和进行实战演练。MQ-9无人机飞行员虽然不是在空中亲自驾驶,但飞行员手中依旧操作着控制杆,同样拥有开火权,而且还要观测天气,实施空中交通控制,进行花样作战,施展作战战术,同样是在作战。当MQ-9无人机执行空中巡逻作战任务时,一般会出动4架飞机,由一个地面控制站和10名机组人员配合操作。

2.RQ-4"全球鹰"

RQ-4"全球鹰"(Global Hawk)(见图3-2)作为一种高空长航时无人侦察机,其单日飞行覆盖范围可达 13.7 万 km^2。"全球鹰"能够向军事战地指挥员提供广域范围内近实时的高分辨率图像,能够持续提供持续的侦察能力。1998 年 2 月,"全球鹰"完成首飞,2001 年3 月由先进概念技术演示项目转入工程制造与研制阶段。RQ-4"全球鹰"无人机分为两种型别——RQ-4A(第 10 批次飞机)和 RQ-4B(第 20、30、40 批次飞机),它们的尺寸和性能有所差别。

图 3-2 RQ-4"全球鹰"无人机

RQ-4"全球鹰"无人机携带一套光电/红外传感器和一部具有移动目标指示能力的合成孔径雷达,可昼/夜、全天候执行侦察任务。传感器数据通过 X 波段的视线通用数据链和/或 Ku 波段超视线卫星通信链传送到其任务控制单元(Mission Control Element,MCE),而后可向多达 7 个战区情报系统发送图像。

第一架 RQ-4B 无人机已于 2007 年 3 月 1 日完成了首飞,2007 年 5 月完成了携带多情报负载(包括先进信号情报计划)的测试飞行,于 2007 年 7 月又完成了携带"多平台雷达技术嵌入计划"负载的测试飞行。MQ-4C 无人机是在美国空军"全球鹰"无人机基础上为海军研制的,于 2013 年 5 月 22 日完成了首飞,MQ-4C 将成为美国海军海上巡逻和侦察部队的核心力量组成。

"全球鹰"系统包括空中部分和地面部分,如图 3-3 所示。空中部分包括空中平台、传感器载荷、航空电子设备、数据链,地面部分包括发射和回收单元(Launch and Recovery Element,LRE)、任务控制单元以及相应的地面通信设备和保障人员。

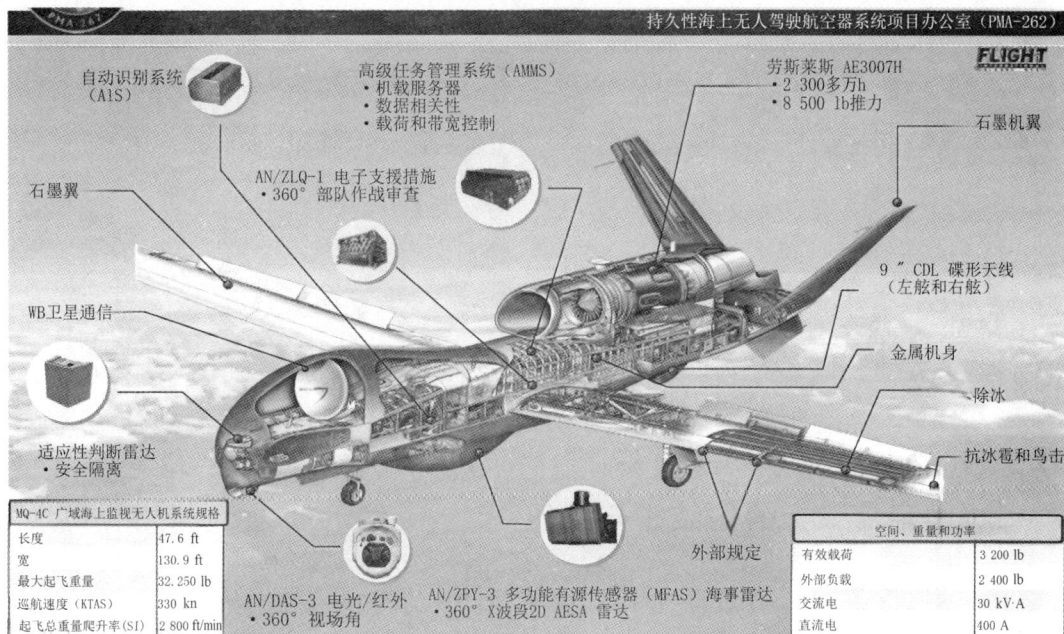

图 3-3 "全球鹰"无人机系统

注:1 in=2.54 cm,1 ft=30.48 cm。

3.X-47B 无人作战飞机

X-47B 无人作战飞机(见图 3-4)是无尾攻击型无人机,由诺斯罗普·格鲁曼公司为美国海军研制,主要用于执行对地纵深打击,压制敌防空系统等作战任务。X-47B 于 2011 年 2 月 4 日在美国加利福尼亚州爱德华兹空军基地首飞成功,2013 年在世界上首次成功完成了航母自主弹射起飞和拦阻着舰全流程飞行试验。X-47B 正在开展与有人机 F/A-18 "大黄蜂"在航母上共同起降、协同飞行的试验验证。

X-47B可以为美军执行全天候的作战任务提供作战支持,具备良好的隐身性能和战场生存能力。该机型可以携带各种传感设备和内部武器载荷,以满足联合作战网络作战的需求。该机型还将能够进行空中加油,以提高战场覆盖能力和进行远程飞行。

4.RQ-7"影子200"

RQ-7"影子200"(Shadow200)是美国AAI公司研制的活塞式单发战术无人机系统,主要用于执行监视侦察、炮兵校射、半主动激光制导弹药导引照射、战斗毁伤评估、通信中继等任务。1999年12月,美国陆军选择了RQ-7"影子200"系统来满足旅级部队对无人机的需求,为地面机动部队指挥员提供支援。该型无人机可从轨道上弹射起飞(见图3-5),或由简易机场起飞,通过陆军的单系统地面控制站进行操作,由自动起降系统(通过拦阻装置进行回收)和拦阻网实施降落。其装备的光学插件有效载荷的机载万向光电/红外传感器通过一条C频段视距数据链实时传递视频信息,具备红外照射(激光指示)功能。2004年8月,首架升级版B型无人机交付使用。目前RQ-7B装备了改进的发动机和计算机,翼展加长40.6 cm,续航时间达5 h以上,并且能够容纳高带宽的战术通用数据链。到2009年11月,该无人机的总飞行架次突破了100 000次,总飞行时间突破了450 000 h。

图3-4 X-47B隐身无人攻击机

图3-5 "影子200"无人机弹射起飞

三、固定翼飞行器的结构与原理

固定翼飞行模式具有与机身相对固定的翼面,通过翼面与空气的相对运动产生升力。风筝是一种古老的典型固定翼飞行器,在风吹向风筝翼面的时候,牵引线平衡了风在翼面产生的水平力,使风筝在水平方向上处于平衡状态,而掠过翼面的空气产生了向上的升力,平衡了风筝自身的重力。也许是受到风筝的启发,早期的研究者把升力和动力分开来考虑,从而发明了固定翼飞机。固定翼飞机通过发动机提供水平向前的推力或拉力,使机翼与空气之间产生相对运动,从而产生竖直向上的升力。固定翼飞行模式是目前被大型和超大型飞行器所采用的主要模式。

升力产生的基本原理可以用流体力学中的伯努利原理(见图3-6)来描述,即对于不可压缩的理想气体,在一个稳定的流体系统中,同一流管的各个截面上的动压强和静压强之和相等,即在同一流管中,流速快的地方压力小,流速慢的地方压力大。

$$p + \frac{1}{2}\rho V^2 = 常数$$

式中：p 为压强；ρ 为流体密度；V 为流体体积。

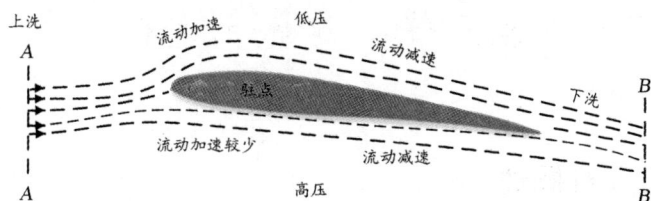

图 3-6　伯努利原理示意图

当气流流过具有一定迎角和弯度的机翼翼型时，上方的气流流速加快，压强减小，下方的气流流速减慢，压强增大，从而产生了向上的压力差，即升力。

作用在固定翼飞行器上的力主要包括推力、升力、阻力和重力。另外，作用于各个机体轴（俯仰轴、滚转轴和偏航轴）的力矩会使飞行器绕这些轴旋转，从而使飞行姿态发生变化。

四、固定翼飞行器技术难点

人们一般要求：固定翼无人机小巧，以便于携带；有效载荷大，以便能负载更多任务设备；飞行时间长，飞行稳定，以满足长时间稳定侦察需要；能获得并传输高清晰图像；等等。这就要求科技人员在材料、动力能源、传感器技术、飞控与导航技术等多个领域提出创造性的技术方案以使固定翼无人机不断满足各种需求。

（1）材料技术。为了尽量减轻固定翼无人机的重量，并使其能承受一定的过载，其制造材料应具有较高的强度-密度比。为了节约成本，固定翼无人机应当可以回收使用，其中机腹着陆回收对地形条件要求较低，这要求制造材料具有较好的弹性和柔韧性，以吸收冲击。目前固定翼无人机中常用的材料有轻木、碳纤维、塑料、轻合金、蒙皮、泡沫及复合材料等。使用的材料不同将直接影响固定翼无人机总体结构和回收方式。显然，固定翼无人机的研制为新型低密度、高强度、高柔韧性材料的研究提供了技术创新的舞台。

（2）动力能源技术。动力能源系统是固定翼无人机必不可少的重要部分，它决定了无人机的飞行速度、负载能力、抗风能力和续航时间。目前动力能源系统是固定翼无人机重量分布中最大的一部分。因此，应减少动力系统的尺寸和重量并提高效率。

（3）传感器技术。传感器是固定翼无人机实现自主飞行和完成空中任务的基础。根据目标不同，传感器可分为飞行状态传感器和任务传感器两类。前者主要测量飞行器的位置、姿态、线速度、角速度、气流角等与飞行状态有关的信息。后者主要获得与飞行任务有关的信息。传感器的集成化是固定翼无人机传感器微型化的方向之一。

（4）飞行控制与导航技术。由于固定翼无人机经常在视距外飞行，因此自主飞行控制与导航是其关键技术之一。飞行控制与导航的目的是通过控制无人机的姿态和轨迹来完成各种飞行任务。数字计算机技术的飞速发展为应用各种新型控制理论和控制算法、实现复杂而完善的飞行控制功能提供了可能。在飞行控制与导航方面主要的研究方向包括无人机系统建模、智能控制与导航方法、基于故障检测与诊断的可重构控制系统、多无人机系统的集群控制、编队飞行等。

第三节　旋翼无人机

一、旋翼无人机概述

旋翼机，是指用无动力驱动的旋翼提供升力、重于空气的飞行器。由推进装置提供推力前进，推进装置有螺旋桨和喷气两种。前进时气流吹动旋翼而产生升力，它不能垂直起飞或悬停，常在起飞时还要给旋翼一个初始动力，使旋翼的升力增加。借助于旋翼可做近似垂直的降落。旋翼使结构变得复杂，速度提高受到限制。旋翼机于 1923 年制成，但因旋翼阻力大，飞行速度在 300 km/h 以下，所以发展不大，但促进了直升机的发展，只有少量旋翼机用于研究和体育活动。

旋翼无人机是指由对称分布在机体四周、正反转成对且个数一般大于或等于 4 的旋翼提供飞行所需升力，可机载通信设备、影像采集设备等有效载荷，能实现自主飞行、完成预定任务且飞行高度在 150 m 以下的航空飞行器。旋翼无人机具有复杂环境的良好适应性，超低空飞行的隐蔽性，空中悬停的稳定性，机动方式的灵活性，型微、噪低、价廉的优越性。

二、典型旋翼飞行器

(一)笼式多旋翼无人机

为解决多旋翼无人机带来的安全性问题，设计者研发了笼式多旋翼，将多旋翼放置于一个笼式结构中，即使无人机在飞行过程中发生失误，有保护笼装置，也可以有效降低人身伤害或螺旋桨损坏的风险。这种设计适用于检测发电厂的锅炉、大型压力容器、货仓液罐等密封、危险、无照明的空间。图 3-7 为瑞士 Elios 可碰撞无人机。

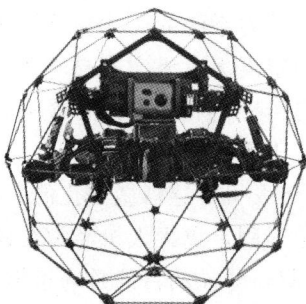

图 3-7　瑞士 Elios 可碰撞无人机

(二)侦察型多旋翼无人机

UAVTEK无人机公司与BAE系统公司合作,向英国陆军交付了30架"Bug"微型无人机原型机(见图3-8),用于实地评估。这种无人机重196 g,设计可在高达80 km/h的风速下飞行。"Bug"微型无人机续航能力为2 km,续航时间为40 min。它可以达到80 km/h(22 m/s)的速度,能够将图像回传多个设备。

图3-8　"Bug"微型无人机　　图3-9　"Songar"武装多旋翼无人机

(三)打击型多旋翼无人机

图3-9所示为"Songar"武装多旋翼无人机,它是由土耳其电子公司Asisguard制造的,可携带200发子弹,能够进行单发或连发射击。"Songar"能在200 m之外击中15 cm范围内的区域。无人机操作人员可以在10 km的范围内控制无人机,一台地面站可以同时控制三架"Songar"无人机。

(四)全向多旋翼无人机

苏黎世联邦理工学院研发的全向多旋翼无人机原型采用了12个旋翼,而且每个都安装在可以360°旋转的机械臂上,保证这款无人机能够在空中随时调整飞行方向,实现全向飞行,如图3-10所示。全向无人机应用场景较为广泛,由于它可以穿梭于一些比较窄小的缝隙中,在实际中常用于基础设施检查工作。

图3-10　全向多旋翼无人机

三、旋翼飞行器的结构与原理

旋翼飞行模式是一种依靠螺旋桨的高速旋转来产生升力实现飞行的模式,螺旋桨可以有一个或多个,其轴线通常竖直放置以产生向上的升力,这种飞行模式目前被直升机所广泛采用。旋翼的桨叶剖面与固定翼翼型相同,叶片平面形状细长,相当于一个大展弦比的梯形机翼,当其以一定迎角和速度相对空气运动时,就会产生向上的升力。由于旋转的对称性,作用在机身上的阻力被抵消。但旋翼会产生扭矩,需要专门的方法来平衡作用在机身上的扭矩,如尾桨、共轴反桨或多旋翼对称布局。

旋翼飞行时桨叶产生的拉力可以由以下公式计算:

$$T = \frac{1}{2}C_T\rho(\Omega R)^2 A$$

式中:T 为桨叶在旋转时产生的拉力;当拉力方向向上时,即为升力;C_T 为拉力系数;ρ 为空气密度;Ω 为旋翼转速;R 为桨叶翼展;A 为桨叶在旋转时的面积。

上式中,速度和翼面积都是气动力产生的主要因素,只是对旋翼飞行来说,这里的速度是指桨叶的旋转速度,而不是飞机的飞行速度。从根本上说,旋翼飞行和固定翼飞行在气动力计算方面具有相似的原理。

四、旋翼飞行器的技术难点

(一)续航问题

旋翼无人机特别是小型的续航时间短是目前旋翼无人机产品与市场需求的主要矛盾。一般的电池只能使小型旋翼无人机续航 20 min 左右。受到普通的锂电池能量密度小、直流电动机电功率太大的局限,在面对需要较长时间的工作,例如快递运送、地理测绘时,将会遇到很多问题。未来,如果续航时间能够上升到 2 h 左右,就能满足绝大部分的作业要求。

(二)飞行稳定性

虽然旋翼无人机相比于固定翼无人机更为稳定,但其工作的环境也更为恶劣。旋翼无人机最主要的特点是能够自主悬停,因此对于稳定性的要求更高。旋翼无人机常在高空中进行工作,当遇到强风、雨天等极端环境时,无人机的飞行会受到影响。影响无人机稳定性的主要因素有飞行过程中的几何风阻、重心的位置、重量的分布、螺旋桨与传动系统的匹配度(螺旋桨越轻反应越快)和无人机的软硬件配置(飞行控制等)。在这些方面,小型旋翼无人机还需进一步优化。

(三)载重能力

小型旋翼无人机在将来会在物资运送、搜救紧急通信中大规模使用。但是目前无人机的承载重量十分有限,大多数无人机只能搭载重量较小的摄像头。旋翼无人机的载重能力受到自身重量及其动力的限制,市场上的小型旋翼无人机大多只能搭载较小的应用平台,如小型摄像平台。这一缺点直接导致了目前旋翼无人机应用不宽广的局面。

第四节 仿生飞行器

一、仿生飞行器概述

早期的作战无人飞行器都是将小型炸弹安装在小型飞行器上,没有对其进行相应的外观设计,之后逐渐加入传统飞行器的造型特征,并且设计者通过观察鸟类和其他飞行类昆虫的形态特征,从中吸收可用于无人飞行器的形态特点,并由此开始研究仿生造型的无人机。常见的无人机仿生设计多为模仿某些鸟类的飞行方式而设计出来的扑翼类无人机,这类无人机大多为小型或微型无人机,仿生效果及隐身性很强,外观造型更偏向于生物本身,多用于军事侦察。

仿生无人机的特点主要表现在:小巧、灵活易携带,仿生无人机的材料大多采用高技术复合材料,材质轻盈,体型较小,便于单人携带;融入环境能力强,其外形酷似鸟类或昆虫,飞行姿态也较为类似,能高度融入自然环境;隐蔽接近难发现,高度仿生肉眼很难分辨,动力系统噪声较小,高复合材料又降低了雷达反射率,可实现近距离接近目标,而不被发现。此类飞行器现在世界各国都在努力研究和开发,主要用于军事领域,目前在民用领域还很难看到此类平台的应用。

仿生无人机的军事用途主要有:近距离侦察与监视,仿生无人机装配光学、红外等小型侦察设备后,可近距离接近目标,实施侦察或监视任务;高精度引导打击,在接近并确定目标坐标后,仿生无人机可使用自身装备的激光目标照射器瞄准敌方飞机、火炮等目标来引导打击;突然性精确攻击,仿生无人机可携带少量使人失去行动能力的化学药物、可燃物、炸药等武器,在接近目标后,突然地实施精确攻击。

仿生无人机对材料的性能要求高,不仅需要有极轻的重量,还要具备较强的韧性,因此需要进一步提高复合材料和高分子弹性膜等材料的性能。目前研发的仿生无人机大多采用电池供电和借助空气升力两种方式提供飞行动力,借助空气对流获得升力对空气环境的要求较高,采用锂电池、太阳能薄膜供电等方式提供的能量有限,因此需要进一步研究动力来源或提升电池的储能效率。

另外,仿生无人机大都体型小巧,材质轻盈,在驻足启动、变化路线、发射回收等环节,容易受自然环境的影响,操作控制较为困难。但是,随着新材料技术的突飞猛进,电池能源以及太阳能转化技术的不断升级,特别是人工智能技术研究的持续深入,仿生无人机的诸多瓶颈也将随之而解,未来仿生无人机必将大放异彩。

二、典型仿生飞行器

在诸多仿生飞行器研制思路中,形态仿生是最常见的仿生设计形式之一。形态仿生应用在飞行器设计中的主要目的,是通过对飞行器外形的仿生设计,让飞行器本身具备更好的气动性能。在飞行器气动外形设计中,主要需要考虑的参数包括升力系数、阻力系数、力矩系数和表面压力分布差等。通过形态仿生技术的运用,飞行器设计人员能够获得大量设计的参照样板,在设计的过程中灵活地借鉴和吸纳,能够减少设计人员的工作量,提高飞行器设计的效率。

(一)仿鸟飞行器

鸟类具有优异的气动性能,能够在天空中灵活地飞翔,这是人类对鸟类最直观的印象。因此鸟类也成为形态仿生飞行器最受欢迎的模仿对象之一,这类基于鸟类展开形态仿生设计的飞行器被称作仿鸟飞行器。目前仿鸟飞行器主要研究方向为扑翼式飞行器的研制,通过翅膀的扑动来获取升力和灵活的机动能力。而扑翼机的研制重点主要是对扑翼过程中非定常气动理论研究和对扑翼驱动机构的研究。相较于传统飞行器的固定翼结构,仿鸟扑翼飞行器在机翼扑动过程中,其周围为非定常流场,因此传统飞行器的一些理论方法无法直接运用到扑翼飞行器上。

2012 年,德国 FESTO 公司以海鸥为原型,研制出仿鸟扑翼飞行器"Smart - bird"(见图 3 - 11),它的出现将仿鸟飞行器的研制提升到了一个新的高度,其翼展达到 2 m,全身采用碳纤维材料骨架制成,重量只有 450 g,在表面加上白色蒙皮以后,形态与海鸥极为相似,在天空中飞翔的时候甚至引来一群真鸟伴飞;其扑翼运动可以分解成三个分运动——主翼扑打运动、副翼扑打运动以及主翼和副翼之间的扭转运动。

图 3 - 11 "Smart - bird"   图 3 - 12 "蜂鸟"超微型飞行器

同年美国 Aero Viron - ment 公司研发出了"蜂鸟"超微型飞行器(见图 3 - 12),其翼展为 16 cm,重量为 10 g,飞行速度最快可达到 10 m/s,续航时间可达 8 min。"蜂鸟"仿生飞行器模仿蜂鸟的外形和翅膀扇动方式,在飞行过程中的能量转换、气动性能和续航能力方面有了极大的突破。

(二)仿鱼飞行器

鱼类能够在水中快速地游动,其身体的外形也同样具有相当优良的流体力学性能。这种优良的外形不仅在水中能够减小它所受到的阻力,将其运用到飞行器外形设计上,同样也可以起到减阻的作用。另外,以飞鱼为仿生对象而研制的飞行器,具备开发出跨介质飞行的潜在能力,成为此类仿生飞行器的一大亮点。在仿鱼飞行器设计中,对飞鱼的仿生设计备受关注。飞鱼是一种能在海面上连续滑翔的鱼类,它虽然没有鸟类那样灵活有力的翅膀,但是跃出水面"飞行"起来毫不逊色,较强壮的飞鱼一次可以滑翔 180 m,连续滑翔的时间可达

43 s,滑翔的距离可以远至 400 m,堪称大自然的奇观。

三、仿生飞行器的结构与原理

虽然人们到目前为止还没有开发出任何一款可以和鸟类或昆虫相媲美的扑翼飞行器,但扑翼飞行却是完全被大自然所验证的完美飞行模式,飞行生物是人类研究机械飞行最好的样例。就运动速度而言,最快的陆地动物印度猎豹每秒能跑过自身体长 18 倍的距离,时速达 $Ma=3$ 的 SR-71 超声速飞机,每秒可以飞过 32 倍的机身长度,然而,当一只普通鸽子以 80 km/h(22 m/s)的速度飞行的时候,每秒飞行的距离已经达到了自身体长的 75 倍,某些雨燕甚至可以达到 140 倍。在机动性方面,高机动作战飞机(如 A-4 Skyhawk 攻击机)的滚转速率大约是 720(°)/s,而燕子却可超过 5 000(°)/s,急停、避障、倒飞等特技动作更让人造飞行器望尘莫及。在过载方面,最先进的战斗机最大允许过载通常为 8～10 倍的重力加速度,但许多鸟类的飞行过载却可以达到 10～14 倍,而且每天数百次经受这一数值。在稳定性和机动飞行方面,人造飞行器根本无法在强气流中飞行,并且只能在特定条件下做出特定的机动动作,而鸟类和昆虫不断重复着下拍和上挥的扑翼动作,有些频率甚至高达 1 000 Hz,但其自身却具有极好的稳定性和机动性,能迅速对外界变化做出反应;人造飞行器的失速迎角最大在 15°左右,而一些昆虫的失速迎角却可以达到 60°。由此可见,飞行生物的这种优异性能人类目前还无法完全模仿,还有大量隐藏在其后的原理、规律没有被人类所认识。

与固定翼飞行模式相比,扑翼飞行最显著的一个特征就是扑翼在扑动过程中可以同时提供维持飞行所必需的升力和推力。图 3-13 为典型扑翼产生升力和推力的气动力原理图。

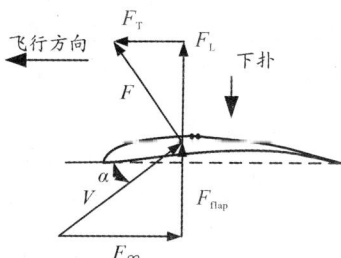

图 3-13 典型扑翼气动力原理图

当以低速均匀水平飞行速度 V_∞ 做扑翼飞行时,尽管翼型的几何迎角为 0°,但当扑翼向下扑动时,相对于扑翼气流有一个垂直向上的速度 V_{flap},合成后扑翼相对静止空气的速度大小为

$$V=\sqrt{V_\infty^2+V_{flap}^2}$$

当有限翼展的固定翼飞机以迎角 α 和速度 V_∞ 飞行时,由于受到尾涡的作用,会对流经翼面的气流产生下洗效应,从而使气流具有下洗速度 w,使气流发生向下的"倾斜"。与扑翼飞行类似,机翼相对静止空气合成后速度为

$$V=\sqrt{V_\infty^2+w^2}$$

3种飞行模式的比较见表3-2。

表3-2 3种飞行模式的比较

比较项目	固定翼飞行模式	旋翼飞行模式	扑翼飞行模式
雷诺数与黏性效应	较大，$1\times10^6\sim1\times10^8$，黏性力可以忽略	中低范围，黏性力可以忽略	较小，$1\times10^2\sim1\times10^5$，黏性效应显著，黏性力不可忽略
空气动力学理论发展状况	具有较丰富的固定翼飞机空气动力理论，包括低速、高速和超声速等，发展较充分，理论较成熟	在传统空气动力学理论在基础上，发展了独立的直升机空气动力学理论，较为成熟	缺乏非常空气动力学理论，目前还处于初步探索阶段，不够成熟和完善
升力、推力产生机制	靠发动机提供推力，使机身、机翼与空气产生相对运动，从而产生升力	通过具有一定迎角桨叶的高速旋转，产生升力；靠调整桨盘轴线的方向，由升力的分量产生推力	由翅膀的上下扑动、俯仰、扭转、折叠等动作的组合产生推力和升力
气动力效率	推力和升力分开考虑，效率一般，随尺寸的减小大幅度下降	效率一般，尺寸减小，效率降低	推力和升力同时由扑翼产生，效率较高，尺寸越小，效率越高
能量来源	主要依靠活塞、涡轮、涡喷发动机消耗油提供能量，少部分采用太阳能，微型飞机多采用高能电池	依靠消耗燃油提供能量，飞行时需携带大量燃油，微型旋翼机普遍采用高能电池	压电陶瓷、高能电池、化学肌肉等，受制于载重量和尺寸的限制，目前较少采用燃油
传动机构	机翼相对机身固定，不需要额外机构控制机翼运动	几片桨叶绕轴线旋转，轴线角度可以偏斜，但需要特殊机构驱动，具有一定复杂性	扑翼运动是上下扑动、俯仰、扭转、折叠等动作的组合，机构设计比较复杂
机翼变形	因对气动力影响大，一般不允许大变形产生	螺旋桨沿展向有弹性变形，弦向也允许一定变形，以改变桨叶迎角	飞行生物翼面变形是产生高气动力的原因之一，形式多样且复杂，难以模仿
振动和噪声	发动机振动较大，有较大噪声	整机振动较小，但螺旋桨振动较大，有较大噪声	上下扑动是飞行的基本条件之一，高频下噪声不可避免
机翼结构与材料要求	骨架与蒙皮相结合的传统形式，材料性能要求一般	桨叶结构较为单一，单个桨叶一般为一个整体，对材料性能有一定要求	骨架-蒙皮，翼脉-翼膜等多种结构形式，且需要有较好的变形能力，对材料性能要求较高
可微小化程度	气动性能下降较快，不能适宜微小化	气动性能有所下降，不适合昆虫尺度以下	微小尺寸下气动性能较好，目前受制于微小零部件的制造能力

续表

比较项目	固定翼飞行模式	旋翼飞行模式	扑翼飞行模式
机动性	一般	可以悬停和后飞,但无法实现高速下的机动飞行	悬停、后飞、急停、避障、高速滚转,具有极佳的机动性
飞行控制技术	有较丰富的控制理论和成功经验	有较丰富的控制理论和成功经验	可以借鉴固定翼和旋翼的控制理论,但目前总体上还不成熟
整机抗干扰能力和稳定性	较差,对气流干扰敏感,由于飞行速度较快,调整能力不好	略好,整机中心靠下,有利于自身平衡的修复,可承受低等级的气流干扰	较好,可通过机翼柔性变形和两侧扑翼的非对称运动,快速调整飞行姿态,以适应气流变化
执行任务范围	高空、高速、大尺度和大载重量,需要较长的起降跑道,滞空时间长,执行任务半径大	中低空、中低速、中小尺度和中小载重量,可执行固定位置的定点任务,需要专用起降平台,任务半径中等	低空、低速、微小尺寸和小载重量,适合进行侦察、勘测、监控等,不需要专门的起降平台,不适合远距离执行任务
目前应用情况	大型客机、战斗机、固定翼航模等,应用较为广泛	军用、民用直升机,航模、多轴多旋翼飞行器等,应用较广泛	目前还处于研究阶段,与实际应用还有距离

四、仿生飞行器的技术难点

仿生无人机研究目前存在诸多难题。仿生无人机的历史只有短短数十年,积累的研究成果已经非常丰硕,开辟了无人机领域独特的技术和研究方法,但由于其学科的交叉性,仿生无人机仍然存在诸多问题。

从生物机理来讲,对其揭示不够,模型构造过于简单。通过对生物机理的研究,可以揭示生物自身的功能,为仿生无人机的研究提供依据,但由于生物体本身是一个非常复杂的系统,其神经、骨骼、翅膀等构造以及其运动功能细节烦琐,目前所建立的模型远远不能模拟生物的控制过程及反应过程。

仿生结构设计与生物结构的合理性和精巧性相去甚远。在运动方面,生物的结构刚柔并济,使其自身具有灵活性、高效性和轻量化等特点,增强了其自身的运动性能和环境适应能力。而现在的仿生无人机多为刚性结构,其重量、尺寸与生物的差距也较大,因此无法对无人机构提供有效的设计原则。

高性能新型仿生材料研究不足,已有研究成果应用领域过窄。目前的仿生材料研究在生物力学和工程力学的衔接点、许多天然生物材料的模型抽象、仿生材料的设计制备方法等方面还有待于进一步研究。而仿生无人机的骨骼、机翼等结构,无论刚度、柔性、韧性还是减阻性与生物自身差距很大,使得仿生无人机性能降低。

控制方法较传统,神经控制、肌电控制等仿生控制方法突破不够。生物良好的环境感知能力也是仿生无人机研究的方向之一。生物可以通过视觉、听觉、嗅觉等感官系统时刻对周围环境进行感知并做出准确的判断,以适应复杂多变的环境。而现有的仿生无人机还无法准确地模拟生物的感知特性,对周围环境的感知能力存在精度较低、反应时间较长、对复杂环境的感知准确性不足等问题。

仿生无人机由于体积小的问题,飞行起来与小鸟和昆虫等差不多,因此几乎不存在惯性,很容易受到不稳定气流,如城市楼群中的阵风以及风雨的影响。在这种情况下如何保持其航线,并可执行操作人员的机动命令,是飞行控制方面的一大挑战。

第五节 人机协同及无人机集群作战

一、人机协同及无人机集群作战概述

(一)人机协同

通常情况下,在有人机与无人机协同作战系统中,其编队作战单元中主要包括有人机、无人机以及无人机任务规划及控制站,还有无人机通信数据链路系统与空天地一体化指挥系统。在整个系统组成中,无人机任务规划及控制站在有人机中配置,而无人机通信链路系统的作用主要就是使无人机及有人机之间能够实现通信,在空天地一体化指挥系统中包含有人机和地面指挥与控制中心及预警机之间通信。

在有人机与无人机协同作战整个过程中,首先应当明确的一点就是有人机与无人机之间在自主控制及自主攻击之间的相关功能划分,也就是应当对人机功能分配问题进行合理确定。在实际应用过程中,应当充分发挥无人机自主作战功能,并且要充分发挥编队系统中相关有人机指挥员作用,从而能够实现最优系统平衡以及统一协调指挥。在有人机与无人机协同作战过程中,有人机的主要作用就是对编队系统进行指挥,而无人机的作用主要就是通过对新技术、新战术及新方法进行利用,使当前作战空间得以改变,不但具备持久情报、监视及侦察能力,且能够提供出精确的间接火力与直接火力。对于有人机而言,其活动重点就是执行任务,并非对无人机进行操作。

(二)无人机集群

集群概念源于生物学研究。在自然界中,欧椋鸟群、鸽群、雁群、蚁群、蜂群、狼群等大量个体聚集时往往能够形成协调一致、令人震撼的集群运动场景。法国生物学家 Pierre Paul Grasse 基于白蚁筑巢行为,首次提出了生物集群的概念,并开始了对智能集群的研究。

单架无人机的应用,由于受自身条件的限制,面对应用环境的日益复杂以及任务多样,颇显局限。在军事应用上,单机易受自身的燃料、重量和尺寸的限制,无法形成持续有力的打击力度;在民用上,受载荷能力、机载传感器以及通信设备的限制,单架无人机不能很好地完成农林植保、测绘、抢险救灾等任务；在警用安保上，单架无人机也会因被攻击或自身故障导致任务失败等。为解决单架无人机应用的局限性，美国空军科学顾问委员会提出未来无人机的应用将是以集群的方式。

无人机集群是指由一定数量的同类或异类无人机组成，利用信息交互与反馈、激励与响应，实现相互间行为协同，适应动态环境，共同完成特定任务的自主式空中智能系统。

无人机集群不是多无人机间的简单编队，而是通过必要的控制策略使之产生集群协同效应，从而具备执行复杂多变、危险任务的能力。未来，无人机集群协同完成任务将成为无人机产业应用的重要方面。无人机集群既能最大限度地发挥无人机的优势，提高整体的载荷能力和信息感知处理能力，又能避免单无人机执行任务时被攻击或任务效率不高的问题。

二、典型人机协同和集群运用

（一）无人机精准斩首

即时情报支援下的精确空中打击，已成为军事强国对高价值目标实施"斩首"的利器。

2011 年 10 月 20 日，美国和北约通过对卡扎菲的手机进行监控，定位追踪到大致范围区域，美、英、法等国的多批战机立刻调整航向，径直朝缓慢行进的车队扑去。分析人员通过计算机指令引导无人机"捕食者"迅速起飞锁定卡扎菲的车队。在"捕食者"无人机赶到目标区域后在车队上空盘旋，借助机载摄像机确定目标动向后，远在美国拉斯维加斯基地的一位操作人员通过卫星通信链路，命令"捕食者"发射数枚"海尔法"导弹，打乱了车队行进的次序。紧接着，法国空军的数架"阵风"战机呼啸而至，使用"铺路"激光制导炸弹和 AASM 空对地导弹，把卡扎菲的车队炸成了一片火海。毫无防备的卡扎菲车队遭此痛击，溃不成军。混乱中，腿部负伤的卡扎菲抛下随从，先是向北方走了一段路，又钻进一个农场附近的下水道躲避。不久之后，闻讯赶来的利比亚"过渡委"部队包围了卡扎菲最后的藏身地点，击毙了卡扎菲。

同样，美军在对伊朗"圣城旅"指挥员苏莱曼尼的斩首行动主要依赖于 MQ‐9"死神"等无人机的参与。MQ‐9"死神"无人机等空中无人装备系统以其灵活隐蔽、安全可靠、察打一体，且无人员伤亡风险等特点，成为美军、俄军等特种部队打击恐怖组织头目、对敌实施精确斩首和遂行境外定点清除行动的作战利器，也是当前无人装备系统作战运用最为广泛的领域。美军通过中东地区的情报网收集、定位到苏莱曼尼的行程和具体位置后，为防止"走漏风声"，仅仅出动较少的战斗人员，出动了 MQ‐9"死神"无人机，其具备声音小、隐蔽性强、能够实现隐身突击的特点，搭配有人机，在协同配合下迅速出动，前往任务地点待命。通过无人机挂载的高清视频载荷，能够实现现场的高清视频、图片等情报信息的回传，在控制中心和作战室中进行严密的监控。监测到苏莱曼尼的相关行动后将数据及时上传回控制中心，控制中心通过多种渠道核实苏莱曼尼身份后，在苏莱曼尼车队到达机场外的机动车道时，对"死神"无人机下达了攻击命令，等候在空中的"死神"无人机发射携带的 3 枚激光制导"地狱火"导弹，苏莱曼尼当场被炸得粉碎。此次美军采用无人机实现精准斩首苏莱曼尼的军事行动，是一次有人无人协同作战的典型案例，依赖于高效的指挥和先进的无人作战装备,展现了人机协同下实现无人机执行精准斩首行动的精确打击能力。

(二)协同打击

纳卡问题始终使得阿塞拜疆和亚美尼亚处于敌对状态,相互之间的武装冲突时有发生。2020年9月底突然爆发了一次持续6周的军事冲突,就交战规模和激烈程度而言,此次冲突远超1994年停战以来的历次交火,被称为"第二次纳卡战争"。阿塞拜疆在一度陷入被动的情况下,受到土耳其、以色列等国家支持,出动大量包括土耳其的"旗手"-TB2(Bayraktar TB2)察打一体无人机、以色列的"哈比"-2巡飞弹、本土改进的安-2无人机在内的多种无人机,对亚美尼亚的防空阵地和军事阵地进行毁灭性的打击。阿军的主要进攻手段:一是对亚军阵地前沿的坦克装甲车等进行打击,同时配合有效的地面部队进攻;二是将大量改装的无人机充当诱饵,在地面控制下飞向亚军阵地,引诱亚军对其进行打击,暴露亚军的防空阵地,由其他无人机精准制导进行摧毁;三是使用"轨道-1K""轨道3"等侦察无人机实施战场侦察和目标引导,运用"冰雹""龙卷风"等远程火箭炮对亚防御阵地、交通枢纽、运输补给线实施精准打击。几种战术配合下,亚军被打得毫无还手之力。最终在俄罗斯电子部队介入下,削弱了阿方的无人机和巡飞导弹,加速了战争的结束。阿方在本次纳卡冲突中应用的战法有:多型无人装备部署,配合实现体系攻击;无人靶机作为诱饵进行引诱,火力部分伺机进行打击;在巡飞弹和无人机配合下进行集群协同作战,对亚军进行饱和式攻击。

人机协同作战的典型案例还包括以色列无人机协同突袭黎巴嫩真主党目标的作战行动,以及以色列空袭贝卡谷地中的无人机作战行动,标志着人机协同打击的运用已经成为开辟制胜的新途径。

(三)集群作战

2019年9月14日,胡塞武装无人机"蜂群"对沙特最大的原油加工中心布盖格炼油厂和第二大油田胡赖斯油田实施空袭,摧毁了大量石油设施,导致沙特日原油产量减产570万桶,占其产量的50%。在正式进行打击之前,胡赛武装还于5月出动了7架"蜂群"对沙特中部石油管道的两个泵站进行尝试性的打击,8月对沙特谢拜的石油设施进行了打击。这两次进攻打击相对出动飞机较少,造成损失也小,但被认为是胡赛武装对"蜂群"无人机性能和战法的检验,也是对沙特防空体系的试探。9月上旬胡赛武装利用长续航无人机对沙特石油设施和沙特的军队防空体系进行了详细侦察,并以此制定了详细的作战方案,9月14日释放了3架无人机分别执行自杀式攻击、电子干扰和侦察引导任务。石油设施的打击任务主要是由包括侦察无人机、攻击无人机、电子干扰无人机组成的"蜂群"完成,到达目标上空后,各"蜂群"利用电子干扰无人机对沙特"宙斯盾"驱逐舰和雷达系统实施干扰,攻击无人机和巡航导弹同步对目标实施精确打击。突袭任务完成后,无人机返回至作战平台。无人侦察机还对遭袭油气设施实施覆盖式侦察,并将现场画面实时回传,进行毁伤评估。

在整个恐怖活动中,胡赛武装运用战法包括有利用侦察无人机进行多方侦察,达到知己知彼的程度;由多种功能无人机组成的集群进行打击,"蜂群"间协同作战完成任务;在面对沙特防空体系时,根据各无人机的优势,充分进行优势互补,组合完成攻击任务。此次袭击,证明胡赛武装无人机的导航定位、飞行控制、任务规划等技术都已达到相当水平,拥有大纵深精确打击能力,也充分体现了无人机"蜂群"作战"以小搏大"的战术价值。

三、人机协同作战的技术难点

(一)无人机集群态势感知与信息共享

无人机集群的态势感知与信息共享是无人机集群自主控制与决策的基础。对于无人机集群来说,集群系统中的单机既是通信的网络节点,又是信息感知与处理的节点。不同单机可搭载不同的传感器获取不同范围、不同维度的信息,单机间通过相互间的密切协同,可以将不同无人机的信息进行融合、共享,为集群系统决策提供信息支持。而无人机的工作环境大多复杂和不易预知,如何对复杂环境进行快速精确的感知是无人系统发展的一个至关重要的技术难点。

无人机集群信息共享利用其集群飞行的通信系统,不仅能够应对强电磁干扰下的通信延迟、丢包等情况,还能将感知到的信息传递给其他个体,从而避免因单机感知能力、信息处理能力的限制导致集群系统功能的低下。在复杂作战环境下执行多种任务时,无人机集群如何进行全面感知和理解复杂环境的能力,同时集群内部进行信息共享与交互,这是智能集群实现高等级自主控制的基础。而环境感知技术会涉及数据采集、数学建模、信息融合与共享等方面。视觉目标跟踪在无人机间避碰、地面目标跟随、地面目标侦察等方面具有很高的应用价值。

随着我国低空空域的逐步开放,无人机运输业必将迎来迅猛发展的新契机,但其遭遇飞行冲突的风险也日益上升,避撞问题成为无人机行业发展亟须解决的关键问题,对无人机飞行冲突进行提前探测和避让的必要性愈发突出。

(二)无人机集群编队与智能决策控制

编队是无人机集群执行任务的形式和基础。在无人机集群编队的控制中要解决两个关键问题:一是编队的生成与保持,不同几何图形的队形生成与变换,编队队形不变情况下的收缩、扩张以及旋转等;二是避障以及避碰时队形的动态调整与重构,如遇到障碍时队形的分离与结合,成员增加或减少时的队形调整等。无人机集群编队中的队伍编制、协同控制、集群之间的位置共享以及如何防止集群之间碰撞是无人系统技术的关键点,也是技术难点。

无人机集群智能决策控制是实现无人机集群优势的核心。针对复杂的环境,动态的任务目标、威胁等,无人机集群必须具备实时任务调整和路径规划的能力,除态势感知与信息共享外,还需实现无人机集群智能决策控制,以快速响应动态变化,提高无人机集群完成任务的效率和鲁棒性。但在当前的技术研究中:有学者就无人机进行在线航迹重规划时需要较高的实时性,提出了利用优化人工势场法来进行航迹规划,在执行打击任务和对躲避动态障碍时有较大的优势,但在实际应用时有一定的限制;有学者提出了多算法结合的航迹规划算法,有针对性地解决了离线航迹规划时的效率问题,能够延长在大尺寸地图上规划的时间,对整个系统性能能有较大的提升,但该算法在解决在线航迹规划问题时不能保证实时性,可能会导致规划失败。在进行无人机集群智能决策控制技术的实现时,要考虑到无人机在实际航行的过程中,任务环境的复杂性和在航行过程中可能会出现的动态障碍等工作条件的限制。无人机航迹规划,航迹规划的实时性在无人机在实际工作条件下是比较重要的。在保证较高实时性的同时,也要保证适当的航迹精度和鲁棒性,保证无人机能够顺利到达指定地点和完成集群作战的任务。这也是在实际工作情况下研究无人机控制的主要技术难点。

(三)无人机集群中有人机与无人机协同技术

由于无人机集群技术理论研究与发展限制,短时间内实现无人机的全自主智能控制难度较大。有人机与无人机的异构机型集群协同是一个重要集群技术,有人机与无人机集群协同不等同于一般的不同类型的简单协同。人工智能与人类智能、有人系统与无人系统的深度融合协同将成为未来无人机集群技术发展的重要方向。集群系统中有人机与无人机的协同实现了无人机进行态势信息感知和有人机进行任务判断决策空间上的分离,可完成高难度、危险系数高、复杂条件下的任务。

协同自主控制技术至关重要。无人机集群在应用于复杂任务场景时,具有高效率、灵活性强和可靠性高等优点。编队队形形成与保持控制是实现无人机集群复杂机动和导航策略的基础。人机共融可以充分发挥各自的优势,从而提高整体的智能决策水平。由无人机自主控制的定义和内涵可知,态势感知、规划与协同、自主决策等技术是实现无人机自主控制的关键技术,在目前技术未能达到完全自主控制情况下,如何结合无人技术发展的特点,结合有人控制实现从任务角度出发的,以任务完成为目的的人机协同编队和人机控制相关理论的研究为关键难点技术,也是未来无人机研究和发展的重要方向。

先进开放的通信网络是无人机之间具备协同交互能力的基础,是保证集群间信息实时传输的重要手段。尤其在特殊的应用环境,通信网络必须保证稳定可靠的信息交互、较低的通信延迟。建立稳定、可靠、低延迟的通信网络也是人机协同技术研究的关键难点之一。

(四)航迹规划和编队控制任务

多机协同任务分配是充分考虑任务量以及无人机自身状况,以最小的飞行代价去完成系统整体任务。综合考虑参与协同工作无人机的数量,考虑可行的航程代价、合理的规划算法,以及多种约束条件等问题。当前研究方法主要包括数学规划法、协商法和智能算法等。

任务分配、航迹规划和编队控制任务规划是无人机集群应用的顶层规划,应根据任务环境态势、任务需求、自身特性等要求进行综合调度。同时,强耦合、高动态的战场态势对无人机集群的综合能力提出了更高的要求,制定合理、高效的任务规划方案是提高任务执行成功率和效率,降低任务风险,体现集群资源的智能化作战优势的关键难点之一。

多无人机协同航迹优化问题是指在满足战场环境限制条件下,综合考虑无人机自身性能及协同约束条件,为执行任务的多架无人机规划出一组最佳的协同飞行轨迹,既可以保证任务顺利完成,又可以提高无人机的生存概率。在研究多无人机无源定位时,多无人机无源定位的精度不仅与定位算法相关,无人机的航迹对辐射源的参数估计也起着关键作用。因此,如何在无人机运动状态下实时优化其飞行轨迹,实现多无人机与辐射源之间的最优动态构型,使辐射源的参数估计更快、更精确是多观测站无源定位问题的研究热点和难点之一。

第六节　空中无人系统的典型作战运用

自空中无人系统由英国提出以来,经过了多年的改进与发展,并经历了多次战争。尤其是 20 世纪 90 年代以来历次局部战争的检验。1982 年以色列的侵黎战争、1991 年的海湾战争及 1999 年的科索沃战争等历次高技术局部战争中,各种军用无人机在侦察与战场监视、空中作战、通信中继、目标指示与效能评估、电子战等方面均发挥了重要作用。

一、电子战

未来的海上作战或海空作战中,海军无人电子战飞机将发挥至关重要的作用。如战前或战争过程中,无人电子干扰机可作为电子压制和干扰的主力。在一般情况下,在对敌方重要的设施和目标实施攻击前 3～5 min,无人机先于己方的攻击编队到达干扰位置,对敌方的电子情报系统、指挥机构实施强有力的电子干扰。无人机也可伴随己方有人攻击机或无人攻击机编队一同出击,但无人干扰机依然处于领先位置。它们通过施放有效的积极干扰和消极干扰来掩护攻击机编队作战。

(一)空中电子压制与干扰

无人机可搭载有源干扰机,在战前或战争中担负电子压制和干扰的任务。在防空压制中:无人机升空进行干扰,可扩大干扰距离、增强干扰效果,使敌方防空信息网视听混淆、判断出错;无人机的大量使用可使敌防空系统饱和,达到压制其防空系统的目的。无人机飞临敌上空或附近空域时,可对预设频率或频段实施干扰,也可利用机上设备进行实时侦察干扰。执行电子干扰任务的无人机:通常在对敌方重要设施和目标实施攻击前,先于己方攻击编队 3～5 min 到达干扰位置,对敌方目标附近的雷达等电子情报系统、指挥机构实施有力的电子干扰,形成电子屏障以掩护己方攻击机群的战斗行动;也可伴随己方有人攻击机或无人攻击机编队一同出击,实施有效的干扰来掩护攻击机编队作战。无人机还可携带投掷式干扰机,准确投放到敌目标区域。

(二)充当电子诱饵保护有人机

无人机可搭载角反射器、龙勃透镜等,以增大雷达截面积;可装载视频放大器,增强雷达反射信号;也可对无人机做特殊设计,再配上适当的电子设备,模拟有人驾驶飞机雷达发射特征的信号,或转发对方雷达信号,吸引对方预警系统,实施诱骗。

随着遥控技术的不断发展,可以使用无人机作为电子诱饵来保卫舰载有人机。为了诱使对方雷达开机,以较准确地掌握对方海上各舰载防空兵力的部署和火力配置的基本情况,还可将具有某型有人机雷达发射特征的海军无人机放飞到所要攻击目标的上空,从而达到诱饵的目的。

伊拉克战争中,美军利用无人机发动电子干扰、网络攻击阻断伊军指挥,利用无人机充当目标诱饵,重创伊军防空体系,再次显现出无人机的"无人"优势。

通过加装了通信干扰机的无人机,飞抵敌方电台附近实施干扰信号,或将信号注入敌方电台,欺骗和利用敌人;通过模拟显示假目标,诱引敌方防空部队开火或雷达开机,获取其阵地位置和雷达频率,便于有人或无人攻击机对其实施重点精确打击。除了干扰以外,无人机还发动计算机网络攻击,通过控制无人机在微波中继站之间来回穿梭,对敌方的通信和计算机系统进行侦听、截获,一旦进入敌方的计算机系统,就能释放特定的信息或干扰敌方的通信。

为了充分发挥"无人"的优势,美军还将反辐射无人机投入战场充当诱饵,作为电子战硬杀伤的有效武器。美英联军发射反辐射无人机在伊军地面雷达上空巡航待机,一旦伊军地面雷达开机即可实施自杀式攻击。这种无人机与反辐射导弹相比,成本低、机动性好、航程远,可在目标上空长时间巡航待机,等待敌方雷达开机。美军还将没安装传感器的无人机投入战场,以观察伊拉克的防空系统是否有所反应。例如,战争期间,美军将两架即将退役的"捕食者"无人机拆除传感器后充当诱饵,一方面观察伊军防空系统,另一方面消耗敌方防空武器。

二、目标指示和战损评估

在现代战争条件下,发现目标就意味着打击目标,而打击目标就意味着摧毁目标。及时、准确地发现目标,是精确打击目标的基础和前提。发射技术的发展和增程弹药的使用使得反舰导弹射程不断增加,可以达到数百千米。但由于地球曲率的影响,传统的舰载雷达的探测距离局限于视距范围内。无人机可为舰艇炮火和导弹选定攻击目标、测定目标参数,协助舰载火控系统计算射击诸元,进行目标分析;可用激光目标指示器照射目标,对激光制导武器精确制导。攻击过后,可测定弹着、校正参数、检查目标的毁伤程度。利用无人机还可转发情报、通信、导弹控制指令等信号,满足现代海战作战区域广而产生的对信息传递、指挥与控制、导弹攻击的更高要求。

21世纪高科技条件下的局部战争的基本特征是信息化,协调和依赖信息能力,未来军事力量的较量集中在获取制信息权。海军舰只作战的困难在于舰艇本身获取战场情报的手段及作用距离有限,难以获得较完整的战场信息,舰载导弹难以发挥其最大性能。而依靠卫星或舰载机提供目标信息,存在着不能随机指定目标区域、不能实时接收、不能获得连续而系统的情报、目标信息精度不够以及需要考虑机载人员安全等问题。无人机不仅可实时提供目标区的各种信息,而且可提供目标的精确图像,利于识别目标,为指挥员实施打击提供依据。特别是潜载无人机的研制使用,将提高潜艇的作战能力,扩大潜艇的作战范围,改变潜艇的作战使命。

在海湾战争中,美国海军在"威斯康星"号和"密苏里"号两艘战列舰上配属了多架"先锋"无人机。这些无人机按作战计划频频起飞,在战区上空侦察伊拉克海岸炮火位置,为战列舰上的406 mm舰炮提供弹道修正,搜索伊方"蚕式"岸舰导弹阵地,标定伊拉克海军的布雷水域,并及时将信息提供给舰上的情报中心和多国部队指挥部,使多国部队能够掌握战场主动权,减少了作战损失。海湾战争期间,美国海军共使用了40多架"先锋"无人机,完成了

522 架次的飞行任务,总飞行时间为 1 640 h。

三、情报侦察与战场监视

无人机可搭载电视摄像机、前向红外传感器、激光指示器、合成孔径雷达等多种传感器,对可能发生武装冲突、局部战争及海盗猖獗的海域长时间地实施侦察、监视,一旦发生冲突和战争,便可实施多批次、大纵深、全天候、立体化的全向侦察,收集敌方的作战情报,及时传送到己方舰载或岸基指挥与控制中心,为指挥员正确决策提供可靠的依据。尽管海军水面舰艇上的通信探测设备众多,性能也十分先进,但其受自身探测设备天线高度的限制及地球曲率半径的影响,其探测范围存在着明显的局限。虽然太空、中高空,甚至水面、水下都有性能颇佳的探测设备和手段,却因低空和超低空领域缺乏必要的手段和设备,出现了严重漏洞。而低空和超低空恰恰是对方最容易突袭的方向。以美国海军为例,虽然有为数不少的水面舰艇配备无人机,可仍有相当数量的舰艇尚未配备无人机,致使美军竭力推行的"网络中心战"中出现了不少关键节点空当,为此,美国海军近几年加大力度发展无人机,通过无人机的升空盘旋,提高低空、超低空探测的能力,并使之与其他各种舰载、机载的光学、红外、雷达、电子侦察、水声设备和数据链、信息网络系统相连接,从而极大克服以往各种作战平台探测系统存在的不足,扩大水面舰艇编队的探测和掌控范围,为实施远距离精确打击和及时规避袭击提供了新的手段。

南联盟毗邻亚德里亚海,境内多山地丘陵、丛林峡谷,3/4 的国土为低山丘陵,植被茂密。春夏之交受海洋性气候影响,雨雾较多、云层较厚、天气无常。战争初期,北约只部署了少量的美国 U-2R 侦察机和德国的 CL-289 无人机来跟踪南联盟的分散目标。但面对南联盟特殊的山林地形和气候条件,这些有限的侦察手段就显得捉襟见肘了。于是,北约紧急调用美、英、法、德、意 5 个国家、7 个型号、200 多架无人机,一时间北约"鹰眼"齐聚巴尔干。

北约利用无人机,首先是进行中低空侦察和监视。1995 年,"捕食者"首次被派往海外部署,就是在巴尔干执行代号"游牧守夜"的作战任务。部署期间,还参与了为波斯尼亚提供支持的"显示力量"行动,在美军空袭波黑塞族前就由"捕食者"进行目标侦察,在其提供的目标情报支持下,美军击毁了塞族武装大约 70% 的防空设施和 40% 的弹药库等诸多目标。1996 年,"捕食者"又被派往匈牙利的塔斯泽,执行"游牧协力"行动,期间平均每周执行 6 次飞行任务。1997 年 4 月,罗马教皇访问波斯尼亚期间,"捕食者"专门为此执行了两次安全监视任务,并为之提供实时图像情报。1998 年夏,"捕食者"全程参与了北约监督南联盟停火的"鹰眼"行动。整个科索沃战争期间,北约部队的无人机共飞行了约 1 400 h,获取了大量目标情报。美国利用具有长时间续航能力的"捕食者"昼夜不停地在空中进行巡逻侦察,以时刻感知战场的动态变化。德国的 CL-289 无人机也被广泛用于在云层高度以下执行侦察任务。CL-289 于 1998 年 11 月进驻马其顿的特托沃,由位于意大利维琴察的欧洲联合空中作战中心直接指挥。截至 1999 年 7 月,该型无人机共计执行 237 架次侦察任务,其中约 90% 架次飞行取得了成功。其次,是进行精确目标定位。南联盟特殊的气候和环境限制了卫星和有人侦察机的侦察效果,无人机被大量用于目标定位和指示任务。1999 年 4 月,北约将 8 架"猎人"无人机部署到阿尔巴尼亚,与"阿帕奇"武装直升机配合,用于打击塞族地面目标。再次,是用于进行作战效果评估。以 CL-289 为例,该型无人机在战争最激烈的阶段,平均每天出动 4 次,在多国部队打击之后就飞往目标地域收集目标情报、检视打击效果。CL-289 还提供了大量关于难民营和一些可疑目标的图像情报。此外,无人机还被用于散发传单等各种宣传品、收集战区气候的精确信息以及为营救飞行员提供相关资料等。

总体而言,彼时无人机的运用虽然尚未像今天这样广泛和深入,但对于以空中打击为主要形式的科索沃战争意义重大。如果没有无人机提供的目标信息和效果评估,在环境相对复杂而防空力量相对完备的南联盟,北约和美国恐怕就不仅仅损失一架 F-117 了。为此,美国国防部空中侦察办公室前主任肯尼斯·斯雷尔少将评价道:"无人机的表现非常好。这场冲突第一次真正体现了精确制导弹药的潜力,而精确制导弹药需要精确的监视,无人机则是提供所需信息的最佳手段。"

四、中继通信

高空、长航时的无人机特别适于中继通信,这是因为高空扩展了通信距离,长航时使通信链路长时间保持。空中中继通信通过为卫星通信上行链路提供备选链路、直接与路基终端链接或在威胁范围外与卫星链接,降低实体攻击和噪声干扰的威胁,不仅能实时沟通战场前沿与后方之间的信息传输,还能为超视距攻击导弹进行攻击制导,降低导弹发射时对目标信息精度的要求,改变导弹攻击的模式,提高导弹攻击的效能。

中继通信系统使用空中平台构建,工作在 20 000 m 高空,提供与地球同步轨道卫星的链接。卫星定位在西经 151°,超过此区域大多数国家对卫星的有效攻击范围。珍珠港、海军关岛基地及部分美国大陆都处于此位置卫星的通信距离内。位于台湾东海岸 650 n mile(1 n mile=1.852 km)的水面舰艇和航母战斗群(CSG)也在其通信距离内。通过计算,3 个空中中继平台便能够提供与卫星地面距离 4 700 n mile 的链接,能为舰船、有人/无人攻击平台、高空情报侦察与监视平台、陆战队等提供通信。

伊拉克战争期间,美英联军还尝试利用无人机在空中与有人/无人作战飞机进行实时数据传输,缩短传感器与射手杀伤链周期,作为对时敏目标打击的有力辅助手段。美军首次使用"全球鹰"无人机作为情报、监视和侦察平台与 F/A-18C 有人飞机协同配合,攻击伊拉克的导弹系统,取得了显著战果。

除了与有人机之间的密切配合外,美军首次实现了无人机之间的初步协作。2004 年 11 月的费卢杰之战中,美军的一架无人侦察机发现了当地武装人员的一个迫击炮阵地。这些炮手们正在阻碍美军重新夺取费卢杰的行动。位于美国内利斯空军基地的无人侦察机的飞行员,想办法通过因特网与美军中央司令部的"捕食者"无人机飞行员取得了联系。他们在保密的因特网聊天室内一面交流情报,一面策划行动。最终,他们指挥"捕食者"无人机发射"地狱火"导弹消灭了伊拉克的迫击炮及炮手,完成了世界航空史上首次无人机之间的完美联合作战。

无独有偶,2005 年 6 月 18 日,美军和伊拉克安全部队在伊拉克安巴尔省展开代号为"长矛"的军事行动中,无人机向遭到敌方火力射击的海军陆战队队员提供近距空中火力支援,摧毁了一个伊拉克武装分子的迫击炮阵地。当时,美军和伊拉克安全部队在遭到伊武装分子迫击炮袭击后呼叫空中火力支援,配属这一部队行动的空军联合终端攻击控制员通过数据链,获得了在附近执行另一项任务的"捕食者"无人机所观察到伊武装分子迫击炮阵地的图像,他随后要求接管该机的控制权。在对攻击目标的方位进行确认后,空军联合终端攻击控制员向这架"捕食者"无人机发送指令,成功摧毁了这个迫击炮阵地。

当然,这种"临时起意"的配合方式稍显初级,通过飞行员人对人聊天室打仗的手段也略显"随意",但说明存在无人机之间更紧密配合的任务需求,而且深究起来技术上也并非难处。随之也带来了通信链路、火控制导体制、协同战术训练、无人机智能自主等一系列问题。当然,随着上述关键问题的一一破解,无人机的作战效能将迎来再一次跃升。

五、对海、对地攻击

目前,执行空中作战任务的无人作战飞机主要包括轰炸无人机和攻击无人机等,主要用于发现、识别和摧毁敌固定和移动目标,用火力压制敌防空力量。

无人机具有飞机和导弹的双重特点:可以自动搜索和攻击目标,可用激光武器攻击空中、地面目标或弹道导弹;也可用导弹或低成本非制导武器攻击敌方舰船、地面目标;用反辐射导弹或本身装备反辐射导引头攻击敌方雷达、通信指挥设备,摧毁其作战系统;或使用电子干扰机对敌方编队和舰艇进行电子干扰,干扰其信息探测、指挥和通信,使敌方舰艇编队看不见、打不着、联不上,成为挨打的靶子。

无人机可连续在战区上空巡航几个小时,只要敌方雷达开机,无人机就可进行攻击;即使敌方雷达关机,无人机也可凭记忆进行主动搜索攻击或继续待机,等待目标重新开机或重新选择其他目标进行攻击。攻击型无人机的战场运用将会改变以往海战场的作战模式。反辐射无人机可从海面或远程载机上发射,在空中巡航待机,一旦捕获到目标立即俯冲攻击,或重新爬高待机,向出现的目标突然袭击,可大量发射升空,压制并摧毁敌方防空系统,甚至深入敌后执行攻击任务。这种灵活、廉价、高效的压制敌防空体系的武器系统正日益受到人们的重视。使用海军无人机压制敌方防空系统是另一个重要的应用。海军舰载攻击无人机的隐身特征以及超低空飞行能力允许其尽可能地接近敌防空系统,这将提升成功压制的概率。由于无人机从飞行到攻击的整个过程中,与外界进行信息交换,并且还要搭载武器,这都使无人机的隐身效果大打折扣。而将来武装的、具有有限电子攻击能力的隐身版本——海军战斗无人机将真正具有执行压制敌防空任务的能力。

六、扫雷作战

21 世纪是"海洋的世纪",60％的世界贸易是通过海运来完成的。因此,保护重要的海域和水道的安全就成了各国海军在经济全球化的背景下的重要使命。1945 年 3 月 27 日至8 月 15 日,历时四个半月的"饥饿战役"中,美军 B29 轰炸机进行航空布雷,共布下 12 000 余枚水雷,自身损失了 15 架飞机,却给当时的日本无论精神上还是物质上沉重打击,加速了日本军国主义的投降。可见,小小的水雷的作用是如此巨大,甚至可以说是一种战略武器。

而现在的水雷,除了传统的锚雷、沉底雷和漂雷外,更多的是现代化的水雷,如水压引信水雷、自航水雷、智能水雷等。现代战争分秒必争,时间就是胜利,因此,如何快速、有效、以最小的代价清除水雷,保证己方航道的畅通,成为各个国家海军的当务之急。比较传统的扫雷方式就是用扫雷舰艇进行扫雷,这种方式不仅速度慢、耗时间,而且也将扫雷舰艇的官兵置于危险之中。虽然出现了无人扫雷艇,但是效率低的问题依然得不到解决。因此各个国家开始使用直升机搭载扫雷具进行扫雷作业,航空扫雷虽然效率提高了,但扫雷直升机自身防护能力差,很容易遭受攻击,这样就使直升机上的驾驶员和扫雷作业人员处于危险之中。怎样能做到效率高而且安全呢?可以使用无人机进行扫雷。由于无人机大多是模块化建造,因此可以使用现有的无人机加装扫雷模块实现无人机的扫雷作业。这样,只需研制一个扫雷模块即可,从而节约开支,降低研发风险和成本。首先,由于扫雷无人机体积小,结构紧凑,因此一艘扫雷舰艇可以携带多架,这样可以对尽可能大的范围内的海域进行扫雷,提高了效率;其次,扫雷无人机可以在任何有甲板的舰艇上起飞,平台的多样化,可以使扫雷无人机减小对平台的依赖;最后,由于模块化的无人机设计,扫雷无人机可以通过不同的模块实现无人机的多用途性。海湾战争中,美军就是用"先锋"无人机,利用机载的探测系统对相关水域的水雷进行识别和定位,为扫雷舰艇提供情报支持,所以无人机不仅仅可以做这些"打下手"的工作,还可以真正地参加到扫雷作战当中去,利用自身优势,成为未来扫雷作战中的主力。

七、反潜作战

现代化的海战是立体化的海战,是航空兵、水面舰艇部队和潜艇部队相互配合的作战。众所周知,最难探测到的是潜艇,从潜艇进入战争舞台的那天起,就是各个国家最为头疼的武器。第一次世界大战和第二次世界大战中的德国潜艇部队给世界留下了深刻的印象。潜艇不仅是一种威力巨大的水中武器,还是一种战略武器,它静静地潜伏在大洋深处,随时准备向他的"猎物"下手。

潜艇具有良好的隐蔽性,强大的突击力和所载鱼雷等水中兵器的强大威力,是真正的"水下杀手",正因为如此,反潜战也是各国海军最为重视的一种作战方式。而航空反潜被认为是最有效的对付潜艇的方式,1943年的"黑色五月",正是载着深水炸弹的飞机的出现,使德国的潜艇部队遭受重创,从此一蹶不振,直至灭亡。

无论现代化的导弹、飞机发展到什么程度,潜艇仍然是对军舰威胁最大的。当今世界上有能力制造军舰的国家很多,有一定造船能力的国家都可以造出军舰来。当然,上面的许多装备还是要购买。而有能力制造出一个潜艇艇壳的国家都是屈指可数的,更不要说潜艇上的装备了。现代化的潜艇已经普遍装备了AIP(不依赖空气推进装置),可以在水下航行数天而不需要浮出水面进行充电。AIP潜艇的出现使反潜作战的难度更大,而射程达数百千米的潜射导弹以及射程数十千米的重型鱼雷,使潜艇可以在很远的距离上就威胁到军舰的安全,进而使反潜作战的范围扩大到上百千米之外。在没有岸基固定翼反潜机的支援下,仅依赖舰队的反潜直升机很难完成这个任务,尤其是对于中国海军而言,中国国产的舰载反潜直升机的作战半径仅仅为 50 km 左右,而进口的舰载重型反潜直升机虽然可以达到 100 km,但毕竟不是国产武器装备,出于成本和装备维护的角度考量,并不适合大量装备。因此,作为一种可以在作战中长时间滞空且达到上百千米作战半径的反潜机,无人反潜机将是一个合适的选择。无人反潜机,由于没有人驾驶,可以节省很多空间搭载更多的油料和反潜装备,例如,可以搭载更多的声呐浮标;同时,也不必考虑驾驶员的疲劳问题,因此可以长时间持续作业,提高了效率,节省了时间。由于无人反潜机结构紧凑,体积比有人驾反潜机更小,因此一艘军舰可以携带多架无人反潜机,大大增强了反潜作战力量。

八、空中格斗

无人机体积小、结构紧凑,大量使用模块化的电子设备和微型武器系统,造价仅为有人驾驶飞机的 1/10 甚至百分之几,而且不存在人员伤亡或被俘的危险,因此逐渐担负起空中作战的任务。执行空中作战任务的无人作战飞机包括轰炸无人机和攻击无人机等,主要用于发现、识别和摧毁敌固定和移动目标,用火力压制敌防空力量。

作战无人机(UCAV)已不再是少数预研者眼中的一丝曙光,这一构想已经取得飞速发展。较大型的 UCAV 足以携带外挂武器并具有战斗机同样的攻击范围,利用携带的传感器(包括有源雷达)能够在作战规程允许的范围内自主飞行。随着近几年计算机技术的发展,UCAV 将能够以准智能方式对付新的威胁和目标,无人机可以像有人驾驶飞机一样执行对地攻击和轰炸任务,当然最终也会实现空中格斗。

九、侦察与打击一体化

美国国防部 2006 年颁布的《四年防务评估报告》指出,要加快无人远程打击力量建设,使未来 45% 的远程打击力量实现无人驾驶。美军在追求全面技术优势和单向打击,零伤亡战争思想的引导下,大力发展无人系统。据分析,美军已将侦察、打击一体化作为无人机未来发展的一个重点。

当地时间 2020 年 1 月 3 日凌晨 12 时 32 分,苏莱曼尼乘坐的"鞑靼航空"A320 航班降落巴格达机场。苏莱曼尼和他的警卫绕过海关,直接从停机坪的楼梯下了飞机。等候多时的穆罕迪斯迎了上去,两人登上车队。这一幕被机场的安全摄像头拍下,也映入了间谍的眼帘。事后伊拉克调查人员认为可能有 2 名巴格达机场员工、2 名警察和 2 名叙利亚航空公司员工参与此事。而他们可能就是核实苏莱曼尼和车队细节的"眼睛"。而此时,美军的MQ-9 无人机已在巴格达机场周边盘旋等待了约 2 h。

凌晨 0 时 55 分,在监视了苏莱曼尼车队大约 10 min 后,"捕食者"开火了。第一枚"地狱火"击中了穆罕迪斯乘坐的现代塔克斯面包车,爆炸的气浪直接冲击了其后 100 m 左右的丰田亚洲龙,而车上坐的正是苏莱曼尼;危急时刻,苏莱曼尼的司机紧急加速,成功躲过了另一枚导弹的袭击;但第三枚导弹转瞬即至,将其击毁。袭击过后,现场一片狼藉,散落着人体碎块和汽车零件。已经被威力巨大的导弹撕成碎片的苏莱曼尼早已面目全非,最后通过其手上的戒指才辨认出他。实际上,身为中东"暗局之神"的苏莱曼尼已经采取了一些手段试图规避危险,没有选择以往的长途陆路和私人飞机而是混在普通旅客之中,选择凌晨到达尽量减少曝光概率,也不使用智能手机。但不承想,美国人竟然敢冒天下之大不韪,在苏莱曼尼刚出巴格达机场之时就立刻动手。

这种"发现即摧毁"的快节奏打击得益于美军基于网络化信息体系支撑的扁平化的指挥与控制模式,将负责战略决策的最高指挥机构、负责筹划指挥的战区指挥机构、负责作战控制的特遣部队以及负责最后实施的无人机操作人员等分散分布于全球的各个节点无缝交连。这让人不由地想起2011年5月1日的那个夜晚,24名海豹突击队员悄无声息地潜入巴基斯坦阿伯塔巴德的一栋白色建筑旁,在短短的40 min战斗后,击毙了"恐怖富豪"本·拉登。时任美国总统奥巴马,在白宫地下一个小办公室的屏幕前静静地观看了整个战斗的实况,旁边操作计算机的是美军特种作战司令部司令、国务卿希拉里、国防部长盖茨以及一众高级官员。虽然美国没有公布此次苏莱曼尼事件的具体指挥过程,但估计跟击毙本·拉登的过程相似,都是借助信息化指挥系统在最高决策者统一领导下实施的大体系支撑下的多军种、跨领域、多维空间精兵作战。信息化的手段不仅可使最高决策者能够实时、直接地掌握战术细节,更在授予了战术指挥员以调用其所需的一切资源聚焦于其作战行动的权限。让总统看直播不是目的,更不是让军长去干班长的事,而是让班长获得军长乃至总统调动全局的能力。这才是基于信息系统的体系作战真正的精髓。

利用无人机进行的作战进一步体现出了大体系、广分布、深交连、强联动的信息化体系作战特点。在作战中,美军通常仅将无人机与起降控制分队前推部署至前沿,任务控制和情报处理分队则留在本土,通过卫星链路实施远程操作与情报处理,将战场信息实时共享至特种作战司令。在决策部门做出决断后由无人机任务控制人员随即采取打击行动。这种基于网络化信息系统的信息共享、并行筹划、直通指挥是缩短OODA循环(包以德循环)的关键所在,确保了信息优势尽快形成决策优势。因此不论承认与否,事实就如麦克里斯特尔所言,苏莱曼尼的生死也就在美军"许与不许"之间,也就是动动手指头的事。

第七节　空中无人系统的发展趋势

在现有的多机协同基础上,无人机自主集群系统日益复杂。在成员数量方面,无人机集群系统将从传统多机协同中的数架无人机拓展至几十架甚至是成百上千架无人机。在平台自主水平方面,无人机集群系统将从仅可执行侦察与监视等简单任务发展到可完成非结构化环境下的复杂对抗性任务。在平台异构性方面,无人机集群系统将从单一的平台载荷发展到多任务领域下的异构平台和载荷。在集群复杂度方面,无人机集群系统将从简单的领导者/跟随者的交互发展到自组织、分布式自主协作。在人-集群交互模式方面,无人机集群系统将从简单的遥控模式发展到人-集群智能交互模式。具体来说,无人机自主集群系统具有如下发展趋势。

一、无人机和有人机共融集群

由于无人机对战场态势的感知与实时决策能力还不能完全替代人的思维与判断,尚难以满足复杂战争中对无人机高层次自主和智能的要求。因此,采取无人机与有人机共融集群,实现能力互补和行动协调,已成为重要发展趋势。无人机可充分利用其机动能力强、成本低、隐身性能好的优势,在恶劣条件下执行危险任务,消除有人机执行任务的风险;有人机可充分利用人的智慧和综合判断能力,排除干扰,实现共融集群的综合决策和任务管理。美军无人机发展相关报告中,多次提到了"人机协同",并把"人机协同共融"作为建立新一代人工智能关键共性技术体系的重点任务之一。我国相关领域专家也多次在技术交流大会上提出"有人-无人"协同应用的观点。因此,在未来信息化、网络化、体系对抗的环境下,采取无人机与有人机共融集群,通过密切协同和高度智能的人机交互来完成信息获取、任务决策、指挥引导复杂人机协同,达成操作人员与无人机不同维度间的互联互通互操作,可实现跨域平台系统任务能力的倍增甚至指增效益。

二、新型变体无人机

在2015年4月美国海军研究局发布的"低成本无人机集群技术"(low-cost UAV swarming technology,LOCUST)项目中就已经出现变体无人机的身影,在该项目中变体无人机可实现从多管发射装置中弹射起飞,并在起飞过程中自动展开机翼及推进器,变形成任务模式下的舒展形态。2015年9月,美国国防高级研究计划局在发布的"小精灵"项目中再次畅想了变体无人机,尤其是轻小型变体无人机的未来。该项目打破了传统依赖空中加油实现作战半径延展的模式,而是设想依托集群发射与回收技术,让现有大型飞机在敌方防御射程外发射成群的小型无人机,在任务结束后母机再对小型无人机进行回收。由于"小精灵"无人机无地面起落环节,其设计上更贴近于导弹的外观,当任务结束进行回收时,"小精灵"无人机将自动打开飞机顶部与母机捕获器配套的回收装置,并折叠机翼,以便带回由地面人员在24 h内完成重置并等待下次使用。2018年,美国AeroVironment公司计划通过集成FlightWave公司的Edge混合垂直起降技术开发一种具有垂直起降模式和固定翼飞行模式的新型变体无人机,该无人机起飞和着陆时无须使用诸如拦阻网或弹射器之类的地面设备。采用变体技术后的无人机,其不同任务状态下的飞行性能可从根本上得到改善,将同时兼顾长航时巡逻飞行、高速冲刺和高机动飞行能力,使无人机在担负传统的侦察与监视任务的同时,具备有效打击各种地面、海面以及空中目标的能力。在当今无人机发展中,机身体积小、执行效率高以及对于起飞场地要求较小的消费级无人机应用广泛,但在无人系统作战中应用的无人机大多需要携带大电池、侦察、攻击等多种载荷,会大大降低无人机的续航能力和灵活性。通过对无人机的变型设计,不降低这些性能成为今后无人系统发展的重要趋势之一。

三、智能集群系统

2016 年 8 月,美国国防部国防科学委员会发布了 *Autonomy*(《自主性》),指出"未来人工智能战争不可避免"。2017 年 7 月,美国情报高级研究计划局发布了 *Artificial intelligence and national security*(《人工智能与国家安全》),再次指出"人工智能技术是国家安全的颠覆性技术"。在 2017 年 7 月中国国务院发布的《新一代人工智能发展规划》中,提到"群体认知""群体感知、协同与演化""群体集成智能",并 21 次提到"群体智能",11 次提到"自主无人系统"。基于人工智能设计无人机集群分布式控制框架,使得系统中的无人机仅在局部感知能力下,通过集群数据链技术,同其他无人机组建自组织智能交互网络,并在外界环境触发作用下,实现复杂的行为模式,具备学习能力,在群体层面涌现出智能。大自然是人类创造力的丰富源泉。鸟类、兽类、鱼类、昆虫类等群居性生物为适应生存环境,历经长期演化后,激发涌现出高度协调一致的群集运动。将这种具有无中心、共识主动性、简单性和自组织性等特点的群体智能机制应用于无人机集群自主控制这一颠覆性技术,无论从理论框架还是应用需求都是十分契合的。在集成生物群体智能的无人机集群系统中:个体通过收集和处理信息来适应环境,进行个体知识的更新,通过与集群中其他个体的交互,进行历史经验学习和社会学习,不断进化从而获得更强的生存能力以及对环境的适应能力;若某个无人机出现故障,其他无人机会自动修复填补,在系统层面表现出自愈能力;若有新的无人机加入集群,只要与边界处的无人机建立通信,新的集群会迅速完成融合。北京航空航天大学仿生自主飞行系统研究组 10 余年来,通过借鉴雁群、鸽群、椋鸟群、狼群、蜂群、蚁群等生物群体的共识自主性集群智慧,采用分布式策略设计了无人机集群自主控制方法和技术,并结合这些生物群体智能进行了无人机集群编队、目标分配、目标跟踪、集群围捕等任务的飞行试验验证,下一步将开展基于群体智能的有人/无人跨域异构集群自主控制方面的研究。

无人机集群能够通过智能控制系统,实现自主决策部署、自主任务协同、自主信息共享以及编队队形与变换等集群协同效应,能够提高整体的载荷能力和信息感知处理能力。随着云应用、5G 技术、大数据处理和人工智能等技术的不断发展,无人机集群作战必将成为未来空中军事力量的一种全新作战方式。

四、无人机集群自主对抗

随着作战环境监测技术和识别技术的不断突破,在交战双方信息比较清晰的情况下,当无人机进行集群对抗时,在机载设备采集的信息指引下,快速、准确地进行空战策略的选择,必将成为空战成功的决定性因素。2015 年 10 月,辛辛那提大学 Psibernetix 公司研发了一款高保真的空战模拟虚拟空间,所研发的 Alpha 人工智能利用超级计算机的数据中心处理系统在模拟空战中击落了空军假想敌教官(前空军上校 Gene Lee),该系统目前主要通过模拟战机飞行,改善无人机的飞行应变能力,大大降低无人机飞行失误率,在评估、计划、应急方面均比正式飞行员更加快速、有效,可同时处理多个攻击目标,调配武器实现精准打击。

2017 年 12 月,叙利亚反对派采用无人机机群重创俄罗斯在叙境内的赫梅米空军基地,无人机集群作战初具雏形。武器系统的发展,改变了整个空战的作战环境和作战方式,使其发展成了由超视距攻击和近距格斗两个阶段组成的复杂任务。实现无人机集群自主对抗的关键是空战决策技术,即研究无人机在线感知条件下,如何与集群内的其他无人机协调,进行实时或者近实时的超视距攻击阶段的目标与武器分配以及近距格斗阶段的战略与战术选择,达到具备经验丰富的战斗机飞行员决策能力的目的。

在无人机集群技术、装备与战术快速发展的形势下,各国开始投资发展反无人机技术。根据雷声公司 2018 年 3 月发布的报告,美国陆军在俄克拉荷马州西尔堡举行了"机动火力综合试验"(Maneuver Fires Integrated Experiment,MFIX)演习,雷声公司利用其先进高功率微波武器和高能激光武器击落了 45 架无人机。国内外对无人机反制的手段无外乎 3 种模式:直接摧毁、监测控制类、干扰阻断类。对应到无人机集群,可以采用的反制措施,包含以下几种形式:捣毁蜂巢,即运用综合火力全方位打击运载平台,力争摧毁或在投放空域之外实现拦截;密集拦截,即采用弹炮融合系统和密集防空火炮对无人机集群实施拦截打击;集群对抗,以彼之道还施彼身,用集群来对抗集群;使电磁瘫毁,即运用定向能武器进行抗击,或进行地面大功率电子干扰;控制劫持,即通过注入控制指令或病毒,采用网络入侵的方式进行抗击。正因如此,发展应对反无人机技术的无人机集群技术在日益复杂的任务态势下显得尤为重要,例如,发展应对频谱资源短缺、频谱环境复杂、环境和人为干扰严重等问题的无人机数据链抗干扰技术。

随着人工智能的快速发展,基于 AI(人工智能)系统的无人机能够在更加复杂的环境中执行作战任务,实现自主避障、自主导航、自主协同以及自主识别等多项功能,大幅提高智能无人机的作战效能和战场生存能力,因此智能化无人机将是未来无人机的发展方向之一。

五、无人机自主集群的内涵

随着无人与自主技术的深化应用,开发无人机自主集群系统已成为无人机的一个重要发展方向,通过紧密协作,无人机集群系统可以体现出比人工系统更卓越的协调性、智能性和自主能力。无人机自主集群具有以下特点:可以有效解决有限空间内多无人机之间的冲突;可以以低成本、高度分散的形式满足功能需求;可以形成动态自愈合网络,通过去中心化自组网实现信息高速共享、抗故障与自愈;具有分布式集群智慧,可以通过分布式投票解决问题,且往往该种方式的正确率更高;可以采用分布式探测方式,提高主动与被动探测的探测精度。

鉴于无人机自主集群所具备的以上特点,无人机自主集群势必成为未来作战的主流趋势。无人机自主集群作战是指一组具备部分自主能力的无人机系统通过有人或无人操作装置的辅助,在一名高级操作人员监控下,完成作战任务的过程。无人机自主集群势趋势如图3-14所示。无人机自主集群作战优势可概括为以下 5 点:

(1)在去中心化的无人机集群作战中,不存在某一个体处于主导地位,任意一个个体故障均不影响群体功能。

(2)集群内的所有个体仅通过观察临近个体位置,控制自身行动,即可实现实时的自主协同。

（3）集群具有强大的复原能力,当集群受外力发生改变时,会快速自动形成新结构,并保持稳定。

（4）集群能够克服个体能力的不足,通过协同实现整体能力放大。

（5）集群作战运用具有较低决策门槛和政治风险的优势,无人机集群作战有望实现低成本低损失。

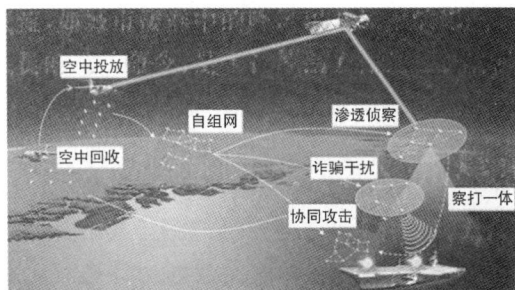

图 3-14　无人机自主集群势趋势

综上所述,采用无人机自主集群作战方式,将逐步改变作战形态,其应用形式大致可以归纳为以下 4 点:

（1）渗透侦察。无人机集群内平台轻小,节点雷达散射截面积较小,且可任意拆分形成小的群组从多个方向渗透,隐身性和迷惑性较强,有利于突破敌方防空体系,可进行抵近侦察,通过集群机间链通信中继方式接力向后方控制与指挥中心传回情报。

（2）诱骗干扰。采用无人机集群充当诱饵或干扰机,替代隐身轰炸机或战斗机直接进入战场的传统作战方式,可引诱敌方防空探测设备开机工作从而暴露阵位,消耗敌方防空兵器;可携带电子干扰设备,对敌方预警雷达、制导武器等进行更加抵近的电子干扰压制欺骗。

（3）察打一体。无人机集群可以根据任务需要通过灵活配置集群内平台的侦察探测、电子干扰、火力打击模块,形成侦察-打击编队,对关键或高危目标的薄弱部位进行实时侦察与打击,以达到出其不意的作战目的。

（4）协同攻击。无人机集群可作为前沿作战编队,由有人机控制,并掩护有人机安全,为有人机发射的大吨位防区外导弹提供精确制导信息,用以目标指示,实现有人无人共融作战;运用复眼战术,利用数量众多的具有自主控制能力的无人机组成集群,可进行全方位、多角度的饱和攻击,实现局部"以多打少"的对抗形式,使敌方难以应对。

习　　题

1.简述空中无人系统概念和特点。

2.固定翼飞行器有哪些技术难点?

3.试收集当前仿生无人机的实际案例。

4.列举 3 个空中无人系统应用的实际案例。

5.结合当前所学,你认为空中无人系统还有哪些发展方向?

第四章 地面无人系统及其作战运用

除了空中无人系统,地面无人系统也是无人系统的重要组成部分,可以完成侦察巡逻、爆炸物排除、随行支援等任务。本章主要介绍地面无人系统的概念、分类、特点和发展,分别介绍无人车辆、排爆机器人、地面仿生机器人的基本概念、国内外典型型号、结构组成、技术难点、作战运用以及发展趋势。

第一节　地面无人系统概述

一、地面无人系统的概念、分类和特点

(一)地面无人系统的概念

地面无人系统,是由一些不需要人直接操作的、具备一定智能特征的、相互配合的军事技术装备所构成的有机整体,能够完成地面自行机动,实施和保障军事任务的新型武器装备系统,主要由地面无人平台、任务载荷、作战指挥与控制系统、通信网络系统等组成。

地面无人系统是武器装备机械化和信息化相结合的产物,能够为步兵提供急需的战场感知能力和多样化打击手段,增强步兵的战斗力和战场生存能力。

地面无人系统是人类感觉器官(眼、耳、鼻等)和行为器官(四肢等)的延伸与扩展,可在人不能到达的地域里、在人体不能承受的条件下,执行步兵所要完成的作战任务。

地面无人系统可由操作人员远程遥控或自主控制行驶,广泛适用于各种危险、枯燥、恶劣的环境。通过配置各种不同的任务载荷,地面无人系统可以用于执行各种作战任务,如抵近战术侦察、目标定位、效果评估、火力引导、火力支援压制、伴随保障和突防攻击等。

(二)地面无人系统的分类

1.按驱动模式分类

地面无人系统根据不同的驱动模式,可分为无人车系统和地面机器人系统两大类。

无人车,又称无人地面车辆(Unmanned Ground Vehicle,UGV),主要指采用轮式、履带式或者复合式行走装置的无人驾驶车辆,如军用背包车辆、无人排爆车以及以色列"守护者"系列无人车等。

地面机器人主要指采用不同于车轮、履带等传统车辆行走装置的各种机器人,如"超级手推车"系列和"土拨鼠""野牛"遥控系列地面无人平台、"大狗"四足机器人、"阿特拉斯"人形机器人等。

2.按自主性水平分类

地面无人系统按照自主性水平,可以分为遥控型、半自主型、自主型和全自主型四类。

(1)遥控地面无人系统是指系统不具备传感器数据处理功能,需要操作人员不断发出指令进行控制;

(2)半自主地面无人系统是指系统具备传感器数据处理功能,能够生成感知模型,或者独立于有人操作,实现部分功能的低水平自动控制,但指令的触发和停止均由操作人员控制;

(3)自主地面无人系统是指系统具备利用感知数据进行行动规划的能力,在得到操作人员的高级任务或指令时,能够执行更广泛的行动;

(4)全自主地面无人系统是指系统能够在不与操作人员交互的情况下实施行动,但在紧急或者目标改变的情况下,操作人员仍能够接管对地面无人系统的控制。

3.按平台重量和部署方式分类

按照平台重量和部署方式区分,地面无人系统可分为便携式、车载式和自行机动式。

便携式一般重量不超过 16 kg,主要由士兵背负携带;车载式重量更重,在部署时需要使用运载平台(如车辆)将其运输到任务区域;自行机动式重量通常达到 90 kg 以上,能够依靠自身动力达到公路行军速度。

在国内外研发和列装的地面无人系统中:便携式占比达到了 80% 以上,主要应用于侦察与监视等辅助作战任务;车载式大约占 10%,用于执行探测、摧毁和路线清障等作战任务;自行机动式地面无人系统的数量很少,主要用于执行班组支援、地雷探测与处理,机动支援等任务。

(三)地面无人系统的特点

陆地是人类活动的主要范围,陆地环境比空中、水面、水下更为复杂,使得地面无人系统对感知能力和智能水平的要求更高。

随着人工智能时代的到来,地面无人系统将成为未来陆军信息化装备发展的重要内容。它将发展成不需要人工直接操作而能自行完成侦察、搜索、瞄准和攻击目标的作战系统。地面无人系统不但具有看、听、说的功能,而且还具有"思维"的能力,其智能化、类人化程度将会越来越高。

近年来,地面无人系统在国防、反恐、救灾等领域,尤其是在陆战场战术场景得到大规模发展应用,是因为其具有诸多方面的优点:

(1)计算和反应速度快。随着计算机、传感器、定位导航和人工智能技术的发展,地面无人系统的感知处理、自主决策能力和反应速度显著增强,在许多单项能力方面早已超越人类水平。

(2)环境适应能力突出。地面无人系统能够在污染、辐射、高温、高寒、潮湿等多种危险恶劣条件下,持续全方位、全天候作战,并且不存在人类所具有的恐惧、害怕等问题,在危险环境下仍能按照任务指令执行任务。

(3)抗毁和隐蔽性强。地面无人系统不需要考虑驾驶人员的安全、生理等约束条件,有着同等条件下更强大的抗毁伤能力。同时,其红外特征不明显,隐蔽性强,经过伪装和处理,不易被敌方发现。

(4)作战成本低。现代战争中的武器装备杀伤力大、精度高、破坏力强,战场人员的生命防护受到更加严峻的挑战,不计其数的伤亡人员消耗了大量的人力和财力,国家承受着巨大的政治和经济压力。着力发展无人武器装备,并且投入战场中,这样,可以尽量缩减作战士兵数量,同时不必考虑生命保障和医疗补给,大大减少战斗伤亡和降低作战成本。另外,地面无人系统设计时无须考虑人员乘坐,可以简化设计,降低成本。

二、地面无人系统的军事任务需求及性能要求

(一)地面无人系统的军事任务需求

在2001年,美国陆军提出的"未来作战系统"陆军发展计划中就明确提出,要在2015年将1/3的地面系统变成无人系统,以保证在提高部队作战能力的前提下,提高部队的机动能力,降低后勤保障的需求。

地面无人系统涵盖了从执行爆炸物排除任务的履带式单兵便携机器人到用于扫除地雷的大型无人扫雷车辆,从轮式行走机构的无人战斗车辆到仿生的足式运输系统的大小形态各异的多种无人作战系统,可广泛用于爆炸物和地雷排除、战场情报收集、目标警戒与巡逻、侦察与监视、边境管控、侧翼辅助攻击、后勤物资补给、通信中继、核生化环境战术侦察、战术训练等多种作战训练任务。

1.爆炸物排除

地面无人系统凭借其特有的远程操控方式,可用于排除爆炸物和扫除地雷作战,能够大大减少任务执行过程对作战人员生命的威胁,从而减少人员伤亡,甚至实现"零伤亡",这有助于有效减少战争对人类生命的威胁,降低各类战争和非战争军事行动的政治风险和舆论压力。

2.核生化沾染区域任务

人类战斗人员由于受到自身生理特点的影响,无法在核生化沾染区域执行作战任务,而地面无人系统则不会受到核生化沾染的影响,所以使作战部队具备了在这些区域执行特定作战任务的能力,这是对人类作战空间的一种有效拓展。

3.枯燥、重复任务

目标警戒与巡逻、侦察与监视等不断重复、单调乏味的作战任务,对任务执行人员的体力和精神都形成了严峻的考验。使用不知疲倦的地面无人系统代替人类来执行上述作战任务,其作战效率、任务持续时间都将得到极大提升。

4.边境无人管控

美国、韩国、以色列等国正在构建的以地面无人系统为中心的边境管控系统,以有效提高边境管控的效率,实现防渗透、防外逃,保卫国家领土完整的目标。

5.分队随行支援

各国正在发展的班组战斗支援系统,是集情报支援、通信中继、火力压制、物资运输等多种功能为一身的战场多面手,能够有效增强战斗单元的作战能力。

(二)地面无人系统的性能要求

地面环境特有的地貌崎岖、地面承载力的变化、树木建筑等地物遮挡等特点,使得发展地面无人系统时,除考虑无人系统的共性性能需求外,还需重点考虑一些地面特有的性能要求。地面无人系统的性能可以从以下几个方面来评价。

1.机动性能

地面无人系统要在地面环境完成各类作战任务,地面机动性能是影响其作战效能的一个重要因素。影响机动性能的主要因素包括行走系统结构、动力配置、由平台结构决定的离地间隙等。以行走系统结构为例:轮式结构具有较高的行驶效率,但对地面承载能力要求较高,爬坡能力也较弱;履带式结构适合松软地面,但行驶效率较低;仿生腿式结构适用山地陡坡等崎岖地形,但控制复杂。因此在地面无人系统设计时,根据拟执行作战任务的需求,提出恰当的机动性能指标要求,据此设计合理的行走机构和底盘结构,配备合适的动力系统是关键问题之一。

2.自主导航性能

地面环境的特殊性对无人系统的自主导航能力形成了严峻挑战。第一,无线通信系统受到地球曲率、地形起伏、地面植被的影响,极易出现通信中断的问题,因此地面无人系统需要具备更强的自主导航能力。第二,建筑物、树木等对卫星定位系统的影响,使得地面无人系统自主导航系统必须能够有效处理导航定位的不确定性影响。第三,地面环境的拥挤性和动态性是其他环境所无法比拟的,这对自主导航系统在导航控制精度和决策规划能力方面均提出了更高的要求。第四,不同于空中和水中,对于地面环境的建模与理解面临空前的挑战,自主导航系统需要对地表属性、剪切力、承载力、路网、沟壑、陡坡等各类环境和障碍要素进行有效识别,而这些环境要素对地面无人系统的影响又与平台的机动能力等密切相关。

3.人机交互性能

由于地面无人系统面临非常复杂的运行环境,其自主导航能力往往很难满足独立完成作战任务的需求,所以,通过强大的人机交互系统实现人与机器智能的有机融合是衡量地面无人系统性能的一个重要方面。

第一,人机交互系统肩负着使操作人员理解把握地面无人系统工作状态及周围环境的重要使命,因此显示系统的友好性和表达能力是对人机交互系统的基本要求。第二,操作人员对地面无人系统的操作指令须经由人机交互系统获得并下达给地面无人平台,因此操作装置的性能是衡量人机交互能力的另一个重要指标。第三,人机交互系统对通信带宽的需求也是衡量人机交互性能的一个重要指标,过高的通信带宽需求将限制地面无人系统的应用领域。

4.任务能力

任务能力是指地面无人系统执行特定作战任务的能力。目前,地面无人系统主要用于执行爆炸物排除、核化污染区域任务、警戒巡逻、无人管控、随行支援等不同作战任务。不同作战任务需要不同的任务载荷,以用于排除爆炸物的微型地面无人系统为例,行进速度、机械手运动范围、抓持能力、连续工作时间等是衡量其任务能力的主要指标。而对于中大型武装巡逻用地面无人系统来说,侦察能力、打击能力、持续工作时间等是衡量其任务能力的重要指标。

5.防护性能

与有人系统相同,在对抗条件下执行作战任务的地面无人系统的自身防护能力是影响其作战效能发挥的重要因素,直接决定了地面无人系统的战场生存能力。针对地面无人系统要执行的主要作战任务,设计合适的防护装备,是系统必须考虑的重要性能指标。

三、地域环境特点及对地面无人系统的影响

地面无人系统主要面对城市环境和野外环境,两种环境具有不同的特点。

(一)城市环境

城市环境主要包括道路、障碍物、其他城市环境(道路交叉口、道路标识、交通信号)等。

1.道路

城市道路主要分为结构化道路和非结构化道路。结构化道路一般是指高速公路和部分结构化较好的公路,这类道路具有清晰的车道线和道路边界,车道线一般为白色或黄色的连续线或短划线。非结构化道路一般指结构化程度较低的道路,如城市交通道路、乡村道路以及越野环境中的道路等。

在结构化道路上,通过对分道线和道路边缘的识别,以边缘检测为基础,可以得出道路的几何描述。其中,模型匹配的基本思想是根据道路的先验知识,利用二维或三维的曲线进行道路建模,结合视觉模型和图像特征估计出道路模型参数。目前,这方面的算法已经比较成熟。

在非结构化道路上,由于没有明确的道路边界线,且路面特征和周围环境区别较小,基于结构化道路的道路识别技术在非结构化路面上已不再适用。由于非结构化道路很不规则,很难用一个或几个通用的模型表示,所以非结构化道路检测的算法主要基于特征的识别方法或是模型与图像特征相结合的检测方法。具体特征可以识别颜色、纹理、消失点等。

2.障碍物

障碍物分为静止障碍物和动障碍物。静止障碍物又可以分为凸障碍和凹障碍。凸障碍是路障、停泊车辆等,凹障碍是指沟壑、沟渠等。用于障碍检测的传感器一般有视觉传感器、激光雷达、微波雷达、激光、声呐等。常用的障碍检测方法为基于运动信息、基于立体视觉、基于激光雷达以及基于多传感器融合的障碍物检测技术。

3.其他城市环境

道路交叉口检测、道路标志和交通信号识别以及行人识别等问题是城市环境中,地面无人系统面临的挑战。受复杂背景、光照变化、拍摄角度等因素的影响,很难实现准确和实时的路标检测与识别。行人以及骑车人的避让检测和跟踪也非常困难,有很多人的杂乱场景更是如此。

(二)野外环境

在城市环境中通过几何描述即能够说明道路的可通过性,但在野外环境中,必须对地形进行分析,包括描述三维地形几何特征、地形覆盖、检测及对可能是障碍的地形分类(如崎岖或泥泞地形、陡坡、不流动的水、岩石、树木和沟壑等),并评估各种地形的可穿越性。复杂野外环境中各种类型的水障碍作为野外环境中最常见的障碍类型之一,对地面无人系统的自主导航造成了很大的威胁。野外水障碍由于表面特殊反射等原因使检测难度很大,确定水障碍的可通过性是水障碍检测的焦点问题,如区分被水覆盖的道路和湖泊。在障碍检测方面,凹障碍检测也是一个难点,需要检测沟壑等凹障碍的宽度和深度,凹障碍检测受几何条件的限制,传感器高度决定了检测性能的上限。

四、地面无人系统的发展

三国演义中,蜀汉在与曹魏的作战中,为了解决粮草运输问题,诸葛亮发明了木牛流马。类似的事件在西方的历史演义中也经常见到,可见人类对于"木牛流马"这样的"地面无人系统"有着强烈的需求。这也导致了现代意义上的地面无人系统的出现。

1939 年 10 月,德国军方和波尔格·瓦德公司签订研制"歌利亚"遥控爆破车的合同,开创了近代"地面无人系统"的先河。到 1940 年初,该公司研制出全履带式的 B1 遥控爆破车,车体由混凝土块制成,而在车体后部拖带一个钢质滚轮,用于扫雷。其战斗全重约 15 t,共生产了 50 辆。B2 型是 B1 型的改进型,全重约 2.3 t,车体加长,装炸药 500 kg,发动机的功率增大到 36 kW,生产了约 100 辆。B4 遥控爆破车也称为 B4 遥控爆破坦克,是一种重型遥控爆破车,分为 A、B、C 三种型号,各型 B4 遥控车的生产总数达 1 139 辆(见图 4-1)用今天的眼光来看,这些遥控爆破车还相当原始,在战场上的行驶速度很低,功能比较单一,容易出故障,可靠性差。更重要的是,这些遥控爆破车"没长眼睛",不具备任何感知环境的能力。不过,它作为一种新型兵器,实实在在地在战场上得到应用,使现代地面无人系统的发展有了一个良好的开端。

图 4-1 第二次世界大战中德国的"歌利亚"遥控爆破车

地面无人系统发展阶段如图 4-2 所示。

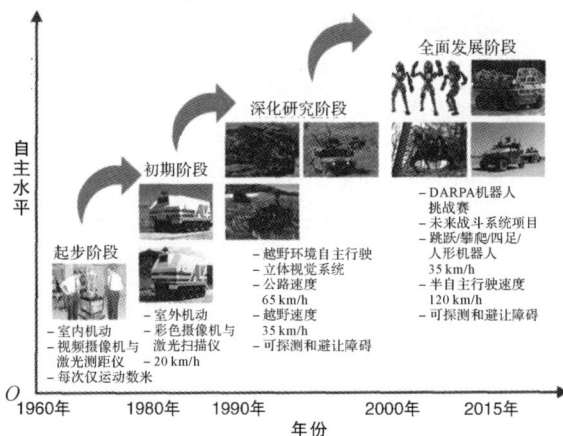

图 4-2 地面无人系统发展阶段

自 20 世纪 60 年代开始,科学家针对地面无人系统开始进行理论研究或者在研究室内进行机械式遥控控制的机器人及地面无人平台等的初步尝试。但那个时候受限于传感器、摄像机等设备、数据融合、图形数据处理等技术的发展水平,地面无人系统的控制系统、运动性能、协调性等均比较简单。而随着控制技术、传感技术等科技的发展,地面无人系统研究的不断深入(见图 4-2),先后经历了遥控(起步)、半自主控制(初期研究)、自主控制(深化研究)和智能化(全面发展)4 个阶段。

(1)起步阶段。20 世纪 60 年代至 80 年代初,这一阶段的研究还没有被赋予明确的军事需求目的,研究工作主要集中在可实现室内自主机动的地面移动机器人,限于当时的视觉处理技术水平,早期的地面机器人 1 h 仅能移动数米。

(2)初期研究阶段。20 世纪 80 年代至 90 年代初,美国国防高级研究计划局(DARPA)通过"战略计算计划",开展自主陆地车辆项目研究,以推动室外自主机动无人车技术的发展,并研制出首辆最高车速达到 20 km/h 的自主越野无人车。

(3)深入研究阶段。20 世纪 90 年代至 21 世纪初,这一时期的研究工作以美国 DARPA

和美国陆军开展的"DEMO Ⅱ 和 DEMO Ⅲ 计划"为代表,研究重点是无人车半自主越野机动技术。最终 DEMO Ⅲ 计划研发出的试验无人车在公路上的行驶速度达到 65 km/h,在野外环境下可以达到 35 km/h,对于正障碍和负障碍都能检测并避让。

(4)全面发展阶段。21 世纪初至今,这一时期半自主地面无人系统发展成熟并投入使用,以色列"守护者"半自主无人车最大速度为 50 km/h,能够探测和规避障碍,可自主"跟随"车辆或士兵行进。同时,这一时期美国、英国、以色列等国家积极开展自主地面无人系统技术研究,美国也开始重视发展自主地面无人系统编队作战能力,尤其是集群作战能力。

随着人类进入 21 世纪,世界无人系统技术高速发展,以美国为首的世界主要军事强国对地面无人系统领域投入大量资源,相继建立专业研发机构,促进相关技术成果不断应用在新型武器装备中,进而加速了陆军武器智能化发展的步伐。

同时,越来越多的地面无人系统正在走进战场。无人系统的应用环境正由低烈度冲突和低威胁环境,扩大到高强度交战和中高威胁环境,部分已进入主战装备,正在对战争形态的发展产生重大影响。地面无人系统具有平台损毁无人员伤亡、长期值守等特点,目前主要用于扫雷破障、武装巡逻、核生化探测、危险品运输、火力引导、通信中继和后装保障等领域。地面无人系统已经在伊拉克、阿富汗、叙利亚等战场使用,是未来陆军作战方式向非接触、非线式、非对称零伤亡变革的必要装备。

第二节　无人车及其作战运用

一、无人车概述

(一)无人车的概念

无人车,又称无人地面车辆(UGV)、无人战车、自主地面移动平台(ALMP)、自主地面车辆(ALV)等,是高度集成了车载控制系统、精密传感和智能感应等技术,能够在特殊地域、特殊环境、特殊行动使用的一种可以遥控操作、自主行驶、多次应用的特殊地面车辆。

无人车是机械化、信息化、智能化高度融合的地面机动无人作战平台,一般配备有侦察探测系统和小口径武器,具有高机动越野性能和必要防护能力。

(二)无人车的特点

1.移动速度比普通移动机器人更快,变化范围更大

普通移动机器人的速度大多为 0～10 km/h,而军用地面无人车的行驶速度大多为 10～60 km/h,有的甚至达到 70 km/h 以上。

2.操作的环境更复杂,范围更大

与普通移动机器人活动的室内环境或是范围较小的室外环境相比,军用地面无人车不

仅能够行驶在结构化道路环境（城市环境）中，也要能够行驶在非结构化道路环境（越野环境）中，这使得其活动的环境更复杂，范围更大。

3.具有更强的承载能力和更长的续航能力

普通移动机器人大多承载能力有限，不能载人或载货，并且续航能力较弱。军用无人车由于军事应用需要，通常会搭载武器系统、搭载防护系统或用于运输物资，同时，大部分任务也要求车辆平台能长时间运作（物资运输、侦察、通信中转）。这些军事应用需要无人车具有更强的承载能力和更长的续航能力。例如，DARPA 和陆军对于 UGCV 项目的评估要求就包括：能够完成为期 14 天的任务，一次填注燃料行驶里程不少于 450 km，载荷比大于 25%，等等。

4.对可靠性的要求更高

军用地面无人车通常工作在野外极端恶劣环境下，复杂地形、振动、冲击载荷、灰尘、高/低温等因素给平台的机械执行系统和电控系统的可靠性与稳定性带来了严峻的挑战。这就要求军用地面无人车在设计之初就必须考虑系统结构的设计、系统集成的设计甚至是车辆的机构设计，以确保车辆是自依赖的、可调整和可容错的，从而保证系统的可靠与稳定。

另外，军用地面无人车主要功能是搭载武器系统、运输补给物资或是作业，其工作时难免会与人或与有人驾驶车辆交互，那么平台控制系统的可靠性和稳定性对于确保人的安全就显得尤为重要。

(三)无人车的军事需求分析

1.战场感知能力需求

在战争中，传统意义上的士兵侦察与监视行动极易出现伤亡，并且受人类生理条件、装备器材（携带、存放和维护）和战场环境等诸多复杂因素的限制，往往难以达成期望目标，制约着营级及以下层级士兵的观察和作战能力。

地面无人车可以适应各种环境，包括道路、城市环境、开阔地、森林和山地，前往有人系统不能达到的地域，通过搭载任务载荷（可见光照相机、夜视摄像机、综合光电转塔等侦察感知设备），借助太阳能等能源供给手段，可实现全昼夜、广域持续侦察和监视能力，极大提高了战场态势感知能力。

2.战车通信能力需求

信息化条件下的局部战争证明，网络化的指挥信息系统（C⁴KISR 系统）是一体化联合作战的主要标志，在作战地域迅速建立一整套的通信体系至关重要。

战时依靠通信兵建立无/有线通信等通信保障网络，存在着易被破坏、干扰的问题，影响着战地通信的安全畅通。由于各种军用地面无人车作为作战平台都具备通信能力，所以可以在指挥和控制中充当通信中继节点，完善通信网络。

3.后勤配送能力需求

后勤配送属于资源密集型行动，供应链末端也容易受到攻击，因此国外重视发展用于后勤运输等后勤保障领域的地面无人平台。

美国的货运无人平台项目旨在开发和试验具有先进自主性能,可以无障碍地融入载人物流车队的无人车辆,其核心功能被称为引导-跟随能力。在首端有人车辆负责引导,尾端有人车辆负责实时监测车队中间部分所有无人车辆的运行状态,对出现意外的无人车辆进行人为干预,及时处理突发情况。在此种运输模式下,可减少补给链上的卡车中埋伏的危险,驾驶员的需求量大幅度降低,可以有效提高后勤配送、吞吐量。

4.战场支援能力需求

战场上,地面作战人员常见的危险境况包括进攻受阻、陷入伏击圈、遭遇突袭等。在敌方掌握主动权的情况下,另外派遣人员前往作战地域,往往难以达到救援目的,且极易造成更大人员伤亡。

军用地面无人车能够通过提供情报侦察,使战斗人员可在敌人火力的安全距离外探明战况,并通过有/无人火力的协同配置,减少人员伤亡,完成支援任务。

5.搜排爆能力需求

战地布置的各类人员杀伤地雷和反坦克地雷严重威胁着地面有生力量的安全,花费较长的时间去人为排除,又会贻误战机。通过无人车对敌人设置或战后遗留的地雷等爆炸物进行清除,可以有效地避免人员伤亡,节省时间。

二、典型无人车

(一)美国典型军用无人车

1.“班组任务支持系统”(SMSS)

班组任务支援系统(SMSS)(见图4-3)是由洛克希德·马丁公司研制的大型轮式后勤无人车,可实现半自主控制以及遥控控制,采用六轮独立驱动,具有全地形的适应能力,主要实现伴随运输功能,同时可搭载相应的态势感知以及打击载荷实现侦察、火力支援等任务。

图4-3 班组任务支持系统

SMSS无人车也被称为“公牛”,是一种多功能无人车,主要面向轻型部队和特种部队。可空运空投,具备两栖能力,用以执行诸如突击、医疗和通信等任务。

该无人车有5种不同的工作模式,即视距内线控牵引、视距内遥控、视距外遥控、语音控制和手动控制。

车上装有多种传感器,如远程雷达、远距和近距光学探测和测距设备、前视红外和光电摄像机等。该车体积小,车长为 3.6 m,宽度为 1.8 m,高度为 2.1 m,有效载荷为 544 kg,可用于城市地形中的非对称作战。

2.美国"破碎机"无人战车

2005 年,美国国防部高级研究计划局(DARPA)资助美国卡内基梅隆大学的国家机器人工程中心(National Robotics Engineering Center,NREC)设计了"破碎机"(Crusher)无人战车,主要用于侦察和支援,也可以携载武器参与战斗任务。如图 4 - 4 所示,"破碎机"无人战车坚固耐用,低噪机动,自控操作,使其能够在 1 km 范围内完全自主执行搜索、侦察、战斗等任务,能够适应各种极端复杂的地形,即便在高速行进中也能轻松越过围墙、垄沟、树丛、树桩和岩石。

图 4 - 4　"破碎机"无人战车

3."黑骑士"无人战车

如图 4 - 5 所示,"黑骑士"(Black Knight)无人战车是 BAE 系统公司研发的一款智能化无人战车,主要任务是实施对危险地域进行勘察、收集情报、前方侦察,也可以伴随步兵作战,提供火力支援。该型战车可以无人自主操作和手动操作,能够自动规划路线,智能躲避障碍物。"黑骑士"无人战车在黑夜和白天都能够使用。

图 4 - 5　"黑骑士"无人战车

(二)俄罗斯典型军用无人车

1.俄罗斯"天王星-9"(Uran-9)

"天王星-9"攻击型无人战车是一款火力支援无人车,用于打击步兵、装甲车、低空飞行目标(见图 4 - 6)。该车由俄罗斯技术公司旗下的控制技术系统工程研究所(JSC 766 UPTK)研制生产。

该车于 2016 年推出,2 月国防部演示了系统样机模型,9 月初完成用于国家试验的样车生产,现已通过所有类型的初步试验。该车目前已计划批量生产,由俄罗斯国防出口公司进行销售。

图 4-6 "天王星-9"攻击型无人战车

该无人战车由俄罗斯独立设计开发,系统的零部件几乎完全由俄罗斯本土制造。采用履带式底盘,装备防弹装甲,总重约 10 t。装备功率为 300 kW 的柴油机,最大行程为 322 km,无补给连续工作时间为 6 h,最大公路速度为 35 km/h,乡村土路行驶最大速度为 25 km/h,最大越野速度为 10 km/h,平均地面压力为 0.6 kN/cm²,遥控距离为 3 km。

"天王星-9"无人战车的一大特点是配备超强的火力打击系统,部队可根据不同的作战任务,为其选配不同武器。"天王星-9"配备 1 门 2A72 式 30 mm 自动机关炮、4 枚待发的 9M120-1"攻击"("螺旋-2")反坦克导弹、4 枚"针-V"防空导弹,以及 1 挺 PKT/PKTM 式 7.62 mm 并列机枪。"攻击"反坦克导弹可用 6 具"丸花蜂-M"火焰喷射器替换。这种武器配置的杀伤力高于俄罗斯现役的 BMP-2 步兵战车。该车的发射装置和成像系统可升至车体上部,使系统能在掩体中使用这些装备。该车在主发动机关闭由电池供电的情况下,可以在静默状态下机动。

2.俄罗斯"平台-M"

"平台-M"(Platforma-M)(见图 4-7)是一种最新式机器人作战系统,其设计目的是与敌人进行非接触性战斗。按照设计构想,该系统为多用途作战单元,既能充当侦察兵,也能巡逻并保护重要设施。凭借其武器装备可用于火力支援。其武器制导系统可自动运行,无须人工操作。"平台-M"虽然体型很小,但威力强大,装有榴弹发射器和机枪系统。

图 4-7 "平台-M"履带式通用作战平台

该无人战车由俄罗斯进步技术研究所研发,研发过程持续 4 年,于 2014 年完成了一系列试验,随后向俄罗斯海军海防部队交付多辆"平台-M"进行进一步作战试验,具体部署在位于堪察加半岛的太平洋舰队和位于加里宁格勒的波罗的海舰队。

"平台-M"的战斗全重为 0.8 t,长为 1.6 m,高为 1.2 m。每侧有 6 个小直径负重轮,装备橡胶履带和独立悬挂装置,可在沙地、雪地、草地、泥地和碎石等复杂地面行走。爬坡度为25°,越障高为 0.21 m。车身安装有大容量锂电池组,可持续工作 4 h。武器系统装备 1 挺 7.62 mm 机枪,下方安装有弹壳收集袋,防止弹壳下落卡死行动装置。携带 4 具 RPG-26 反坦克火箭筒,有效射程 250 m,垂直破甲厚为 500 mm。机枪左侧装有 1 具同轴光电观瞄设备。该车还装备有光电和无线电侦察定位器,可在夜间执行作战任务,且不会暴露自己。

3."乌兰-9"无人战车

"乌兰-9"的设计理念,是为陆军步兵分队、空降兵部队、特种部队、海军陆战队等多兵种提供远程侦察和火力支援。

如图 4-8 所示,"乌兰-9"的战斗全重约为 9 t,车体外形为箱式矩形,外形低矮,高度约为 1.6 m,车长近 5 m,车宽不到 2 m。"乌兰-9"可以看作是安装无人炮塔的轻型坦克,其无人炮塔包括 30 mm 2A72 型机关炮,一挺 7.62 mm 同轴机枪,以及 2 具 AT-9 型轻型反坦克导弹。该反坦克导弹采用激光驾束制导和无线电指令制导相结合的方式,命中率较高,最大射程为 8 000 m。

图 4-8　"乌兰-9"无人战车

(三)其他典型军用无人车

1.英国"泰坦"(TITAN)

"泰坦"(TITAN)无人车由爱沙尼亚 Milrem Robotics 公司和英国奎奈蒂克北美公司联合研发,基于 Milrem 公司的"武弥斯"无人车。"泰坦"(见图 4-9)长约为 2 m,宽约为2.1 m,高约为 1 m,重约为 907 kg。有效载荷舱面积为 1.83 m×1.22 m,最大有效载荷约为680 kg,典型有效载荷包括土方铲、伤员后送架、反简易爆炸装置探测系统等。

图 4-9　"泰坦"无人车

"泰坦"无人车已入选美国陆军"班组机动装备运输"项目第一阶段评估,计划用于执行战区危险任务。

2.德国 Chrysor 大型无人车

Chrysor 是 Robowatch Technologies GmbH 第四代机器人产品,也叫无人侦察车(见图 4-10),可以在复杂的环境下完成无人侦察、侦测、巡逻和运输任务,已经实现了量产,并在多种场合使用。

发动机　　　　DM 950 DT 涡轮增压柴油发动机

输出功率　　　23 kW

电源　　　　　12 V/60 A

装载能力　　　680 kg（陆地）

重量　　　　　800 kg（空载）
　　　　　　　1 633 kg（满载）
速度　　　　　45 km/h（有人驾驶）
　　　　　　　15 km/h（无人驾驶）

运输可能性:
卡车、拖车、货机、直升机

图 4-10　Chrysor 大型无人车

Chrysor 长为 2.92 m,宽为 1.64 m,高为 1.92 m(巡视探头顶高),净重为 950 kg,地面最大载重为 680 kg,水上最大载重为 300 kg。

Chrysor 具备三种驾驶控制模式:可以人工驾驶,车内保留了驾驶员席位;也可以遥控驾驶,远程操作人员通过遥控操作终端;更可以 100% 全自动无人驾驶。

3.以色列"守护者"(Guardium)

"守护者"(Guardium)是一款具有高度自主能力的多用途无人作战平台,由以色列 G-NIUS 公司研制,有三代主要产品:MK-1(见图 4-11)、MK-2(见图 4-11)、MK-3(见图 4-12)。前两代主要为半自主运动模式,可实现自主避障;第三代无人作战平台可识别障碍物,可实现局部的路径规划实现障碍的自主绕行策略。以色列将该型平台部署于边境区域以及机场,通过搭载不同的载荷,可分为运输、侦察、引导以及作战四种用途。

MK-1(见图 4-11)是在 4×4 型"托姆卡"(TomCar)商用越野通用车基础上研制,无人车主要是作为传感器承载平台,执行巡逻任务,也可以安装遥控武器站并配备武器。该车上测试或安装的重要负载设备包括昼/夜摄像机、敌方火力指示器、电子对抗系统、双向声频系统、雷达、通信情报和电子保障系统、杀伤和非杀伤反应装置、金属探测器、通信/观察桅杆。

图 4 - 11　以色列"守护者"MK - 1(左)与 MK - 2(右)

G - NIUS 表示,该车是第一辆投入作战部署的自主无人车。该车具有高水平的自控能力,包括自己设定路线,通过障碍,还能通过网络实现其他"守护者"无人车的互联和协同工作。

MK - 2(见图 4 - 11)与 MK - 1 相比体积更大,负载能力更强。该车是为减少人员携带重量和实现无人补给而设计的。该平台可安装与巡逻车型相同的设备,如艾利莎公司的简易爆炸装置对抗系统、避障传感器(如光探测和测距装置)、全球定位装置、以色列航空航天工业公司/塔玛姆公司的 MINIPOP 光电传感器设备。

MK - 2 有效载荷为 1 200 kg,可配装障碍探测与规避模块、指挥与控制系统、各种模块化武器站、通信组件和后勤保障组件等,具备全天候感知能力,能够自主决策,可自主"跟随"车辆或士兵行进。

MK - 3(见图 4 - 12)可安装 1 个武器站,上面可安装更大口径武器,如 12.7 mm 机枪,最大负载能力为 800 kg。

MK - 3 在半自主模式下的最高车速可达 120 km/h,首辆样车已在 2012 年交付以色列国防军进行评估测试。

图 4 - 12　以色列"守护者"MK - 3

除作战任务外,该车还可执行后勤保障、简易爆炸装置和路边炸弹定位和破坏、边境和战略设施的巡逻、侦察和部队保障等任务。车上装有光电和昼/夜红外传感器设备及热成像瞄准镜和激光测距仪。

(四)国内典型军用无人车

1.红旗旗舰 CA7460 无人驾驶平台

2003 年 6 月,在中国第一汽车集团公司的赞助下,国防科技大学无人驾驶汽车课题组在湖南长沙成功完成了红旗旗舰 CA7460 无人驾驶平台的试验,标志着我国第一辆自主驾驶轿车的诞生,也是一项重要成果。

CA7460 稳定自主驾驶速度为 130 km/h,峰值自主驾驶速度为 170 km/h,在国内遥遥领先,并率先达世界先进水平。根据当年公布的资料,美国无人车最高稳定驾驶速度为 100 km/h,德国为 120 km/h,并具备安全超车功能。

2.猛狮智能 1 号无人车

为加速推进我军地面无人平台的装备发展与技术进步,军委分别于 2014 年、2016 年组织了跨越险阻地面无人平台挑战赛,比赛全程无人车均自主行进,对路障、街垒、倒塌墙体、损毁装备、弹坑、壕沟、水坑以及动态障碍物等进行自主避让、绕行,比赛项目设置突出实战化色彩,以军事需求牵引技术发展,全面带动环境感知、任务规划、自主决策、网络通信、机动平台以及综合集成等领域的良性发展。

军事交通学院研制的猛狮智能 1 号(见图 4-13)无人车获得"野外战场侦察"项目冠军。该车由国产越野车改造而成,可实现平时多车交互协同驾驶和战时人员、物资输送。

图 4-13　猛狮智能 1 号无人车

猛狮智能 1 号无人车具有"漫步"功能,在暂时失去 GPS 定位导航的情况下,也可以自己尝试"找路"。国防科技大学研制的沙漠苍狼无人车是在第二代高原无人巡逻侦察车的基础上改进而成,采用模块化设计理念,集成多种可自由选配的传感器和任务载荷,能够快速形成指定线路巡逻、敏感区域防控、反恐防暴等特种作战能力,具备分队伴随行进、视距遥控、潜伏侦察、火力打击等多种功能。

3."锐爪"系列无人平台

锐爪 1 型无人平台(见图 4-14),采用履带式行走机构,自重为 120 kg,可用于对敌人目标侦察、打击,对隐藏于建筑物、坑道内的恐怖分子进行搜索打击,对受困人员实施援救等任务。该平台可以自主安全驾驶、完成多通道的通信及远距离遥控武器射击,具备多种侦察手段。

图 4 - 14　锐爪 1 型无人作战平台

三、无人车的结构组成

军用无人车虽然在机构、传感器配置、功能实现上各不相同,但是在无人驾驶系统组成上有着显著的共同点,都包含环境感知系统(含定位)、运动规划系统、跟踪控制系统、平台底盘系统等子系统。

1.环境感知系统

环境感知系统是指通过各种传感器设备的输入建立军用无人车周围包含二维或三维环境特征的环境模型的系统。它主要由硬件和软件处理程序组成。硬件主要包括二维激光雷达、三维激光雷达、毫米波雷达、彩色相机、立体相机、声呐、惯性导航元件、GPS 等各种类型的传感器。软件处理程序实现的功能主要为路面识别、障碍物检测、目标识别与跟踪、建立地图与定位等。环境感知系统的主要作用是建立军用无人车周围的环境模型,为无人系统的决策、规划和控制提供地图、环境约束和定位信息。

2.运动规划系统

运动规划系统是指根据环境感知系统输入的环境模型,考虑任务约束、环境约束、平台自身的运动学和动力学约束等,生成能够驱动动态非线性系统从初始状态到达指定目标状态的控制参考输入序列的系统。该子系统的主要功能是根据任务要求、环境地图或是先验知识生成待执行的无碰撞路径或轨迹,作为控制系统的参考输入,通常包括路径规划和轨迹规划两部分。

3.跟踪控制系统

跟踪控制系统是指根据控制参考输入序列和控制律生成控制指令,使得动态系统达到期望输出结果的控制器。对于地面无人机动平台而言,跟踪控制是指根据参考轨迹输入和控制律生成车辆执行器(如方向盘、电子油门、制动器)的控制命令使执行器产生影响车辆运动的力或力矩。

4.平台底盘系统及其他

平台底盘系统是指由车辆底盘及相应执行器构成受控的机械执行系统。

除了包含上述必要组成部分,根据军用无人车所实现功能的不同和智能化程度的差异,有的系统还会包含遥控站、多车通信系统、任务规划系统、人机交互系统等。

四、无人车的技术难点

地面环境的特殊性与地面无人系统的结构特点决定了军用无人车,特别是面向大规模协同作战应用的军用无人车还需要攻克很多关键技术难题。

1.环境感知技术

环境感知技术是无人机动平台中最重要的一环,无人机动平台安全、稳定行驶的首要前提是环境感知提供的世界环境模型、运动状态和定位信息准确、可靠。

军用无人车运动机构的特点,决定了地面的起伏、承载力和附着力的变化,以及地面上的各种静态和动态障碍都会对其运动产生重要影响。军用无人车的自主运动能力在很大程度上就是取决于对上述地形、地貌和地物的感知能力和建模能力。

在感知能力方面,得益于传感器技术和计算机视觉技术的飞速发展,现在依靠激光雷达、毫米波雷达和图像传感器等环境传感器,对地形和动静态障碍的识别及建模目前已比较成熟。近些年的研究重点主要集中在越野路面识别与分类、各种类型的障碍物检测,如对地面附着力、承载力、材质等地表特性进行识别。特别是对沟、坑、水塘等凹陷障碍的识别,是当前的主要难点之一。

另外,由于军用无人车行驶的环境较复杂,只依赖一种传感器不可能完成所有的识别任务。构建实时、多视角传感器系统,利用多模态传感信息融合技术为军用无人车导航提供可靠、有效的信息成为当今研究的热点。

在建模能力方面,主要工作是对于环境的描述及其对车辆运动的影响分析,是军用无人车面临的另一项关键技术。针对高速公路这种结构性很强的道路环境,环境描述及运动影响分析已经能够胜任自主运动的需求,但对于一般道路和越野等复杂环境的相关研究尚待突破。

2.运动规划技术

从采用的技术来看,应用于军用无人车的运动规划方法主要有基于搜索的运动规划方法和基于最优控制的运动规划方法。

(1)基于搜索的运动规划方法主要是指采用搜索技术进行几何运动单元拼接生成距离最短的无碰撞路径。这种方法多用于全局路径规划和自由区域的路径规划。通过这种方法生成的路径能保证满足车辆运动学约束,距离最短且无碰撞。

(2)基于最优控制的运动规划方法,指的是把路径规划问题转化成带约束的最优化数值求解问题的一类方法。这类方法因为能生成满足车辆动力学约束、最优或局部最优的路径和轨迹而受到广泛关注。

除了上述两大类方法外,应用于无人机动平台的运动规划的方法还有道路图、支持向量机等方法。

3.远距离大容量实时通信技术

通信是地面无人系统中连接指挥与控制站和地面无人平台的纽带,是人机交互的重要物质基础之一。因此,实时通信对地面无人系统来说至关重要。但受到地形起伏、树木、建筑物遮挡、地面对电磁波的反射等方面的影响,地面无线通信距离受到很大削弱。研究适用于远距离工作的地面无人系统高性能、大容量、实时通信技术,是地面无人系统的一个重要的技术难点。

4.多系统协同控制技术

地面作战的复杂性,未来战场的体系作战特点都决定了多系统协同作战是未来地面无人系统的重要应用方式之一。多无人平台之间环境信息共享、任务协同、指挥与控制命令的下达、状态上传等问题都是多系统协同控制面临的主要困难,对宏观设计多系统协同的软件框架,研究协同环境感知、协同定位、协同控制、分布式通信等技术问题提出了迫切的要求。

五、无人车的典型作战运用

1.战场态势感知

在信息化战争中,实时准确的态势感知是实施一体化联合作战的基础,也是武器体系对抗中的一个难题。地面无人系统可较好地完成对目标的侦察、监视与毁伤效果评估等态势感知任务,通过加装光学、雷达、声音、振动等探测装置,地面无人系统可成为战场上不知疲惫的"千里眼""顺风耳",潜入特殊地带甚至深入敌后实施全方位侦察,为指挥所传回多维实时的战场态势信息。由于不考虑乘员需求,所以地面无人系统在执行态势感知任务时具有独特优势:

一是系统动力充足,续航时间较长,能够在恶劣环境中持续探测,有的系统还可以利用太阳能电池发电,部署后能够长期发挥作战价值;

二是能够近距离侦察危险目标,利用地面上复杂的地貌地物掩护,隐蔽机动至对我威胁较大的重要目标周围进行抵近侦察,不易被敌发现摧毁,一旦暴露也没有人员伤亡风险;

三是可携带多种传感探测设备,捕捉目标声音、视觉、电磁等复合特征,经过比较分析、相互印证,使获得的情报更加全面、准确。

战场态势感知类地面无人系统的代表性装备有以色列的"卫士""先锋哨兵"等。以"卫士"为例,它是迄今世界上一线服役最多的无人侦察车,车体前方装有高倍率红外摄像机和强力探照灯,上装包括可360°旋转的昼夜摄像模块及动态目标探测系统,还可根据任务特性换装地面监视雷达、枪声探测器、电子干扰设备或非致命性武器系统等。自2008年正式进入以军服役以来,"卫士"担负了以巴边境地区侦察巡逻任务,在以色列发起的"护刃行动"等反渗透和反叛乱军事行动中发挥了重要作用。

2.地面突击

实施的高强度战场突击,快速夺控战术要地,是地面部队作战的核心行动。此阶段由于双方展开正面交战、短兵相接,所以常造成较大的人员伤亡。据统计,在第二次世界大战中,盟军约 2/3 的阵亡产生于战斗的突击或反突击阶段。使用无人战斗车代替有人系统作战,能够有效减少伤亡影响,达到消灭敌人、保存自己的目的。从作战应用价值看,无人战斗车主要用于战场突击或反装甲、反步兵的火力打击,其特点是装甲厚、火力大、突击力强,能够迅速冲击到敌战场的浅近纵深或迂回到敌战场的后方,甚至可以快速隐蔽地穿插于敌战斗队形之中,对敌实施猛烈地、致命的打击,还可以伏击在敌人前出的道路附近,伺机发起突然袭击。2015 年底,叙利亚政府军在俄罗斯无人战斗车的支援下强攻伊斯兰极端势力据点的战斗,被称为世界上第一场以无人系统为主的攻坚战。俄罗斯投入了 4 台履带式"平台-M"无人战斗车、2 台轮式"阿尔戈"无人战斗车,在无人机的引导下,抵近武装分子据点 100~120 m,用机枪和反坦克导弹进行攻击,叙利亚政府军则在无人车后 150~200 m 相对安全的距离上肃清恐怖分子。这场战斗仅持续了 20 min,一边倒的猛烈打击令极端势力武装分子毫无还手之力,约 70 名武装分子被击毙,而参战的叙利亚政府军只有 4 人受伤,显示出无人战斗车强大的作战能力。除了俄罗斯的"平台-M""阿尔戈"外,有代表性的无人战斗车还有美国的"伏击者""突击队员",以及英国的"马蒂"、德国的"达斯"、比例时的"安德鲁斯"等。可以预见,未来战场上冲锋陷阵的主力将不再是人类的血肉之躯,而是由钢铁铸造的不惧枪林弹雨的无人战车。

3.精确打击

信息化条件下,随着精确打击成为基本作战手段,各种精确制导弹药被大规模运用于战场。精确制导弹药能够自主寻找并攻击目标,这使得传统的火炮、导弹发射装置的操作越来越智能化,地面火力打击由过去追求高操作精度,转向提高任务灵活性、增强抗毁能力方向发展,由此,更加机动灵活的无人地面火力打击系统应运而生。这方面最具代表性的装备当属美军的"网火"系统。"网火"最初来源于美军未来战斗系统(FCS)项目,该项目因预算过大被取消后,其组成部分"网火"系统因其独特的作战应用价值被保留下来。"网火"是一种集装箱式无人值守导弹发射系统,由导弹储运发射箱以及用于遥控和无人操作作业的软件组成。储运发射箱自带指挥通信系统,以垂直发射的方式发射精确攻击导弹,导弹射程40 km。储运发射箱轻便、灵活,装满 15 枚导弹的全重仅为 1.4 t,可以放置在地面、战舰、"悍马"车、卡车甚至地面无人车辆上使用。在作战中,当前沿步兵班排在遭遇无法用自身火力打击的坚固火力点、装甲车辆等目标时,可以随时调用"网火"进行精确打击,尤其是导弹的高精度使得其可以在短兵相接的距离上有效杀伤敌人而不会对己方人员造成附加伤害。对于装备"网火"的炮兵部队来说,由于前沿步兵可以担当炮兵前观的任务,所以可以单独使用少量精确制导导弹,完成过去需要大规模炮群消耗大量弹药才能完成的支援任务,任务灵活性大为提高,而且"网火"系统无人值守,部署方便、机动灵活,能够有效提高反炮兵火力下的战场生存能力。目前,世界各军事强国都在加快研制类"网火"的无人火力打击系统。一旦这种系统大规模装备部队,地面精确火力将在"发射后不管"的基础上,进一步实现发射前灵活部署、发射中智能操作,实现更加快速、有效、安全的精确打击。

4.战场综合防护

在高度透明、高效毁伤的信息化战场上,不仅各类轻武器、火炮、导弹等常规武器威力大增,而且核、化、生、电磁、自杀式爆炸等新的攻击手段与日俱增,如何加强战场防护措施,提高战场生存能力,已成为世界各国军队关注的问题。在应对高危威胁和执行脏污任务方面,地面无人系统具有与生俱来的优势。防护型地面无人系统的任务领域包括排爆、探/扫雷、核化生探测、电子对抗及充当假目标等。目前,世界上投入实战的地面无人系统大多数用于执行防护任务。比如,美军在伊拉克和阿富汗部署的排爆型地面无人系统派克波特、魔爪和炸弹机器人等。目前,美国陆军拥有各类排爆型地面无人系统约 3 500 台,占其地面无人系统总数的 97% 以上。以派克波特为例,它由机动装置、探测装置和爆炸物处理装置组成,能够安全排除人难以接近的爆炸装置、军火、地雷以及其他危险物,其作战应用价值受到美军反恐一线士兵的充分肯定。再比如,美军装备的专门用于防化侦察的地面无人系统"曼尼",它能感测到 0.001 g 的化学毒剂,并能自动分析、探测毒剂的性质,准确地向指挥员提出防护建议和洗消措施,不仅减少了对人员的伤害,而且工作效率大幅度提高。可见,利用地面无人系统代替有人系统在化学污染、核辐射、强电磁干扰、高温/高压等恶劣条件下工作,能够有效提高部队在复杂的战场环境下的生存及作战能力。

5.作战支援保障

现代战争是体系与体系的对抗,体系整体作战效能的发挥依赖于各作战要素精细分工、作战单元密切协同。当前,地面作战正向全域化、多能化、持续化发展,迫切需要作战支援保障系统实施聚焦式保障。所谓聚焦式保障,即针对某一特定作战任务统一调集资源、统一计划行动,既为战斗人员提供先导的信息、火力及道路机动支援,同时又提供实时的抢供、抢修及抢救保障。自 20 世纪 60 年代以来,高机动运输车辆和有人驾驶直升机一直是外军前线支援补给的重要装备,但就聚焦式保障要求而言并非最佳装备。在"非接触"和"零伤亡"等作战理论的需求牵引和无人技术的推动下,地面无人系统以其平台载重能力强、紧跟作战进程、载荷模块化组合、按需即插即用的作战特点,开始在战斗支援、后勤保障等领域发挥重要作用。具有代表性的装备有美军的多功能通用/后勤装备。多功能通用/后勤装备是洛克希德·马丁公司为美国陆军研制的一款 2.5 t 级地面无人平台,具有超过美国陆军所有车辆的越野机动能力,通过搭载不同的模块化任务装备套件,多功能通用/后勤装备可以用来执行帮助士兵运输负重、扫雷、打击等多种作战任务。目前,多功能通用/后勤装备有运输、扫雷和突击三种变型,运输型具有近 1 t 的运输能力,扫雷型具有探测、标识、清除反坦克地雷的能力,突击型装备有机枪和反坦克导弹,可为步兵提供直接的重火力支援。可以预见,随着支援补给型地面无人系统的快速发展,士兵需要配备的装备将会更多、更先进,如背包、光电装置、无线电台、电池、防弹衣、给水系统、备用弹药和武器等,除必须由士兵本身携带的装备外,多数装备将会由支援保障系统携带。未来将会有更多的支援保障型地面无人系统投入使用,用于减轻战斗人员负担,提高战斗人员的机动性,确保其作战效能充分发挥。

六、无人车的发展趋势

(一)无人车的发展趋势

从功能上看,军用无人车将从后勤保障、战场支援向遂行作战发展。外军研制了形形色色的军用无人车,主要用于战场情报收集、巡逻与侦察、排雷排爆、军事运输等任务。随着科技的飞速发展、作战形态的改变,军用无人车将从单纯的后勤保障、战场支援功能向遂行作战功能发展。未来战场上,军用无人车通过搭载各种致命武器和非致命武器,配合官兵直接执行作战任务。

从智能程度上看,军用无人车将从遥控式、半自主式向完全自主式发展,单智能体向多智能体协同发展。目前大部分军用无人车都是遥控式、半自主式的,军用无人车平台多为单独工作,执行军事任务有限。随着深度学习和人工智能技术的不断突破,军用无人车将从遥控式、半自主式向完全自主式发展,单智能体向多智能体协同、多系统融合方向发展。无人船舶系统、无人机系统、无人地面系统和智能网络系统将会组成海陆空天网一体化作战系统。多平台多系统深度融合将使无人作战能力显著提升。

从发展形态上看,军用无人车将向大型化、小型化、隐身化方向发展。未来战场上,军用无人车的应用范围将越来越广。智能化、信息化、无人化的作战形态,一体化、全方位、立体式作战理念,多元、动态、复杂的作战环境对军用无人车辆的发展提出更高要求。在城市巷战或其他狭小区域执行战术级任务需要小型无人车,在广阔区域执行战役级任务需要大型无人车,在反恐维稳等非战争军事行动中需要隐身无人车。

(二)无人车未来研究重点

从军用无人车辆关键技术的研究进展来看,今后其研究重点将集中在:

(1)多传感器多模态传感器信息融合方法的研究,基于机器学习技术的障碍物、路面检测和分类方法的研究。

(2)各种定位子系统互补的高精度、长航时、大范围动态场景下的组合导航定位系统的研究。

(3)考虑欠驱动系统动力学模型、带约束的最优控制实时轨迹规划算法的研究,针对动态场景的快速动态重规划路径规划算法的研究。

(4)考虑精确车辆动力学的多约束非线性模型预测控制算法的研究,基于机器学习的路径跟踪智能控制方法的研究。

(5)面向用途和任务的高集成度、模块化的通用无人机动平台机电一体化设计技术的研究,以混合动力为主的电驱动技术、电传动技术,轻量化、高通过性、高机动性的底盘设计技术的研究。

(6)仿生技术的研究,目前在新型地面无人系统、微型无人系统的研制中愈加注重仿生技术的应用。

第三节　排爆机器人及其作战运用

一、排爆机器人概述

随着国际恐怖活动的日益猖獗,爆炸恐怖袭击破坏性大,影响力强,近年来成为恐怖分子常用手段之一。排爆机器人作为搜爆、排爆作业的专业装备,不仅可以在危险环境下对可疑的爆炸物品进行检查抓取搬运和销毁,而且可以避免排爆人员与爆炸装置近距离接触从而有效保护人员不受到伤害。现在,排爆机器人已经成为主要的排爆方法之一。世界各国对排爆机器人的研发与使用都非常重视,各国推出的新型排爆机器人数以百计。

(一)排爆机器人的概念

排爆机器人是指代替人到不能去或不适宜去的有爆炸危险等环境中,直接在事发现场进行侦察、排除和处理爆炸物及其他危险品,也可对一些持枪的恐怖分子实施有效攻击的机器人。

(二)排爆机器人的分类

一般从重量规格上,排爆机器人分为小型、中型和大型排爆机器人。小型排爆机器人适用于快速反应和对爆炸物早期的快速侦察、识别以及狭小空间的爆炸物处置,重量在 20 kg以下,由单兵背行;中型排爆机器人适用于对爆炸物的常规侦察、识别、较为复杂的拆除和摧毁,以及中小型爆炸物的转移运输等,重量在 20～100 kg 之间,由多人携行或车载;大型排爆机器人强调最大抓取、载运能力,以及对各类型爆炸物处置适用性的最大化,重量在100～500 kg 之间,由车载运输。一般情况下:重量不超过 500 kg 的排爆机器人多采用电池供电;重量超过 500 kg 的,多采用燃油动力模式,划归为无人车辆。

(三)排爆机器人军事需求分析

1.发展无人排爆装备是应对安全威胁的必然要求

目前,世界范围内冲突不断,国内恐怖形势仍然严峻,恐怖爆炸事件时有发生,其危险性、复杂性和紧迫性给排爆工作带来巨大困难。同时,国内各类化工生产企业、储存保管场所爆炸安全隐患多,化工爆炸事故频发,造成了重大人员和财产损失,也给爆炸处置工作带来了巨大困难。无人排爆装备作为一种特种作业机器人,能够代替人员进入危险场地处理爆炸物及危险品,可以有效减少人员伤亡,必将成为今后处置危险品、爆炸物的首选装备。

2.发展无人排爆装备是提高遂行多样化任务的迫切需要

武警部队在执勤、处突、反恐、抢险救援行动中常常面临爆炸威胁,尤其随着科学技术的不断发展,爆破器材和爆破技术的不断更新,恐怖活动更加隐蔽突发,爆炸技术手段层出不穷,爆炸装置形式花样百出,这就要求武警部队排爆装备必须与时俱进、更新换代,提高排爆装备的探测、识别、转移、销毁能力,确保维稳处突有能力、反恐制胜有手段。

3.发展无人排爆装备是排爆装备发展的自身需要

排爆装备现有探测装备、防护装备、排除装备三大类,品种多、型号杂、功能单一,已经无法适应现实的、复杂的安全威胁需求,集成化、无人化、智能化成为排爆装备发展的主流趋势。集成化就是要求把探测、识别、转移、排除功能集于一身,把机械、光学、电子、通信、弹药技术集于一身;无人化就是通过遥控、线控等方式由机器代替人员进入危险区域进行搬运、转移爆炸物及其他有毒、有害物品,减少人员伤亡和财产损失;智能化就是在无人化基础上机器可以自主控制、自主规划路径、自动排除爆炸物。智能无人排爆装备正是新时代人工智能科技催生的产物。

二、典型排爆机器人

排爆机器人的研制始于 20 世纪 60—70 年代,1972 年英国频遭爱尔兰共和军炸弹袭击,在此背景下,Morfax 公司研制出世界上第一台名为"手推车"的排爆机器人,从此,排爆机器人引起了世界各国的广泛关注。

(一)国外典型排爆机器人

随着国际上反恐形势的日趋严峻和反恐斗争的深入,特别是"9·11"恐怖袭击事件以来,在伊拉克、阿富汗、叙利亚战争和国际反恐战争需求的推动下,各国相继推出了一系列相关研究成果和产品。

在发达国家,排爆机器人的研究起步较早,发展迅速,技术日益成熟,并已进入实用阶段,英、美、德、法、加拿大等西方国家已广泛在军警部门装备使用排爆机器人。

1.英国"手推车"排爆机器人

由英国军用车辆研究所和皇家陆军军械部队研制、英国 Morfax 公司生产的"手推车"(Wheelbarrow)排爆机器人(见图 4-15)举世闻名,已向 50 多个国家的军警部门销售了 500 多台,目前发展到有多种型号,包括 MK7、MK8、SuperM(超级手推车)等。

其中,SuperM 排爆机器人是一种可在恶劣环境下工作的遥控车,该车的重量为 204 kg,长为 1.2 m,宽为 0.69 m,完全展开时最大高度为 1.32 m,摄像机可在距地面 65 mm 处工作,因此它可用来检查可疑车辆底部。它采用橡胶履带,最大速度为 2 km/h,有一整套的无线电控制系统及彩色电视摄像机、一支猎枪和两个爆炸物排除装置。

图 4 - 15　"手推车"排爆机器人

2.英国 Defender 排爆机器人

英国 P.W.Allen 公司生产的 Defender(见图 4 - 16)是一款大型排爆机器人,它的一些先进的功能满足正在发展的反恐需求,例如,处理核生化装置、分布式电子结构、扩展的光谱射频遥感测量装置,可通过线缆操作,也可通过无线遥控,采用全向天线,控制半径达到 2 km,车体采用模块化结构,主要部件使用强度高、重量轻的钛,大范围地配置并采用标准配件,结实耐用、维修简单、通用性好、可靠性高。

图 4 - 16　Defender 排爆机器人

3.英国"搜索者"排爆机器人

"搜索者"(Hunter)也是英国研制的轮履结合的排爆机器人。它有一个独特的辅助驱动系统,能迅速选用履带越过障碍物,也可用轮子在平整的道路上以较高的速度行驶。其伸缩的臂活动半径达 4 m,最大仰角为 87°,能举起 100 kg 的重物,其手爪可旋转 360°,手爪夹持力达 54 kg,数字式脉码调制无线电通信由微处理器控制,当出现无线电干扰时,将通信系统换接到预先编好程序的自动防止故障的状态,直到干扰停止、信号质量恢复为止。它可安装一个或两个臂,臂上装有半自动猎枪,可与激光目标指示器配合,在 45 m 远处命中直径为 2.5 cm 的小目标。

4.美国 Andros 系列排爆机器人

美国 Remotec 公司开发的 Andros 系列排爆机器人,其中 Andros F6A(见图 4 - 17)是一款功能强大的经典排爆机器人。其自身重量为 159 kg,最高速度达 5.6 km/h,无级调速,能爬 45°的斜坡或台阶,最大攀高和越沟达 46 cm,水平伸展距离为 122 cm,垂直伸展距离为 213 cm,完全伸展时能抓举 11 kg,伸展 46 cm 时能抓举 46 kg,其控制方式有无线电、有线电缆和光缆 3 种。

图 4 - 17　Andros F6A 排爆机器人

5.德国 TEODOR 排爆侦察机器人

德国 Telerob 公司 2002 年研制的 TEODOR 排爆侦察机器人(见图 4 - 18),长为 130 cm,宽为 68 cm,高为 110 cm,重量为 360 kg,速度达 3 km/h,最大抓举能力达 100 kg,夹持力为 60 kg。

图 4 - 18　TEODOR 排爆侦察机器人　　　　图 4 - 19　RMI - 9WT 排爆机器人

6.加拿大 RMI - 9WT 排爆机器人

加拿大 Pedsco 公司生产的 RMI - 9WT 排爆机器人(见图 4 - 19)是其生产的系列化排爆机器人中最大的一种型号,广泛应用于搜查、排爆、监控及放射性物质的排除等危险环境。

其主要特点有:六轮驱动配履带,攀爬能力强,移动灵活;4 个彩色摄像机,图像最大可放大 128 倍,另加配高灵敏度低照度红外摄像机;3 种可选抓取器——标准型、可旋转型、超大型;双水炮带闪烁激光瞄准器可连续打击目标,并且水炮枪控制器带自动延时功能,能有效保证操作人员安全;通过手控或智能遥控现场拍摄可疑物图像,并可选配各种延伸杆;它还配有一管装有激光瞄准器的 5 连发霰弹枪,曾在纽约有过击毙 4 名歹徒的成功范例。另外,该公司生产的 RMI - 10 则是一款中型排爆机器人,它为四轮驱动配履带。

(二)国内典型排爆机器人

我国无人排爆装备研制起步较晚,目前国内从事无人排爆装备研发、生产的单位超过50家,2016—2018年共有44个项目进行招投标,总金额达到近7 000万元,无人排爆装备需求量逐渐增加。

经过多年的发展和努力,现在的国产排爆机器人已由最初的仿制发展逐步转为自主研发创新,相关技术基本成熟。

1."灵蜥"系列排爆机器人

中国科学院沈阳自动化所先后研制了"灵蜥-A""灵蜥-B""灵蜥-H"等反恐排爆机器人。其中,"灵蜥-H"(见图4-20)是该研究所与广州卫富机器人公司研制的反恐排爆机器人,自重为200 kg,最大直线运动速度为2.40 km/h,可通过小于40°斜坡和楼梯,三段履带设计让机器人平衡地上下楼梯,可跨越400 mm高的障碍;装备有爆炸物销毁器、连发霰弹枪、催泪弹等武器;六自由度机械手最大伸展时抓重为5 kg,最大作业高度达2.2 m;还装备了自动收线装置、便捷操作盒、高效电池等;具有有缆操作(控制距离为100 m)和无缆操作(控制距离为300 m)两种控制方式,可根据需要进行切换。

图4-20 "灵蜥-H"排爆机器人

2.SPUER-Ⅲ中型排爆机器人

上海交通大学是我国最早从事机器人技术研发的高校之一,2002年以来开始排爆机器人的研制。Super-DⅡ型排爆机器人是863计划项目,由上海交通大学与北京中泰通公司联合研制,2004年6月在北京参加了第二届国际警用装备博览会。之后,研发的SPUER-Ⅲ中型排爆机器人(见图4-21),整机重量为250 kg,长为1.6 m,宽为0.84 m,高为1.3 m,行走速度为2.4 km/h;可跨越350 mm高的障碍物或沟壕,爬30°～40°斜坡或楼梯,同时可将整体机身抬高为350 mm;手臂伸展全长为1.75 m,由5+1自由度的三臂杆结构组成,全长手臂抓取重量约为15 kg;大中小臂自由度运动范围为0°～210°,腰转水平运动范围为±90°,手爪开合距离为240 mm,腕转为±360°;还配备了国内外最大威力爆炸物销毁器、水弹、穿孔弹等攻击弹种。

3.JW903 排爆机器人

北京金吾高科技有限公司研制了 JW901B、JW903 排爆机器人(见图 4-22),具有多功能腕臂、大爪手(可张开 50 cm)、多路视频传输系统可切换画面、排爆工作存储系统、挂接摧毁器和 X 射线机等部件。

图 4-21 Super-Ⅲ型排爆机器人   图 4-22 JW903 排爆机器人

三、排爆机器人的结构组成

排爆机器人因其需求特点,常常需要工作在低矮、狭小、复杂的空间,并以不同的位置姿态稳定准确地抓持爆炸物,这对排爆机器人的组成提出了很多特殊的要求。

排爆机器人整体结构可以分为机械手、上升机构及行走机构。

1.机械手

机械手是直接用于抓取和夹紧物体进行操作的机构。为了使机器人能够抓取和松开危险易爆物品,要求排爆机械手的运动灵活性较高,在 x、y、z 三个方向都能自由运动。

一般将机械手设计为三杆六自由度,类似于人的手臂,其基座上有一个大机械臂,大臂可绕轴在基座上转动,大臂上又伸出一个小机械臂,它相对大臂可以旋转。小臂顶有一个手腕,可绕小臂转动,进行俯仰和侧摆。手腕末端是夹持器,它可以实现各种灵活的抓放操作。

2.上升机构

由于爆炸物可能放置在 $0\sim1.8$ m 范围内的任意高度,所以要求排爆机器人能搬运不同高度的危险品,所以机器人的设计过程中,必须使用上升机构,用来使顶部的机械手达到各种不同高度并完成搬运工作。上升机构主要带动顶部机构手的上升与下降,协调底部行走机构与顶部机械手的准确工作。

3.行走机构

为了能使机器人行走到放置爆炸品的现场,它必须自行行走。行走的主要动作是前进后退,并能够通过遥控实现运动控制。前进后退是通过脉冲调速来控制电动机,使得机器人实现加/减速。

四、排爆机器人的技术难点

1.机械技术

机器人最主要的是机械技术。一是行驶部分,特别是驱动轮和履带,必须设置前后摆臂,可以变形支撑,自由调节底盘高度,提高越障能力和行驶的稳定性。国外产品在越墙、上下楼梯时稳定性非常好,就是行驶部分设计得好,国内产品出现翻车等主要差距就在于此。同时,要自主开发功率大、功耗低的驱动电动机,优化履带的设计,提高摩擦力和可靠性,彻底解决履带脱落和断裂问题。目标是能够通过 45°斜坡和复杂的砂石路面,越过 30 cm 高的矮墙,上下 30°的楼梯。二是机械臂设计,从单臂向双臂发展,从 3 个自由度向 6～7 个自由度发展,提高精细操作、灵活操作的能力,真正可以模拟人的手臂进行抓、举、取、剪、切、锯、钳各种操作。

2.操作技术

一是通过加装北斗模块,改进软件设计,提高机器人自身的解算功能,从现有线控、遥控向着一键操作、自主探测发展,实现自主构建地图、自动规划路径、自主避障;二是提高人机交互设计,通过人体智能穿戴设备可以对排爆机器人进行同步操作,真正提高智能化水平。

3.图传技术

提高抗干扰能力和视频传输能力,适应复杂电磁环境的工作能力。一是在传输频段选择上,进一步向着军用方向发展,避免民用、通用信号的干扰;二是采用不同的加密措施,能够实现多台机器人同时作业,提高排爆效率;三是提高图传距离,空旷地域传输距离不小于 150 m,遮蔽情况下不能小于 100 m。

4.动力技术

一方面,发展电池技术,由锂电池、镍镉电池向石墨烯电池发展,提高电池能量密度和低温适应性,工作续航时间从现有 2 h 提高到 3～5 h,低温环境从 -20 ℃ 提高到 -40 ℃。另一方面,寻求其他动力技术,实现能量的补充,例如自发电技术、太阳能电池,作为野战条件下的备用动力。

5.毁伤技术

一是改进弹药性能,提高作用可靠性、安全性和储存性能,采用更先进的点火方式,更科学的发射药配方,将现有发射弹药 3 年储存期提高到 5 年以上;二是进一步提高爆炸物销毁器的毁伤威力,根据配用不同发射物(橡胶弹、玻璃弹、铲型弹)销毁各类简易炸弹、水管炸弹等;三是随着科技发展,探索除了水射流销毁以外的销毁技术,预研利用激光销毁爆炸物的可能性。

6.感知技术

通过增加和集成声音、位置、距离、受力传感器,提高排爆机器人位置、距离、夹持力、声音等感知能力,实现定位追踪、黑匣记录等多种功能,进一步提升智能化水平。

五、排爆机器人的典型作战运用

地面排爆机器人主要用于代替人工,在反恐、处突等任务中检测、转移与销毁爆炸物及其他危险品。由于排爆任务的特殊性,排爆机器人在设计上有别于其他领域的机器人,排爆机器人应主要突出排除爆炸装置有关的使用性能和机械性能。具体说主要是:使用操作简便、行走控制可靠、携带器材多样、排爆能力齐全、信息传输准确、配套设备完整、与其他排爆装备器材配套使用的一体化性能好。在具体能力上,从目前国内外的排爆机器人所具备的排爆能力来看,主要体现在转移能力、检测能力和销毁能力。

1.爆炸物转移

这主要表现在抓、举、移 3 个方面。抓,要求机器人抓得准、抓得牢、抓得快;举,不仅要求要将爆炸物举得高,还要举得稳,不能出现翻倒现象;移,能在无负重情况下,快速行走和克服各种障碍物。在抓取爆炸装置时,也能够顺利行走和克服一定的路障,是目前排爆任务对机器人的基本要求。一般要求在抓取 15~30 kg 的情况下,能够行走 50~100 m,才能满足排爆转移能力要求。

2.爆炸物检测

这主要表现在需要具备视觉检查、听觉检查或是通过有线或无线进行传输。不管是哪一种方式,都必须能够传输到后方排爆人员的监视器中,才能达到目的。

3.爆炸物摧毁

这主要表现在对可疑爆炸装置进行各种技术处置。其中对爆炸装置摧毁是重要手段,最常用的是水枪摧毁,要求机器必须能够携带各种常见型号的水枪,利用机器人的操作系统进行控制和发射。除此以外,就是针对不同外壳的爆炸装置或附属有坚固保护设施的爆炸装置的破拆能力。这就要求排爆机器人必须在机器手臂上兼有刀、锯、锤等功能,才能解决这一问题。

六、排爆机器人的发展趋势

排爆装备是安检排爆工作重要的工具,是发现和排除安全隐患,防止事故发生最重要的依赖。随着社会和科学技术的快速发展,新型恐怖爆炸装置和高科技危险品不断出现,给当前的搜救、排爆工作造成了一定的障碍和阻力。无人排爆机器人作为无人排爆装备及特种机器人的重要应用方向,其重要意义已经被各国政府和公众普遍认同。目前,无人化排爆装备的发展趋势和研发方向将围绕着提升智能化和无人化的方向进行。其主要的发展前景如下。

1.复杂场景的自适应技术

在战争或者应急救援情况下,除了要排除炸弹等危害外,有时会面临核辐射、疫情、生化等多种复杂环境,外围环境对人体有极大的危害,并有可能跟随人的移动具备扩散性和蔓延性。配备无人化排爆装备的多用途工程保障机器人在敌火交战区及局部战争中能够发挥出色功能,其最根本、最显著的特点是无人化设计,配备排爆装备可执行各种危险任务,并能够开展敌火威胁下、重灾区域和核及其他污染区的搜救、排爆、清除、侦察等多功能使用。

2.智能探测设备的定向设计

结合无人化排爆装备总体设计与作战使用研究,选用现有的生命探测仪、气体检测仪、透视检测仪、辐射探测仪等进行结构改造设计,使之符合使用要求,便于快速更换,并具备标准的电气接口。

智能快速采样终端设计与研究。针对气体、液体、固体等可能被辐射、生化、疫情污染的环境样本进行收集,主要研究泵吸式气体收集装置与密封特性、泵吸式液体采样装置与密封特性、地表固体综合采样装置及其密封特性。对人、机、环境、被操作对象、外来干扰因素进行统筹考虑,通过设计与操作相结合,最大限度发挥无人作战平台的作用。

3.采用人工智能和大数据分析系统

由于排爆工作一般在非结构化的未知环境中进行,所以,无人化排爆机器装备需要具备局部自主环境建模、自主检障和避障、局部自主导航移动等能力的无人化排爆装备。它能够自主地完成操作人员规划好的任务,而复杂环境分析、任务规划、全局路径选择等工作则由操作人员完成,通过操作人员与无人化排爆装备的协同来完成所指定的任务。配备无人化排爆装备的多用途工程保障机器人通过自主遥控、环境建模、自主导航、一键返回等实现作业人员和作业工具的分离,对作业人员起到了很好的保护作用。同时它还应该具有能够实现快装快拆快换的智能工具,能够在短的部署时间内实现功能切换,面对复杂多变的战场环境,提高作战使用效率。

无人化排爆装备的研究内容广泛,包括移动机构、精确定位技术、智能控制技术、多传感器信息融合技术、导航和定位技术等方面,它既借鉴移动机器人的理论和方法,又拓宽新的研究领域,如军事应用、宇宙探索、处理化学危险品泄漏等。

4.快换功能的结构

快换功能的基础是具备标准的机械接口、电气(含通信、控制、视频传输、供电)接口和液压接口等,而这些标准式接口的载体是结构。发展基于机械结构的标准化接口一体化设计是本项的重点,同时研究快换接口的空间集约化设计、在复杂环境下(如风沙、雨雪)的更换与部署的局限性及其突破性设计、综合寿命设计等。

无人化排爆装备作为一个安防和反恐类产品,要想真正实现产业化,必须实施软/硬件分离,并且将其软、硬件模块化、标准化,每一块都可以作为一个产品,就像汽车的零部件。标准化包括硬件的标准化和软件的标准化、硬件的标准化包括接口的标准化和功能模块的标准化,软件的标准化首先是一个通用管理平台,其次是通信协议的标准化和各种驱动软件模块的标准化。

5.进一步完善人机交互和通信系统

通信系统是无人化排爆装备控制系统的关键模块之一,国外在移动无人化排爆装备网络控制的研究取得了一定进展,出现了网上远程控制的实例,用户可以通过互联网用浏览器控制一台无人化排爆装备在迷宫中运行,可使操作人员远离具有危险性的无人化排爆装备作业环境,避免造成人身伤害。

第四节 地面仿生机器人及其作战运用

一、地面仿生机器人概述

(一)仿生机器人概述

当今世界上存在的千万种生物,都是经过亿万年的适应、进化、发展而来的,这使得生物体的某些部位巧夺天工,生物特性趋于完美,具有了最合理、最优化的结构特点,灵活的运动特性以及良好的适应性和生存能力。自古以来,丰富多彩的自然界不断激发人类的探索欲望,一直是人类产生各种技术思想和发明创造灵感不可替代、取之不竭的知识宝库和学习源泉。道法自然,向自然界学习,采用仿生学原理,设计、研制新型的机器、设备、材料和完整的仿生系统,是近年来快速发展的研究领域之一。

仿生学是研究生物系统的结构、性状、原理、行为以及相互作用,从而为工程技术提供新的设计思想、工作原理和系统构成的技术学科,是一门生命科学、物质科学、数学与力学、信息科学、工程技术以及系统科学等学科的交叉学科。

仿生机器人是仿生学与机器人领域应用需求的结合产物,是指模仿生物、能根据生物的外部形状、运动原理和行为方式等进行模仿,并能从事生物特点工作的机器人。从机器人的角度来看,仿生机器人则是机器人发展的高级阶段。生物特性为机器人的设计提供了许多有益的参考,使得机器人可以从生物体上学习如自适应性、鲁棒性、运动多样性和灵活性等一系列良好的性能。仿生机器人按照其工作环境可分为陆面仿生机器人、空中仿生机器人和水下仿生机器人3种。

仿生机器人同时具有生物和机器人的特点,已经逐渐在反恐防暴、探索太空、抢险救灾等不适合由人来承担任务的环境中凸显出良好的应用前景。

(二)军用地面仿生机器人

近年来,仿生机器人技术越来越受到世界各国的重视。军用地面仿生机器人作为一类新的地面无人装备,不仅丰富了现有地面无人装备类型,推动了仿生机器人技术的全面发展,同时也将极大地扩展地面无人系统的作战任务范围。通过在军用机器人设计中应用仿生技术,可以赋予机器人独特的作战能力。目前,军用地面仿生机器人大致可分为3种,包括:具有出色机动、运输能力的四足机器人;拥有人类行为能力,并可以替代士兵执行部分主要作战任务的人形机器人;具有跳跃和垂直攀爬功能的微型机器人。

美国作为地面无人装备发展最快的国家,其军用地面仿生机器人已成为陆军作战力量建设必需的新型装备,是当前美军新型装备技术发展最活跃的领域之一。

(三)地面仿生机器人的分类

在自然界中,地面生物的运动方式多种多样:有无足移动方式,如蛇类;有双足运动方式,如人类;有多足爬行方式,如狗、壁虎等;有跳跃方式,如袋鼠、青蛙、蝗虫等。研究人员从这些生物的组织结构、运行方式等方面得到启发,进行了陆面仿生机器人的研究。地面仿生机器人主要有仿生蛇机器人、仿人机器人、仿生多足机器人和仿生跳跃机器人等。

1.仿蛇机器人

无肢运动是一种不同于传统的轮式或有足行走的独特的运动方式。目前所实现的无肢运动主要是仿蛇机器人,具有结构合理、控制灵活、性能可靠、可扩展性强等优点。

仿蛇机器人是一种高冗余度移动机器人,具有确定机器人空间位置和姿态所需的自由度,使得它能够模仿生物蛇的运动状态。

由于细长的形体结构以及独特的运动方式,仿蛇机器人能够跨越窄沟和进入孔洞,具有很强的环境适应性和地面运动稳定性,能在人类难以到达的未知环境中工作,所以可被广泛应用到军事侦察、救灾抢险、生命搜寻等多个领域。在军事方面,它可以是未来战场上重要的侦察、监视和攻击武器,可以适应城市、丛林、沙漠、山地、水下等多种作战环境,用于目标搜索、通信中继、化学监测、核监测、建筑物内部侦察等任务。在抢险救援方面,它可以进入废墟中,在狭小和危险条件下进行人员搜索和救助。

经过多年的发展,仿蛇机器人从只能二维平面运动发展到三维空间运动,从简单的运动模拟发展到图像识别、路径判断等多功能系统性研究,从试验样机研制逐步发展为向实际应用产品方向迈进。但是,当前仿蛇机器人仍面临着移动速度较慢,在复杂环境下自动作业能力较弱等问题,导致仿蛇机器人仍处于试验阶段,实际应用较少。因此,提高仿蛇机器人的自主控制能力、避障越障能力、复杂环境的适应能力,将是该研究领域的一个发展趋势。

2.仿人机器人

仿人机器人是指一定程度具有人的特征,并具有一定程度移动、感知、操作、学习、联想记忆、情感交流等功能的仿人机器人,是目前仿生机器人技术研究中具有挑战性的难题之一。

仿人机器人是一个融合机械电子、计算机科学、人工智能、传感及驱动技术等多门学科的高难度研究方向,是各类新型控制理论和工程技术的研究平台。

仿人机器人经过了几十年的发展,从最初双足步行机器人的单元功能实现,仅模仿人进行简单行走,发展到能初步感知外界环境的低智能化,再到现在集成视觉、触觉等多项技术并能根据外界环境变化作出自身调整,完成多项复杂任务的拟人化、高智能化系统。

目前,仿人机器人研究已在诸如关键机械单元、整体运动、动态视觉等多方面取得了突破,但是与人运动的灵巧性和控制的自主性相比还相差很远。仿人机器人的最终发展目标不仅是外形及运动方式模仿人,而且思维方式和行为方式也接近人,能够通过与环境的交互不断获取新的知识,能自主完成各种任务,还能自己适应结构化或非结构化的动态环境。

3.仿生多足机器人

仿生多足机器人的灵感来源于自然界的爬行生物。研究人员从狗、壁虎、螃蟹、蟑螂等爬行生物上获得灵感,进行结构模仿设计。因其具有良好的地形适应能力,数十年来一直是一个非常活跃的研究领域。经过数十年的探索,仿生多足移动机器人的机构与控制均得到较大发展,从单一模仿生物移动发展到具有智能控制和良好的环境感知能力,更接近生物原型的移动机器人。

在军事应用方面,仿生多足机器人的侧重方向主要有两种:一种是侧重于负重和中距离以上的移动,多为模仿犬类、牛马类的仿生机器人,用于多种物资的运输;另一种是侧重于战斗,多为模仿猫类、蜘蛛类的敏捷型机器人,用于侦察、执勤、辅助作战等任务。

当前,仿生多足机器人已经能够在非结构化环境下实现稳定行走,但还远未达到多足生物那样的步行机动性和灵活性,存在步行速度低,效率低等问题。进一步深入研究仿生多足机器人的结构、驱动方式以及控制算法,提高机器人的速度和灵活性,同时融合信息感知与智能控制技术,提高机器人的自主性,将是今后的研究重点之一。

4.仿生跳跃机器人

仿生跳跃机器人因其高效的弹跳越障性在星际探测、军事侦察及生命救援等领域具有广阔的应用前景和重要的战略意义。

在仿生跳跃机器人的研究中,模仿如青蛙、袋鼠、跳蚤、蝗虫等具有跳跃能力生物的形体结构和运动机理,设计与生物相似的跳跃机器人成为新的研究方向,并不断得到发展和丰富。

仿生跳跃机器人的研究开始于1984年美国进行的仿生弹跳机构及仿生跳跃机器人的探索。经过数十年的发展,仿生跳跃机器人研究由最初对生物的运动模仿阶段,发展到加入新型材料、新型驱动提高跳跃性能的材料与结构仿生阶段,现已逐步向着材料与结构一体化、小型化、微型化方向发展,如图4-23所示。

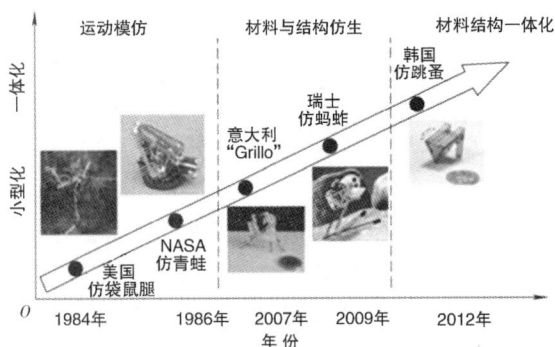

图4-23 仿生跳跃机器人发展历程

随着新型仿生材料的应用以及单元仿生机构、多足协调仿生运动和弹跳仿生储能机构等关键技术的突破,仿生跳跃机器人基本实现了跳跃性能且具有一定的环境适应性,并向着轻量化、微小型化的方向发展。但现有的仿生跳跃机器人能量利用率较低,且大多面临起跳姿态不可控,起跳后空中姿态不稳,从而导致落地冲击以及倾覆翻转等问题。目前大多研究还处于试验探索阶段,离实际应用还较远。利用新型材料、新型驱动,改进结构,提高能量利用率,研制材料与结构一体化的空中姿态稳定的仿生跳跃机器人将是该领域的一大发展趋势。

二、典型地面仿生机器人

(一)仿蛇机器人

1.日本 ACM 系列仿蛇机器人

1972 年,东京科技大学研制出世界上第一个仿蛇机器人(Active Cord Mechanism - ACMⅢ)。该机器人总长为 2 m,具有 20 个关节,依靠伺服机构来驱动关节左右摆动,其最大速度为 40 cm/s,由于蛇身各模块的轴线互相平行(平行连接),所以该机器人只能在平面上运动。

继第一台仿蛇机器人之后,其研发者 Hirose 教授及其研究室又先后研制出了一系列仿蛇机器人。如图 4 - 24 所示,ACM - R3 仿蛇机器人的各个模块一横一竖连接(正交连接),可以实现三维运动。同时每一节模块上装有巨大的轮子,可以在碰到障碍物的时候自行滚动而无须电动机驱动。在控制方面,每一节模块拥有独立电路,可以任意地组合和替换。

ACM - R5 具有和 ACM - R3 相同的关节结构,在机构上做出了进一步改进,在关节处外包了波纹管,使

图 4 - 24　ACM - R3 仿蛇机器人

关节活动更加灵活,并在每一节模块周围安装了 6 片小轮子鳞片,可以更好地减小摩擦,如图 4 - 25 所示。同时做了全面的防水,使其成为一个两栖仿蛇机器人,不仅能在陆地爬行,还能在水中游动,如图 4 - 26 所示。

图 4 - 25　ACM - R5 两栖机器人

图 4 - 26　ACM - R5 在水中

2.日本"Slim Slime Robot"机器人

ACM - R5 能够进行陆地侧向翻滚、侧向蜿蜒动作以及水下运动,但是该机器人无法在狭小空间诸如管道内运动,为此,该实验室研制了一种蠕动式行进的仿蛇机器人"Slim Slime Robot"(见图 4 - 27),由 6 个可伸缩的模块构成,依靠气动引起模块的伸缩进行行走,最高行进速度为 60 mm/s,拓展了仿蛇机器人的工作空间。

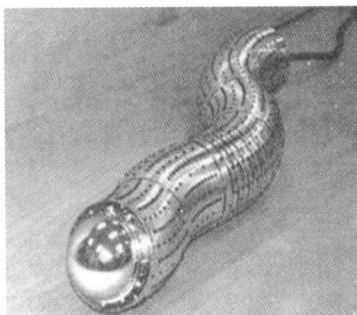

图 4-27 "Slim Slime Robot"仿蛇机器人

3.美国仿蛇机器人

美国密歇根大学 2005 年成功开发了一款采用履带驱动的仿蛇机器人"Omni Tread"（见图 4-28），具有很强的运动能力并能够跨越楼梯，提高了仿蛇机器人的越障能力。

卡耐基梅隆大学（CMU）研制的一种模块化仿蛇机器人（见图 4-29），由 16 个模块组成，能够在空间内实现蜿蜒运动，快速地翻滚，游水以及快速沿着杆以翻滚的姿态进行内攀爬和外攀爬。这在进行攀爬式仿蛇机器人方面的研究是一个重大的突破。

图 4-28 "Omni Tread"仿蛇机器人

图 4-29 卡耐基梅隆大学仿蛇机器人

4.国内仿蛇机器人

国内的仿生蛇研究起步较晚，1999 年，上海交通大学颜国正教授研制了我国第一台微小型仿蛇机器人样机。该样机由一系列刚性连杆连接而成，可以在水平面内做一些简单的动作。

2001 年，国防科技大学研制了他们的仿生机器蛇样机（见图 4-30），机器人由 17 节组成，长为 1.2 m，直径为 6 cm，重为 1.8 kg，最大速度为 20 m/min。该机器人能扭动身躯，在地上或草丛中蜿蜒爬行，可前进、后退、拐弯和加速，最大前进速度可达 20 m/min，披上特制的"蛇皮"后还能像蛇一样在水中游泳。机器蛇头部安装有视频监视器，可以将机器蛇运动前方景象实时传输到后方的计算机中，科研人员则可根据实时传输的图像观察运动前方的情景，不断向机器蛇发出各种遥控指令。

中国科学院沈阳自动化所是国内仿蛇机器人研究比较多而且成果显著的单位之一，其研制的新型仿蛇机器人（见图 4-31），能够实现蜿蜒运动、伸缩运动、侧向运动、翻滚运动，同时实现了水陆双栖功能。另外,通过利用神经元控制方法增强了机器人的自主避障能力。

图 4 - 30　国防科技大学仿蛇机器人

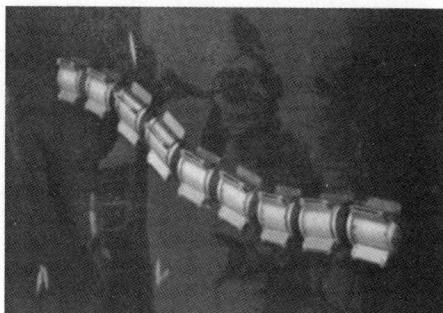

图 4 - 31　中国科学院沈阳自动化所仿蛇机器人

此外,北京航空航天大学、哈尔滨工业大学、燕山大学等也进行了仿蛇机器人的探索研究工作。

(二)仿人机器人

1.日本 Wap3 双足步行机器人

仿人机器人的研制开始于 20 世纪 60 年代末的双足步行机器人。日本早稻田大学首先展开了该方面的研究工作,其研制的 WAP、WL 以及 WABOT 系列机器人能实现基本行走功能。例如,日本的 I.Kato 在 1971 年试制的 Wap3 是世界上第一台两足步行机器人,最大步幅为 15 mm,周期为 45 s,虽然速度奇慢无比,但其最早实现了双足行走的控制。

2.日本"ASMIO"系列仿人机器人

进入 21 世纪,随着传感以及智能控制技术的发展,仿人机器人具有一定的感知系统,能获取外界环境的简单信息,可做出简单的判断并相应调整自己的动作,使得运动更加连续流畅。如本田公司于 2000 年研发的仿人机器人"ASMIO2000"不仅具有人的外观,还可以事先预测下一个动作并提前改变重心,因此转弯时的步行动作连续流畅,行走自如,是第一个具有世界影响力的仿人机器人。

随着控制理论的发展与控制技术的进步,仿人机器人智能性更强,能实现动作更复杂,运行更稳定,且能根据环境的改变和它自身的判断结果自动确定与之相适应的动作。

图 4 - 32　"ASIMO 2011"机器人

2011 年,本田发布的"ASIMO 2011"机器人(见图 4 - 32),综合了视觉和触觉的物体识别技术,可进行细致作业,如拿起瓶子拧开瓶盖,将瓶中液体注入柔软纸杯等,还能依据人类的声音、手势等指令,做出相应动作。此外,它还具备了基本的记忆与辨识能力。

3.美国"阿特拉斯"仿人机器人

2013年7月,"阿特拉斯"(ATLAS)仿人机器人(见图4-33)首次向公众展示,除了具有人形外观,该机器人还具备了人类简单的识别、判断以及决策功能,是一款具有较高智能化的类人机器人,是当前仿人机器人的一个代表。

"阿特拉斯"由头、躯干、四肢组成,重为150 kg,高为1.88 m,躯干厚为0.56 m,肩宽为0.76 m,由功率为15 kW的480 V三相电源提供动力;全身装有液压驱动关节、实时控制计算机、液压泵和热管理系统,具有防摔保护功能;头部传感器组件采用感觉算法,包括激光雷达、立体传感器和专用传感器电子设备;手腕可以安装模块化的第三方机械手;可接入传输率为10 GB/s的光纤以太网。

"阿特拉斯"在传送带上大步前进时,能躲开传送带上突然出现的木板;从高处跳下时能稳稳落地;能两腿分开从陷阱两边走过;能单腿站立,被从侧面袭来的球撞击后不会摔倒;也能在楼梯上跑步。

图4-33 "阿特拉斯"仿人机器人

4.美国"Petman"仿人机器人

该公司开发的另一款用于美军检验防护服性能的军用机器人"Petman"(见图4-34),除了具有较高灵活度外,还能调控自身的体温、湿度和排汗量来模拟人类生理学中的自我保护功能,已经一定程度上具有了人类的生理特性。

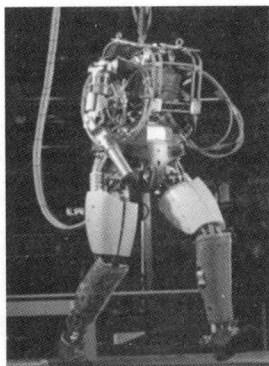

图4-34 "Petman"仿人机器人

5.国内仿人机器人

国内仿人机器人研究起步较晚,2000年国防科技大学研制的"先行者"(见图4-35)是我国第一台仿人机器人。其后,北京理工大学于2002年研制的仿人机器人"BHR"(见图4-36),突破了系统集成技术,实现了无外接电缆的行走,可在未知地面上稳定行走且能实现太极拳表演等复杂动作。

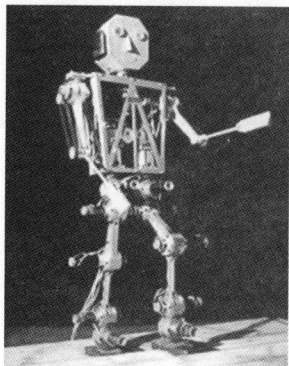

图4-35 "先行者"仿人机器人   图4-36 "BHR"仿人机器人

哈尔滨工业大学研制开发的"HIT"系列双足步行机器人实现了静步态和动步态步行,能够完成前/后行、侧行、转弯、上下台阶及上斜坡等动作。清华大学研制开发的仿人机器人"THBIP"(见图4-37)采用独特传动结构,成功实现无缆连续稳定地平地行走、连续上下台阶行走以及端水、太极拳和点头等动作。

北京理工大学2011年研制成功的"汇童5"仿人机器人(见图4-38),代表了我国现阶段仿人机器人的最高水平,具有视觉、语音对话、力觉、平衡觉等功能,突破了基于高速视觉的灵巧动作控制、全身协调自主反应等关键技术,成为具有"高超"运动能力的机器人健将。此外,浙江大学也进行了仿人机器人的研制,通过轨迹预判的方法提高了机器人对复杂情况的处理能力,实现了机器人打乒乓球的运动。

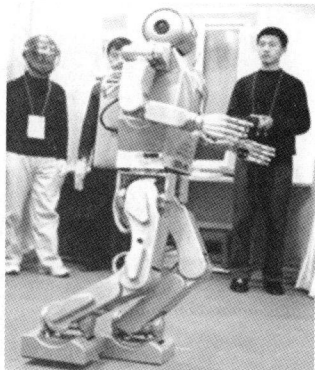

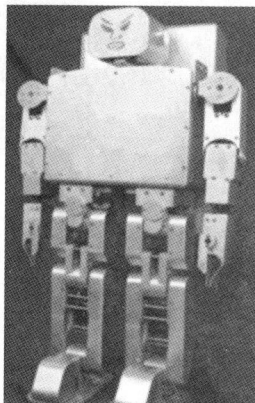

图4-37 "THBIP"仿人机器人   图4-38 "汇童5"仿人机器人

(三)多足仿生机器人

1.美国"Mosher"四足机器人

20世纪60年代中期,通用电器公司研制了四足式步行机器人"Mosher"(见图4-39),采用了由人控制的方法模拟四足生物行走,是仿生多足移动机器人技术发展史上的一个里程碑。

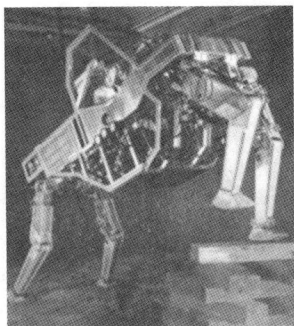

图4-39 "Mosher"四足机器人

2.美国"大狗"系列机器人

此后,随着计算机技术的进步,能自主控制移动的机器人相继出现。其中最具代表性的是美国的"大狗"系列机器人。该系列主要包括"大狗"机器人(见图4-40)和"阿尔法狗"机器人。

"大狗"机器人是一种采用四足行走模式的仿生机器人,最初也被称为"机器骡"。"大狗"机器人具有环境感知和良好的适应能力和平衡性,即使侧面被物体冲击,也能很快地通过调整步态恢复平衡状态,可以爬山坡、过雪地、走石子路,上下楼梯,在光滑的冰上行走,甚至能跳跃跨过单杠。

图4-40 "大狗"机器人

"大狗"机器人可在交通不便的地区为士兵运送弹药、食物和其他物品,能够在战场上发挥重要作用。其原理是由汽油机驱动的液压系统带动有关节的四肢运动,陀螺仪和其他传感器帮助机载计算机规划每一步的运动,机器人依靠感觉来保持身体平衡,如果有一条腿比预期更早地碰到地面,计算机就会认为它可能踩到了岩石或是山坡,然后"大狗"机器人就会相应地调节自己的步伐,遭到横加猛踹之后,也只是打个趔趄,但仍可继续前行。"大狗"机器人重约为 109 kg,高为 1 m,长为 1.1 m,宽为 0.3 m,全身安装有 50 个传感器,能通过控制四条腿实现站立、下蹲、爬行、小跑以及快速跳跃前进,在平坦地形条件下能携带 154 kg物资,爬行速度为 0.7 km/h,小跑速度为 5.6 km/h,快步跑速度为 7 km/h,试验测试中跳跃前进的最大速度可达 11 km/h。"大狗"机器人由一名操作人员使用控制单元向它发送无线电指令实施控制。控制单元包括广播天线、无线电接收装置、方向盘控制器和头盔显示装置。目前,"大狗"机器人正在进行试验以增加一些新功能,具体包括:增加"听觉"传感器使其能够接收并执行班组成员发出的语音指令;将其作为远程辅助电源为士兵装备充电;具有像军犬一样的快速反应能力;达到多功能通用的运输能力;视觉传感器也将进行改进。

继"大狗"机器人之后,波士顿动力公司于 2012 年 1 月推出了改进型"阿尔法狗"机器人,并进行了首次户外测试。与"大狗"机器人相比,"阿尔法狗"机器人更加灵巧坚固,无须专门操作人员,依靠视觉传感器就能实现自主跟随行进,也能利用地形传感器和 GPS 行进至指定地点。目前"阿尔法狗"机器人仍在改进中,最终目标是可携带 182 kg 物资,24 h 内不充电的状态下可行进 32 km。

3.美国"猎豹"机器人

波士顿动力公司 2013 年最新研制的"猎豹"机器人(见图 4 - 41)能够冲刺,急转弯,并能突然急刹停止,与生物原型运动较接近。它的奔跑速度最高可达到 46 km/h,是目前运动速度最快的仿生多足移动机器人。

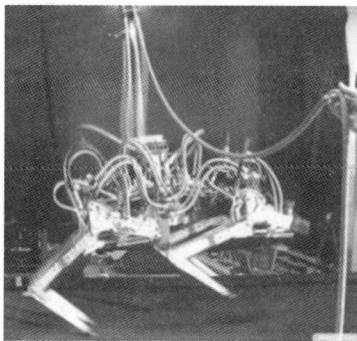

图 4 - 41　"猎豹"机器人

"猎豹"机器人是一种注重机动性的四足机器人,也是目前世界上速度最快的足形机器人,拥有关节式脊椎骨、铰接式头/颈结构、四条腿和一条尾巴,能迅速加速、减速以及停止运动,还能在奔跑中急转弯,做 Z 字形运动,以追捕和逃避追捕。它采用的铰接式背部结构,使其能像动物一样每迈一步就做一次收缩与伸张运动,有效增大了它的步幅和奔跑速度。目前,"猎豹"机器人动力由外置液压泵提供,其最快速度记录是在实验室跑步机上测得的46 km/h。

"野猫"机器人是"猎豹"机器人的改进型。该机器人能够完成急跑、跃进和转弯动作,最快速度达到约 26 km/h。演示中,该机器人奔跑方式是四足腾空,同时身体也以一定角度进行前后摆动,使其跑动步幅得到增加。它采用四足着地式休息方式,不会增加其他部件的磨损。与"猎豹"机器人相比,"野猫"机器人动力装置防弹能力得到增强,扩展了它的作战范围。与"大狗"机器人着重强调转矩和稳定性相比,"野猫"机器人更关注速度,同时还表现出良好的转弯能力。另据波士顿动力公司公布的视频显示,"野猫"机器人具有摔倒后快速恢复的能力。未来发展目标是进一步降低发动机噪声,且在各种地形条件下运动速度达到 80 km/h。

4.仿昆虫机器人

美国凯斯西储大学和美国海军研究院合作设计了一种具有全地形适应性的仿蟑螂两栖机器人,称作"Whegs Ⅳ"(见图 4-42),是仿生昆虫机器人中的一个代表。采用简化的柔性机构设计的三辐轮腿机构实现蟑螂腿的功能,能够灵活地跑动、转弯、避障、越障等,具有良好的地形适应性和稳定性。

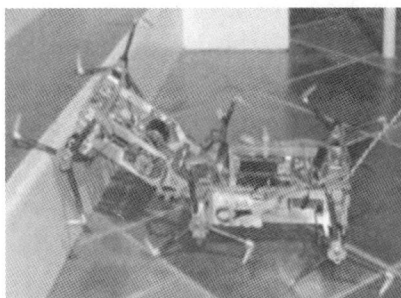

图 4-42 "Whegs Ⅳ"翻越障碍

5.仿生爬壁机器人

2010 年美国斯坦福大学教授 MARK 研制出"StickyBot Ⅲ"仿壁虎机器人(见图 4-43),它具有 4 只黏性脚足,每个脚足有 4 个脚趾,趾底长着数百万个极其微小的用于黏附的人造毛发。每个脚趾都有脚筋,脚筋可以实现脚趾的外翻与展平,每个脚足上的 4 个脚筋可以联动,从而轻松实现脚足与附着面的最大接触以及脚足黏附材料与附着面的吸附与脱附。壁虎的腿是个四杆机构,依靠一个电动机实现腿的前后移动,并借助另外一个电动机实现四杆机构平面的转动从而实现抬腿动作。"StickyBot Ⅲ"仿壁虎机器人从吸附原理、运动形式、外形上都比较接近真实的壁虎。

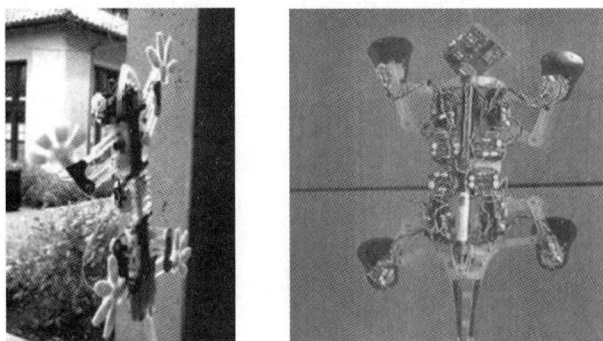

图 4-43 "StickyBot Ⅲ"仿壁虎机器人

瑞士科学家 2007 年以蝾螈为模仿对象研发出一款"Salamander"仿蝾螈两栖机器人(见图 4-44),由 9 节黄色塑料组成,类似蝾螈的脊髓,躯体上加上 4 条腿,可以在水中游弋,也能像爬行动物一样行走。此外,它还模仿动物的脊髓神经元,在机器人上安置了人工神经元,通过改变施加在机器人"脊髓"上的电流刺激实现机器人移动的目的。

图 4-44 "Salamander"仿蝾螈两栖机器人

6.国内多足仿生机器人

中国科技大学设计的仿生蜘蛛机器人系统,如图 4-45 所示,可以仿真蜘蛛的行走方式在平地上作前进、后退、转弯等动作,但由于采用螺旋传动的驱动方式,所以运动速度相对缓慢。该机器人分别由 8 个独立的脚落地进行支撑,在每个脚与地接触点加上脚套以增加脚与地面接触时的摩擦力防止打滑。大部分的材料选用硬铝合金以使机器人的总重量尽量减轻,关键的螺旋转动处使用黄铜以减小摩擦因数,提高耐磨性。

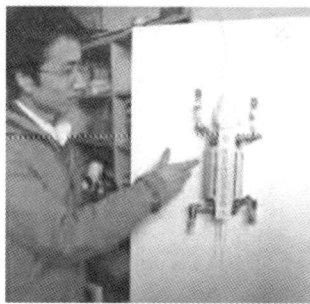

图 4-45 仿生蜘蛛   图 4-46 南京航空航天大学仿壁虎机器人

2011 年,南京航空航天大学戴镇东团队研发出仿生"大壁虎",如图 4-46 所示。该机器人通体由白色铝合金组成,长 150 mm(不连尾巴),宽 50 mm 左右,在不包含电池的状况下的重量只有 250 g,长尾巴同样为铝合金材质,采用可充电的锂电池来提供电源,通过芯片来进行控制,目前可在垂直 90°的平面上实现爬行。未来可代替人类执行反恐侦察、地震搜救等"高难度"的任务。

上海交通大学高峰教授团队研制出仿小象机器人,如图4-47所示。"小象"能走会跳,还能背超过 70 kg 的重物,每小时能跑 4 km,能爬 10°的斜坡,腿部可做 12 种自由变化,自带动力源,不用连接外部动力通信电缆。"小象"身上装有力觉测量与实时感知信息反馈系统,以实现"小象"的动态平衡与稳定控制,"智能小象"采用人机交互远程操作方式,完成复杂危险环境下的搬运、搜索、探测和救援作业等任务。

图 4-47　上海交通大学仿小象机器人

(四)仿生跳跃机器人

1.美国蛙形仿生跳跃机器人

早在 19 世纪 80 年代,美国航空航天局(NASA)就模仿青蛙的起跳方式,研制蛙形仿生跳跃机器人(见图 4-48)用于太空探索。该机器人为间歇性弹跳,能完成如调整方向、起跳、落地恢复姿态等典型动作。其后 NASA 又推出了第三代跳跃机器人,保留第二代的主体结构,增加了两个滚轮以及调整离地角度的机构,实现了起跳角度和起跳方向的动态调整。

2.德国仿生袋鼠跳跃机器人

德国 FESTO 公司 2013 年研制成功的仿生袋鼠跳跃机器人"BionicKangaroo"(见图 4-49),模仿袋鼠的后腿设计弹跳结构,同时通过尾部的摆动增强跳跃及落地过程的稳定性,能实现高效、稳定的连续跳跃。该类机器人侧重提高跳跃高度、距离以及起跳和落地的稳定性。

图 4-48　NASA 仿生跳跃机器人

图 4-49　"BionicKangaroo"仿生跳跃机器人

3.微小型仿生跳跃机器人

随着制造技术的提高,特别是微型制造技术的出现,使得小型化、微型化仿生跳跃机器人成为可能,越来越多的仿昆虫跳跃机器人相继出现。该类机器人结构精巧,整体尺寸小,重量轻,跳跃能力强,大多跳跃高度能达到自身尺寸的几倍甚至几十倍。

意大利圣安娜高等学院微工程研究中心通过对叶蝉的弹跳运动进行了观测分析,发现叶蝉起跳时腿部伸长的阶段身体加速度是恒定的,据此研制出一款微小型弹跳机器人"Grillo"(见图4-50),该样机重量仅为10 g,可以进行连续跳跃运动。

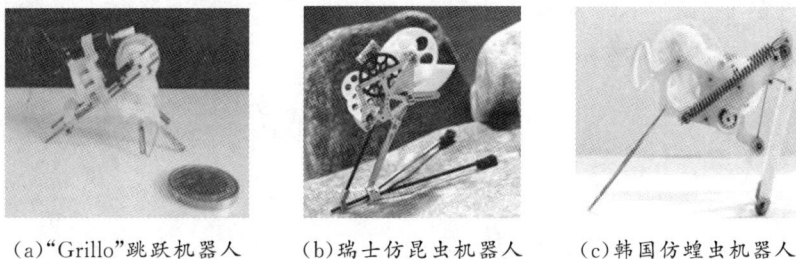

(a)"Grillo"跳跃机器人　(b)瑞士仿昆虫机器人　(c)韩国仿蝗虫机器人

图4-50 微小型仿生跳跃机器人

瑞士洛桑联邦理工学院研制的微小型弹跳机器人(见图4-50),重量仅为7 g,利用弹性储能元件和凸轮机构驱动实现高效的弹跳运动,弹跳高度可达体长的27倍。

韩国建国大学根据蝗虫的后腿结构设计了仿蝗虫跳跃机器人(见图4-50),跳跃高度约为71 cm,为其自身高度的14倍,跳跃距离约为100 cm,为其自身大小的20倍。

4.一体化仿生跳跃机器人

近年来,智能驱动与仿生材料的发展为仿生跳跃机器人设计提供了新的思路。采用材料与驱动一体化的设计思路,利用智能材料的变形实现驱动成为一个新的研究方向。

韩国首尔国立大学利用新型形状记忆合金弹性驱动器代替跳蚤肌肉储存和释放能量,运用四杆机构模拟跳蚤的腿部结构,设计了一种仿生跳蚤机器人(见图4-51),取得了成功。该样机重量仅为1.1 g,身长为2 cm,跳跃高度却可达其自身高度的30倍。

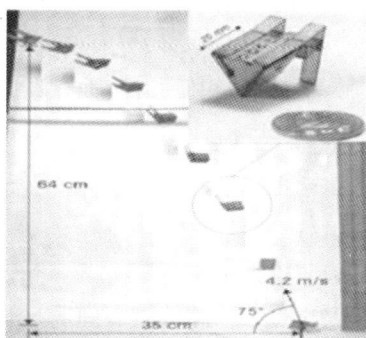

图4-51 韩国仿生跳蚤机器人

5.国内仿生跳跃机器人

西北工业大学根据袋鼠的生物结构特性,基于闭链齿轮-五杆机构,设计了一种新型的仿袋鼠跳跃机器人(见图4-52),并对其机构的运动学及动力学进行了深入研究,证明了该机构具有与袋鼠类似的非线性弹跳动力特性和运动形态。

北京航空航天大学通过试验观测蝗虫跳跃过程,分析其后腿结构特点以及跳跃过程中后腿关节运动序列,从机构学角度建立了蝗虫弹跳后腿多关节协调刚柔混合跳跃模型,分析了膝关节、柔性跗足的运动学和动力学特征,计算得到了运动中各关节的扭矩变化情况以及地面对后腿作用力变化情况,揭示了蝗虫刚柔混合跳跃运动机理,为仿生跳跃机器人的研究提供了理论依据,据此设计了具有移动、弹跳和姿态翻转恢复等复合运动能力的仿蝗虫跳跃移动机器人(见图4-53)。针对跳跃机器人的空中姿态稳定性也进行了探索性研究,通过试验证明了利用腹部以及翅膀稳定空中姿态方法的可行性。

图4-52　西北工业大学仿袋鼠跳跃机器人

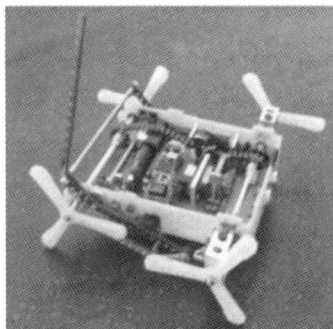

图4-53　北京航空航天大学仿生跳跃机器人

三、地面仿生机器人的技术难点

仿生机器人从诞生、发展,到现在短短几十年的时间里,对其研究取得了一系列的成果,开辟了机器人领域独特的技术发展道路和研究方法,大大开阔了人们的眼界,显示出了广阔的应用前景和极强的生命力。但由于其学科交叉性,发展至今依然存在"形似而神不似"、达不到生物系统的精巧程度、实际应用有限等诸多问题。究其原因,主要是在生物机理、机构及驱动设计、仿生材料、仿生控制、生物能量利用等方面存在问题。

1. 对生物机理揭示不足

通过对生物机理研究,可以揭示生物自身的功能特性,为仿生机器人的研究提供依据,而研究的关键是如何准确地对生物运动机理进行建模。

目前,尽管有不少学者从试验与理论上进行研究,一定程度上揭示了生物机理,但是仍然存在研究结果缺乏深度、模型建立过于简化等诸多问题,使得仿生机器人样机与生物实际的功能相距甚远。分析其原因:一是生物体是一个非常复杂的系统,其每一个运动功能都由骨骼、肌肉、神经系统等多因素作用,想要全面了解生物的运动功能具有一定的难度;二是生物机理的研究要结合大量的试验,而现有试验条件及研究方法过于单一,无法完全满足相应生物运动规律的观测要求;三是生物机理的研究需要多学科长期密切合作,而现有研究过程中,多学科合作仍处于起步阶段。例如,脑科学的研究重点之一便是通过对脑的结构功能进行研究,从而了解大脑的控制、通信机理。由于大脑的控制过程非常复杂,且研究过程需要解剖学、生理学、分子生物学、系统生物学等多学科协调工作,这都使得研究具有较大难度。因此,实现对生物机理的准确建模和分析还有很长的路要走。

2.仿生机构设计与驱动方式较传统

仿生机器人的整体结构应能够近似再现被模仿对象的结构特点,从而更好地模拟生物的运动功能。但在现有的研究中,无论是运动机构设计还是驱动方式都与生物的形态存在较大差异。

在运动机构方面,自然界的生物都具有刚柔混合的组织结构,使生物自身具有灵活性、高能效和轻量化等特点,增强了其自身的运动性能和环境适应性。而现有的仿生机器人多为刚性结构,与生物的生理特性存在差异。此外,仿生机器人大多整体尺寸较大,不注重微观特性,其结构参数对机器人性能的影响研究不足。以仿生四足机器人为例,其结构尺寸普遍比被模仿生物大很多,包括机器人身体长度、腿的刚度等关键结构参数对机器人性能的影响没有清晰的认识,因此无法对机器人机构设计提出有效的设计原则,机器人性能同被模仿生物相差较大。

在驱动方面,目前仿生机器人多采用传统的电动机驱动方式,需要较大的安装空间,重量较重,驱动效果不佳。而生物自身的驱动系统只需消耗微量的化学物质,配合相应的生物转换方式,便可产生巨大的能量,这都是仿生机器人驱动需要进一步研究的内容。

3.高性能新型仿生材料研究不足

仿生材料具有最合理的宏观、微观结构,并且具有自适应性和自愈合能力,具有优良的强度、刚度和韧性。因此,仿生材料的使用可以使仿生机器人与生物的运动功能更加接近,实现生物减阻、耐磨、抗疲劳、防粘、自洁等优良特性。目前的仿生材料研究在生物力学和工程力学的衔接点、天然生物材料的模型抽象、仿生材料的设计制备方法等方面还有待于进一步研究。而仿生机器人材料大多采用钢、铝、塑料等常规材料,无论刚度、柔性、韧性以及减阻性与生物自身差距很大,使得仿生机器人性能降低。生物材料的研究及应用不足对仿生机器人的发展具有一定的限制作用。

4.控制方法较传统,仿生控制方法突破不够

生物控制系统是仿生机器人研究的重要目标之一,生物对自身协调运动控制的能力是一般的机电控制系统无法比拟的。

目前的仿生机器人多采用传统的控制方法,这使得仿生机器人对复杂环境的适应能力不足,无法真正模拟生物实现精确的定位和灵活的运动控制。如何设计核心控制模块与网络以完成自适应、群控制、类进化等一系列问题,已经成为仿生机器人研发过程中的首要问题。此外,生物良好的环境感知能力也是仿生机器人研究的方向之一。生物可以通过视觉、听觉、嗅觉等感官系统时刻对周围环境进行感知并做出准确的判断,以适应复杂多变的环境。而现有的仿生机器人还无法准确地模拟生物的感知特性,对周围环境的感知能力存在精度较低、反应时间较长、对复杂环境的感知准确性不足等问题。

5.生物能量转换机理研究不深,能量转换效率较低

生物由于长期的自然进化,其对自身能量的利用率非常高。肌肉把化学能转变为机械能的效率接近50%,远远超过目前各种工程机械。然而,目前的仿生机器人对于生物能量

的利用和消耗还没有完整的研究,大部分的仿生机器人都存在能量利用率低,能量消耗较大等问题。生物能量的转换涉及生物的微观结构及与之相关的化学、物理学等多个学科,其研究内容复杂,研究难度较大。因此,想要揭示生物能量的转换过程并将其应用于仿生机器人上,还需要经过长期不懈的努力。

6.我国的研究仍处在跟踪阶段

这些年来,通过 NSFC 项目的资助,中国在仿生机器人研究领域已经取得了一定的成绩,对常见生物体都进行了不同程度的仿生研究。但由于仅仅对其自然功能与特性作简单的认识层面的解读,没有真正理解自然界生物所具有的机能,因此研究工作常常"蜻蜓点水",未能在国际上形成中国特色的仿生机器人研究一席之地。

四、地面仿生机器人的典型作战运用

山地、高原和城市等复杂环境给反恐作战带来了极大的困难,使常规的轮式、履带式作战平台几乎失去移动能力,诸多重武器装备无法到达。由于仿生机器人具有良好的地形适应能力,将在未来的复杂作战环境中,提供更有效的战场支援甚至作战能力。

2014 年,波士顿动力公司的 LS-3 机器人在夏威夷跟随美国海军陆战队进行了第一次实地运载测试,在 24 h 不进行补给情况下,可携带 181.44 kg 负载行进 32.18 km,规矩地跟随士兵沿着指定路线前进,还能在树林、岩石地、障碍物和城区等复杂地形中跟随士兵行动。在城市战场中通过装备仿生机器人,可以极大提高作战部队的机动性和抗打击能力,为夺取城市作战胜利提供坚实保障。

五、地面仿生机器人的发展趋势

(一)仿生机器人技术发展趋势

目前,随着生物结构和功能逐渐被认知和掌握,仿生机器人技术已逐渐应用于军事、生产生活、康复医疗等诸多领域。仿生机器人研究的前提是对生物本质的深刻认识以及对现有科学技术的充分掌握,研究涉及多学科的交叉融合,其发展趋势应该是将现代机构学和机器人学的新理论、新方法与复杂的生物特性相结合,实现结构仿生、材料仿生、功能仿生、控制仿生和群体仿生的统一,以达到与生物更加近似的性能,适应复杂多变的环境,最终实现宏观和微观相结合的仿生机器人系统,从而实现广阔的应用。

1.仿生机理研究由宏观向微观发展

认识生物原型的特性是仿生学的前提。随着生物学、化学、物理学、机械学等多学科在仿生机理研究上的应用,仿生机理研究将跨越宏观、微观乃至纳观尺度的多层次结构和功能,由表及里逐渐深入,通过建立更为逼真的数学模型,为仿生机器人的设计提供理论基础。

2.仿生结构由刚性结构向刚柔一体化结构发展

仿生刚柔性混合结构成为目前机构设计的发展趋势之一,仿生结构的设计从刚性结构转向刚柔混合结构,既可具有生物刚性的支撑结构又可具有柔性的自适应结构。通过改进现有的机械设备和工具,或设计制造新型的仿生高效机械设备和工具,仿生机器人将实现结构轻便、重量轻、精密程度高的特点。此外,变结构的复合仿生机构可针对不同环境约束的变化具有更好的适应能力,因此研究模拟生物运动过程中开链、闭链结构的相互转换、复合,设计创新的非连续变约束复合仿生新机构,是仿生机构的另一个重要发展方向。

3.仿生材料由传统材料向结构、驱动、材料一体化方向发展

基于智能材料与仿生结构,开展材料、结构、驱动一体化的高性能仿生机构研究,建立验证平台,实现一体化设计关键技术验证,解决航空航天、国防武器、抢险救灾等特种机器人典型复杂机构设计的瓶颈问题,是未来的发展趋势之一。

仿生机器人的材料将逐渐淘汰钢材、塑料等传统材料,使用与生物性能更加接近的仿生材料,从而获得低能耗、高效率、环境适应性强的性能特点。在驱动方面,仿生机器人的驱动方式将采用人工肌肉等仿生驱动形式,并实现与结构、材料一体化,使仿生机器人与被模仿生物的形态更加接近。

4.仿生控制由传统控制方式向神经元精细控制发展

在未来的发展中,仿生机器人将摒弃传统的机器人控制方式,重点研究生物系统的微观机电和理化特性,在现有基础上进一步深入研究肌电信号控制、脑电信号控制等仿生控制方式,通过神经元进行仿生机器人的精细控制,并在多感知信息融合、远程监控、多机器人协调控制等方面获得突破,实现更加精确、适应性更高、响应更加快速地控制过程及良好的环境感知能力。此外,仿生机构的稳定性和鲁棒性日益成为研究的前沿,从而实现更为逼真的运动仿生。

5.生物能量由低效的机械能转换向高效的生物能转换发展

随着机械系统能源问题的日益突出,机构节能、环保理念的深化,高效能的仿生机构必然成为现代机构学的发展趋势之一。生物能量的研究要在生物学、化学、物理学的多学科交叉的基础上,寻求生物能量高效利用的原理,研究生物能量传递和转换机理及其与生物组织之间的关系,并在新能源、新型能量转换装置等方面进行研究。研究目标集中在功能、效率、质量、损耗这4个方面,从而提高仿生机器人的能量利用率,降低能耗。

总之,在未来的发展中,对自然功能与特性的研究应既要知其然,也要知其所以然,要从对自然功能的认识层面向着深入的微观层面发展,揭示生物最本质的生命特征和机能,并通过不断将新方法、新技术应用到仿生机器人的研究中,使仿生机器人向着结构与生物材料一体化的类生命系统方向发展,研制出在国际上具有代表性的仿生机器人,形成系统性、完整性和前沿性的国内仿生机器人科研体系和标志性研究成果。

(二)仿生机器人在军事应用上的趋势

1.仿生机器人引领军用地面无人装备发展

仿生机器人的发展丰富了军用地面无人装备类型,也推动了地面无人装备的发展。仿生机器人作为一类新的地面无人装备,能够满足部队更多的作战任务需求,使未来陆军能更好地面对威胁环境的变化,适应日益复杂的未来战场环境。

2.仿生机器人将赋予未来陆军部队新的作战能力

随着技术的不断成熟,仿生机器人投入战场后将会把当前地面无人系统担负的物资运输等辅助作战任务向侦察与监视、火力打击、机动突击等主要作战任务拓展,尤其是在机器人自主技术和互操作技术发展的推动下,其自主作战能力和系统间的协同作战能力将不断增强。比如人形机器人可在现有地面无人系统的基础上利用神经网络等多种通信技术进行敌我识别,实现部署作战。

3.仿生机器人将成为未来新兴作战形态下的中坚力量

机器人士兵、四足机器人、微型仿生机器人等军用仿生机器人将在未来战场上充分发挥其多功能性、持久性的特点,能极大地减少士兵伤亡,逐渐成为各国执行现代化作战任务不可或缺的作战手段,并将引领地面无人系统由辅助作战装备向装备信息化、城区与战场高危环境、跟随式保障等多个任务领域拓展,逐渐成为陆上装备建设的重要方向。

习　　题

1.地面无人系统有哪些军事任务需求?

2.简述无人车的特点。

3.任选 3 种国外无人车,比较它们的各项参数和性能,并对其作战性能做出总结。

4.简述排爆机器人的结构组成。

5.根据运动方式的不同,地面仿生机器人如何分类?

6.结合当前时事,简要说明地面无人系统在战争中的作用。

第五章 水域无人系统及其作战运用

海洋因其隐蔽特性和空间优势,目前也是现代战争的必争之地,在海域应用无人系统,可以完成情报收集、目标探测、作战打击、后勤支援等任务。水域无人系统主要分为无人水面艇和无人潜航器。本章主要介绍它们的概念、国内外典型型号、结构原理、技术难点、典型作战运用以及发展趋势。

第一节 水域无人系统概述

一、水域无人系统的概念、分类和特点

(一)水域无人系统的概念

水域无人系统是指具有自主航行能力,可完成海洋/海底环境信息获取、固定/移动目标探测、识别、定位与跟踪以及区域警戒等任务的各类无人水面舰艇、无人潜航器、水下无人作战平台及其所必要的控制设备、网络和人员的总称。其研究领域涵盖情报收集、水下及水上侦察与监视、作战打击和后勤支援等诸多领域,具有重要的军事价值,已成为世界各国海军装备的重要研究方向。

水域无人系统充分利用海洋的隐蔽特性与海洋空间优势,以信息技术为核心,空中、水面、水下与海底无人系统装备相结合,沿海、近海与远洋无人系统装备相结合,机动航行型与固定型无人系统装备相结合,能够完成多种军事任务。

近年来,随着人工智能等科学技术的不断发展,无人系统装备的自主性大幅度提高,任务领域极大拓展,各种关键技术不断突破,使得水域无人系统发挥出越来越重要的作用,进而得到越来越多国家的关注,目前世界主要军事国家都在积极推进水域无人系统的建设发展,希望在此领域抢占先机,夺取未来海域的主导权。

(二)水域无人系统的分类

水域无人系统主要包括无人水面艇(Unmanned Surface Vessel,USV)和无人潜航器(Unmanned Underwater Vehicle,UUV)。

目前,无人水面艇稳步发展,侦察与监视能力不断提升,火力打击能力开始取得突破,并

逐步应用于实战,例如美国"斯巴达侦察兵"与以色列"保护者"无人水面舰艇,均能装载多传感器侦察与监视系统和舰炮、反舰导弹武器,具备较强的侦察与监视能力和一定的火力打击能力,可执行监视与侦察、反水雷、反潜等多种任务,且"斯巴达侦察兵"已装备部队并参与了"伊拉克自由行动"作战任务,取得了较好的实战效果。

无人潜航器能在海底长时间潜伏和抵近侦察,是扫雷灭雷、反潜的有效手段,成为美国、英国、法国等军事强国的发展重点。例如,美军"近海域感知滑行者"无人潜航器进入批量生产阶段,"瑞慕斯"(REIVIUS)大型反水雷无人潜航器成功进行测试,"长航时大型无人潜航器"启动建设,英国、法国的无人潜航器开始列装部队等,无人潜航器的战术性能水平和数量不断提升,成为反水雷和反潜的重要力量。

(三)水域无人系统的特点

近年来,随着各国对战场低伤亡率的追求,水域无人系统在海上战争中发挥的作用愈发显著。相比于有人系统,水域无人系统能够代替人执行"枯燥的、恶劣的和危险的"任务,具有机动性强、适应能力和生存能力高、无人员伤亡风险、制造和维护成本低等优点,极大地扩展海军的作战能力,被视为现代海军的"力量倍增器"。

二、水域无人系统的军事任务需求及性能要求

(一)水域无人系统的军事任务需求

早在 2001 年,美国海军研究办公室提出建造濒海战斗舰(Littoral Combat Ship,LCS)时,在其濒海作战系统中提出了利用 USV、UUV 共同构成海军无人作战体系,完成诸如情报收集、反潜、反水雷、侦察与探测、精确打击等作战任务。

在众多无人平台中,无人机发展较为成熟,并且应用最为广泛。水域无人平台和地面无人平台发展相对较晚。"9·11"事件后,美国海军对濒海战争和反恐投入的增加推动了水域无人作战平台,特别是无人艇的快速发展,以美国为代表的西方国家已经将水域无人系统列为重要的发展方向。

水域无人系统可以快速、高效、低成本地以集群方式完成大范围水雷探测与定位任务。猎扫雷舰是单位吨位最贵的舰船,保有量有限。单独依靠猎扫雷舰完成大面积区域的扫雷任务需要花费较长的时间且成本较高。如果采用扫雷艇携带多无人水面艇进行联合作业,无人系统通过艇员遥控或者自主航行的方式执行扫雷任务,就可以在花费较少的情况下较快地完成任务。对日益增长的来自潜艇的威胁,水域无人系统提供了一种反潜的新手段。水域无人系统可以携带反潜设备,在主力舰队周围形成移动的向外延伸的反潜警戒网,并可长时间作业,提高舰队的反潜能力。

水域无人系统还可遂行海上封锁或者拦阻任务,通过水域无人系统可以长时间地对港口、海湾等区域进行侦察与监视,保证海上安全,可对可疑目标进行清理,并可参与反恐作战

以及特种部队的非常规任务。

(二)水域无人系统的性能要求

大力发展和装备水域无人系统,争夺海洋的控制权,已经是世界各国的共同认识。这一进程将改变海军的既有作战方式。发展水域无人系统需要多方面的技术支撑:新型的动力技术保证平台足够的航程;隐身技术保证平台的隐蔽性,包括声隐身性能和磁隐身性能等;发展新一代的水下电子信息技术,是确保水域无人平台在海战中发挥作用的一个极为重要的方面,包括精确的水下导航、远距离和高速率水下通信、精确水下目标探测、定位、识别和信息存储技术等。水域无人系统的性能可以从以下几个方面来评价:动力性能、自主导航性能、隐蔽通信性能、情报采集性能。

1.动力性能

在水域无人系统的发展过程中,相对于其他关键技术的研究,水下动力系统技术的研究起步较晚,也是制约水域无人系统发展的瓶颈技术之一。传统水域无人系统的动力系统多为铅酸电池、银锌电池以及可充电的锂离子电池。但这些技术还不能满足军事作战对水下续航力的要求,因此需要大力开发体积小、重量轻、能量密度高、安全、可靠、成本低的新型能源系统。

2.自主导航性能

水域无人系统往往只有很小的体积,但要求它们可以在低航速($2\sim3$ kn)下有数十海里甚至数百海里的航程,同时要求它们能够在离开母船几个小时甚至几天后返回母船,其活动海域情况未知、敌情复杂,必须确保自身的隐蔽性和安全性。水域无人系统通常工作在数十米水深,不能全程依赖 GPS 系统,因此当水域无人系统在执行情报搜索、监视、侦察等任务时需要具备足够可靠的导航能力,以确保任务顺利完成。

3.隐蔽通信性能

水域无人系统通常由母船释放和回收,并且水域无人系统的应用日益向多平台协同工作方向发展。因此水域无人系统均需装备有良好的水声通信设备和无线电通信设备:一方面可以满足相互之间、与母船之间通信的需要,另一方面可以满足侦察情报快速向指挥中心传递的需要。水域通信的安全性和隐蔽性尤为重要。

4.情报采集性能

目前,众多科研机构研制的水域无人系统还只能进行一些简单原理性科学试验,离实战还有不小的距离。这很大程度上是因为这些水域无人系统还不具备完善的信息采集能力,无法完成针对性的作战任务。采集海洋环境情报必须装备相应的海洋环境参数采集设备,如声速剖面仪、流速仪、海底地质采集器和磁场采集设备等。这些信息采集设备的能力发挥,受到水域无人系统自身体积、重量、承载能力的限制。因此,研制性能先进且满足水域无人系统装载能力的信息采集设备,对水域无人系统实战应用具有重要意义。

三、水域环境的特点及对水域无人系统的影响

1.自然环境

水域无人系统在水面上面临着风力、海浪等环境因素的影响,会限制其行驶和使用,需要水域无人系统在环境适应性、防水性、灵活性方面做出升级。

另外,海上不像陆地那样有着丰富的基础设施,这就要求水域无人系统具备一定的续航能力甚至是永久续航能力。

2.电磁环境

水域无人系统一般工作在广袤无垠的大海中,有的甚至工作在海底,一般较难与指挥部建立长期而稳定的联系。例如,潜航器一般只有在定期浮出水面时,才能够接收卫星导航信号和通信信号。

四、水域无人系统的发展

水域无人装备因其造价低廉、隐蔽性强、避免人员伤亡等诸多优点而得到大力发展,美国等国已制定各类水面与水下无人系统装备的发展规划,并开发出便携型、轻型、重型和巨型等多种海域无人系统装备,向着提高智能化、模块化、标准化程度,拓展多平台搭载使用能力的方向发展。

1.聚力重要技术研究攻关,固强补弱提供有力支撑

当前,无论是水面无人舰艇、无人机,还是水下潜航器、预置无人系统等,在发展过程中都存在诸多技术难题,很大程度上制约着海域无人装备的进一步改进完善。针对于此,世界主要军事国家都将聚焦现存关键技术问题,集中力量研究攻关,为海域无人装备的创新发展开辟通路,提供有力支撑保障。在水下通信技术、水下充电技术、协同作战技术、水下高精度导航技术、潜航器回收技术等方面,需要进一步的研究探索。

2.注重模块化标准化建设,不断提升通用性、灵活性

针对当前海域无人装备种类较多,相互兼容性、通用性较差的问题,美海军积极寻求发展水面与水下系统装备的模块化标准化性能。所谓模块化标准化,即强调无人系统装备"可搭载多种负载",既可以提升执行任务的灵活性,也可以降低维修保养的复杂度,降低总体成本,同时注重单元模块化和软件模块化,便于系统重组重构,强调通用化设计,提升系统应用的灵活性,并最大程度减少无人系统装备的种类。

3.加强水下力量体系建设,密切协同实现无缝对接

随着未来水下战场的需要,水面及水下无人装备正在向体系化综合化方向发展。所谓体系化,即针对不同的海域环境和作战需求,根据人机结合的基本原则,发展成体系的无人

系统装备,涵盖多种类型作战任务,匹配相应的水面舰船、潜艇及航空平台,进而具备侦察探测、快速环境评估、区域控制、中继通信/中继导航、火力打击、支援保障等综合型多任务能力。例如,过去大多数无人潜航器都需要操作人员进行实时控制,执行比较单一的任务,但随着无人潜航器的种类和数量越来越多,执行的任务越来越复杂,其指挥与控制问题日渐成为难题,需要向体系化指挥与控制发展,以便未来无人潜航器之间、无人潜航器和有人装备平台之间,能够实现行动的高度协同,共享传感器和地图信息,形成无缝对接的作战力量体系。

4.瞄准智能化加速前进,力求高度自主性能

目前,虽然各国正在研发及试验的水面与水下无人系统装备,有些已经应用了先进的智能与控制技术,但总体来看,世界水域无人装备尚处于初级智能阶段,大多数无人装备还需要操作人员进行实时控制,如"休金1000"和"LMRS"这些已经投入使用的且具有较高智能程度的无人潜航器,还是需要操作人员对其任务执行过程进行监视,并在紧急情况下改变任务模式或使其返回。因此,提升水域无人装备的智能化水平,增强其执行任务的自主性、交互能力、协同能力等势在必行。

随着人工智能技术的飞速发展与应用,新一代海域无人装备也将具有越来越高的智能化程度,可以和环境发生交互作用,以便在未来海域执行任务时,能够更加有效地探测和识别水面特别是水下物体,完成各种人力无法胜任的作战与保障任务。例如,未来智能化的无人潜航器将能够执行更为复杂的工作,在环境发生预料以外的变化时,能够自行调整、克服障碍,同时减少通信和人员监控需求,采用导航帮助和通信中继来进行多航行体协同作业,不断增加航行体对场景感知的能力水平。

由此可见,只有高度智能的无人装备才能在险恶的海域环境中生存,进而主宰海域空间,不断提高智能化程度与自主自适应能力,这已经成为未来海域无人装备发展的必然趋势。

第二节　无人水面艇及其作战运用

一、无人水面艇概述

(一)无人水面艇的概念

无人水面艇(USV,又称无人艇)是指那些可以由水面舰船或岸基布放回收,以半自主或全自主方式在水面航行的无人化、智能化作业平台。

当前,无人水面艇在军事领域的应用越来越广,使命范围已扩展到情报、监视和侦察、水

雷战、反潜战、反舰战、港口安全、精确打击、海上拦截和封锁、特种作战支持等。无人水面艇研究项目持续推进,新船型应用逐渐增多,自主性不断提高。目前,美国、英国、法国、以色列、日本等国都在不断研发先进的高速无人水面艇,以增强其海军战斗力。

(二)无人水面艇的分类

1.按艇型分类

按外形分,无人水面艇可分为半潜式、常规滑行式、水翼式。在役型号多为常规滑行式和半滑行式。

(1)半潜式无人水面艇在航行时大部分船体潜在水下,以便对水中物体进行探测,多用于执行扫雷任务。

(2)常规滑行式无人水面艇的外形类似普通的水面舰船。

(3)水翼式无人水面艇的外形类似水翼艇,如日本海上自卫队的"隼级"水翼导弹艇,其特点是航行时船体大部分在水翼的支撑下浮出水面,因此航行阻力小、航速高。

2.按自主水平分类

按自主水平分,无人水面艇分为遥控型、半自主型和全自主型。

(1)遥控型无人水面艇由岸基或母船上的遥控站操作,根据指令完成各种作业,主要用于扫雷,是各国主要发展的无人水面艇。

(2)半自主型无人水面艇按照预先设定的程序、规划好的航线或指令在海上航行,执行规定的任务,如侦察、反潜、扫雷等,典型代表有美国的"斯巴达侦察兵""海狐"、以色列的"保护者""黄貂鱼"、德国的"哨兵"、英国的"卫兵"等。

(3)全自主型无人水面艇完全自主方式航行,主要用于反潜、侦察、通信中继等,典型代表有美国的"反潜持续跟踪无人水面艇"。

3.按技术指标分类

美国海军根据艇的长度、航速、续航时间等技术指标将无人水面艇分为 4 类,即"X 级"(X - class/Small)、"海港级"(Harbor Class)、"通气管级"(Snorkeler Class)、"舰队级"(Fleet Class),如图 5 - 1 所示。

图 5 - 1 不同等级的无人水面艇

（1）"X级"无人水面艇是艇长约为 3 m 或更小的非标准级 USV，采用非标准模块建造，能够支持特种部队作战以及海上拦截作战任务。它的情报、侦察、监视能力较弱，续航时间只有数小时，仅搭载少量负载，适航性较差。它一般由 1 m 的刚性充气艇或充气式作战侦察突击艇等小型载人艇进行布放。

（2）"海港级"无人水面艇主要是在海军标准 7 m 刚性充气艇基础上研制的，具有中等续航力，主要是执行海上安全任务，情报监视与侦察能力较强，并装备了致命和非致命性武器。它具有 7 m 充气艇的标准接口，可由水面舰艇布放。

（3）"通气管级"无人水面艇是一个 7 m 的半潜式水面艇，在航行和海上作业时只有通气管露出水面，船体其余部分均在水下。相对于其他水面船体类型，这种作业模式可在 7 级海况下提供更为稳定的平台，航速为 15 kn，可连续航行 24 h，主要执行反水雷和反潜任务。另外，它还可利用其较为隐蔽的外形支持特种作战任务。

（4）"舰队级"无人水面艇的艇长 11 m 左右，采用滑行或半滑行水面艇的艇型，在拖曳扫雷具时的航速为 20～24 kn，无拖曳时的航速可达 32～35 kn，标准续航时间为 48 h。它主要用于执行反潜战、水面战或电子战等任务，还支持有人驾驶。

（三）无人水面艇军事需求分析

1.精确可靠的航行及导航功能

无人水面艇一方面要利用自身配备的 GPS、陀螺仪、电子海图等设备沿着规划的路径自主航行，遇到障碍时能自主设置避障路径，绕过障碍物，另一方面，还要能接受岸基控制人员的远程遥控命令，实现遥控航行。在控制人员的视距范围外，无人水面艇要能对其位置进行精确定位，并能精确测量航向及无人水面艇的速度、加速度、角加速度。

在高速航行时，应保证较好的船体稳定性。无人水面艇要具备足够长的为设备供电的能力，这可以通过装备高性能的蓄电池和轴带发电机实现。大容量的油箱和先进的节油技术使无人水面艇具有较长的巡航时间，以确保无人水面艇航程覆盖其所辖水域。

2.向岸基控制人员提供实时的环境信息和自身信息的功能

应考虑不同传感器的性能特点，进行优化组合，尽可能全面地采集环境信息。由于水上的环境特殊，所以无人水面艇应配备专用的搭载平台，尽量降低传感器工作时因水面晃动而造成的采集信息失真及画面抖动等。无人水面艇还要将测量到的自身航行信息精确地返回给岸上控制人员，以方便控制人员了解无人水面艇实时信息，做出正确的控制指令。传给控制人员的信息格式包括图像、图片、音频等，经过处理，实时呈现到控制人员面前。

3.对可疑目标进行智能与预处理的功能

利用无人水面艇携带的非致命性设备对违法行为进行制止，消除潜在威胁，或者借助武器系统直接进行打击摧毁。进行海上执法时：对违法行为，岸上操作人员可以通过遥控无人水面艇上的强光灯进行警示；对倾覆船只和落水人员，可以用无人水面艇进行海上营救。无人水面艇搭载的遥控机枪和小口径火炮，可以对各种自杀性小艇及布置在水面的水雷进行打击摧毁，成本低且安全。

二、典型无人水面艇

在无人水面艇研发和使用领域，美国和以色列一直处于领先地位。目前，无人水面艇发展典型代表有美国的"斯巴达侦察兵"（Spartan Scout）无人水面艇、以色列的"保护者"和"黄貂鱼"无人水面艇等。

（一）美国无人水面艇

1."斯巴达侦察兵"无人水面艇

"斯巴达侦察兵"（见图 5-2）无人水面艇是美国海军舰队级 USV 的典型代表。其功能定义为：保护主力部队免受不对称威胁的攻击，应对非对称的作战环境，最大限度地降低有生力量的伤亡风险；在网络中心环境中提升传感器覆盖范围，建立海上战场优势。

图 5-2 "斯巴达侦察兵"无人水面艇

"斯巴达侦察兵"先进概念技术演示无人水面艇项目于 2002 年提出，旨在对无人水面艇充当实用且低成本的兵力"倍增器"进行演示验证，以便在日益复杂和争夺激烈的近海地区满足联合作战的需求。

"斯巴达侦察兵"通过模块化设计，成为一种由标准组件构成，可进行重新配置的多功能、高速半自动水面无人快艇，其长度分别为 7 m（见图 5-3）和 11 m（见图 5-4）。一艘基本型"斯巴达侦察兵"无人艇，可在 1 h 内完成配装多种"即插即用"型任务模块，不仅可以承担多种任务，而且加快了研发进度，降低了成本，并且很好地解决了上舰问题。其核心系统包括船体，远程控制/半自动指挥决策系统配套设备，情报、监视、侦察系统设备（由导航雷达和视频/红外照相机组成），导航通信系统设备等。该艇在视距内可以由军舰、直升机或地面站控制，在超视距范围则由无人机或另外一艘无人艇来控制，或者通过卫星和低截获率的通信系统对之进行控制。反潜型"斯巴达侦察兵"无人水面艇如图 5-5 所示。

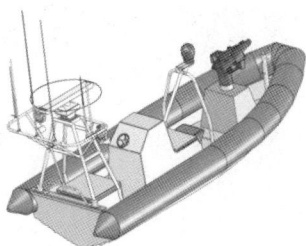

图 5-3　7 m"斯巴达侦察兵"示意图　　　图 5-4　11 m"斯巴达侦察兵"示意图

图 5-5　反潜型"斯巴达侦察兵"无人水面艇

根据美国国防部颁布的《2007—2032 年美国无人系统发展路线图》,"斯巴达侦察兵"艇长为 11 m,吃水 0.91 m,重为 1 674 kg,工作深度为 61 m。按照设计要求,该艇的航速(3 级海情下)为 28 kn(最大航速达 50 kn),自持力为 8 h(最大自持力为 48 h),航程为 150 n mile(最大航程达 1 000 n mile),可在夜间行动,既能遥控操作也可自主活动。其标准配置包括无人驾驶系统、电光/红外搜索转塔、控制用视频摄像机、导航雷达、水面搜索雷达、全球定位系统接收机、视距/超视距通信系统等。

2."海狐"无人水面艇

"海狐"(Sea Fox)(见图 5-6)是美国海军研究局于 2003 年开始研发的一种可遥控无人水面艇,是在刚性充气艇的基础上设计的,能够执行多种任务,如探测蛙人、战区内核生化侦察、情报监视与侦察、内河作战、海上封锁、战场感知、港口安全等。

图 5-6　"海狐"无人水面艇

"海狐"由西雅图北风海事公司(Northwind Marine)建造,目前美国海军已接收了 2 艘"海狐"MK Ⅰ型艇,并于 2008 年底决定采购 6 艘"海狐"MK Ⅱ型艇,如图 5-7 所示。

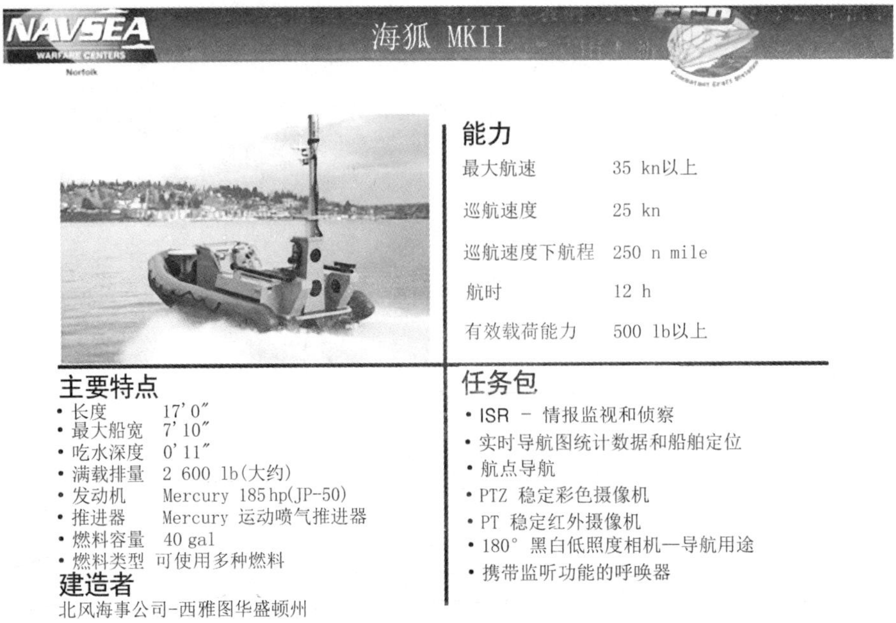
NAVSEA
WARFARE CENTERS
Norfolk
海狐 MKII
能力
最大航速 35 kn以上
巡航速度 25 kn
巡航速度下航程 250 n mile
航时 12 h
有效载荷能力 500 lb以上
主要特点
• 长度 17′0″
• 最大船宽 7′10″
• 吃水深度 0′11″
• 满载排量 2 600 lb(大约)
• 发动机 Mercury 185 hp(JP-50)
• 推进器 Mercury 运动喷气推进器
• 燃料容量 40 gal
• 燃料类型 可使用多种燃料
建造者
北风海事公司-西雅图华盛顿州
任务包
• ISR - 情报监视和侦察
• 实时导航图统计数据和船舶定位
• 航点导航
• PTZ 稳定彩色摄像机
• PT 稳定红外摄像机
• 180° 黑白低照度相机—导航用途
• 携带监听功能的呼唤器

图 5-7 “海狐”MKⅡ型无人水面艇

注:1 hp=735 W,1 gal≈3.785 L。

“海狐”MKⅡ型艇长约 5.2 m,满载排水量 1 268 kg,动力装置为使用 JP5 号燃油、功率为 200 hp(1 hp≈735.5 W)的“水星”185 hp 发动机,3 级海况下航速最高可达 40 kn,自持力为 12 h,续航力为 200 n mile/(25 kn),负载能力超过 227 kg,可携带 150 L 燃油。

“海狐”可携带指挥、控制、通信与情报系统等有效载荷,包括雷达、声呐、宽带摄像机、目标跟踪与防抖软件、数字变焦红外照相机、数字变焦日光彩色照相机、3×70°导航照相机、摄像机遥控站、导航灯等,还能配备可使用 4 个波段的增强型通信系统,以及能与濒海战斗舰和舰载无人机通信的通信系统。该艇具有遥控、路径点定位或跟随行动 3 种工作模式。

2006 年 1 月,美国海军通过塔拉瓦级远征打击群的“珍珠港”号两栖舰对“海狐”无人艇进行了多种试验,测试其技术性能以及未来执行巡查与没收/海上拦截等行动的能力。

2012 年,在海浪高于 0.91 m 的海况下,利用机器人成功从一处固定平台向“海狐”进行了加油试验。

3.“海上无人水面艇”

“海上无人水面艇”(USSV)是美海军研究实验室于 2003 年开始投资研发的项目,旨在对无人水面艇的艇体设计、自动控制、先进动力系统、收放技术、自主/协作能力和负载配置方案等领域进行全面系统的试验性研究。根据“斯巴达侦察兵”无人艇的设计经验,该艇将具有全新的船型、大载荷和续航力等,并满足互操作的需求,即它是一种任务可重新配置、采取模块化设计的多功能系列无人艇家族。一名操作人员能够同时远距离控制几艘该型无人艇。

为此,美国海军水面战中心经反复研究,筛选出两种在航速上存在明显差异的方案:一是“大拖力无人水面艇”(USSV - HTF),如图 5 - 8 所示;二是“高速无人水面艇”(USSV -

HS),如图 5-9 所示。它们均将用于近海作战。前者作为近海战斗舰搭载的原型艇,除了拥有较大拖力外,还将具有较强的有效载荷能力。后者速度极快,可在风浪中达到最高速。

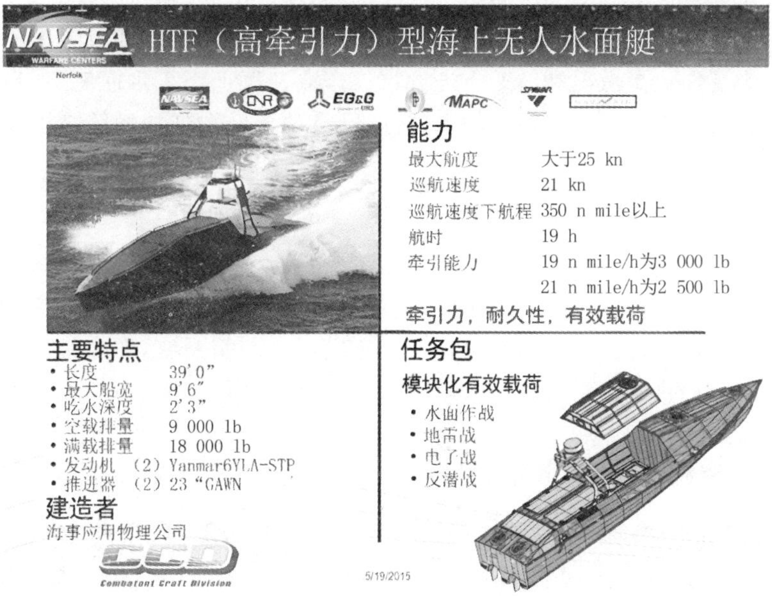

图 5-8 大拖力无人水面艇(USSV-HTF)

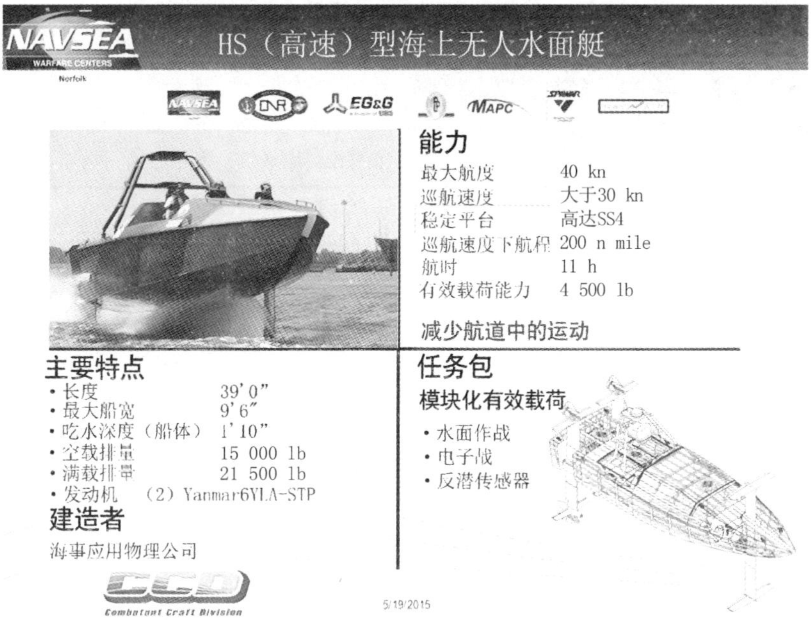

图 5-9 高速无人水面艇(USSV-HS)

大拖力无人水面艇(USSV-HTF)采用两部柴油机,艇长为11.9 m,满载排水量为8 150 kg,可在 4 级海况下承载较重的负载,两个相对较大的螺旋桨嵌入在船体下面的两个凹槽中,船型是半滑行单体船,拖曳速度为 1 921 kn,拖曳能力为 12 300 kg/(19 kn)、9 550 kg/(21 kn),可在 200 n mile 的范围内进行反舰作战,自持力达 28 天。

高速无人水面艇(USSV - HS)船型为水翼艇,同样采用两部柴油机,艇长为 11 m,满载排水量为 9 513 kg,最大航速超过 45 kn,携带 1 500 kg 负载时的作战范围达 300 n mile,自持力为 5 天。为了在更高海况和航速下进行收放作业,"海上无人水面艇"项目准备的方案包括采用一个拖曳体辅助无人水面艇的收放,并以自动导航和捕获系统来辅助无人水面艇与回收系统的结合。

4."水雷战无人水面艇"

"水雷战无人水面艇"(MIW USV)是美海军研究实验室"大拖力无人水面艇"(USSV - HTF)的改进型(见图 5 - 10),能携载拖曳式感应扫雷系统进行作业,将由近海战斗舰布放至雷区,通过其有效载荷舱内的绞盘布放磁/声感应联合扫雷系统,在 3 级海况下扫雷。它是"使海军官兵远离雷区"的系统之一,即作战人员可以在雷场外执行扫雷任务。该型无人艇长为 11.9 m,满载排水量为 10 206 kg,采用了两部柴油机(功率为 397 kW),有效载荷为 1 814 kg(不包括燃料),船型为半滑行单体船,拖带能力达到 1 134 kg/(25 kn)。

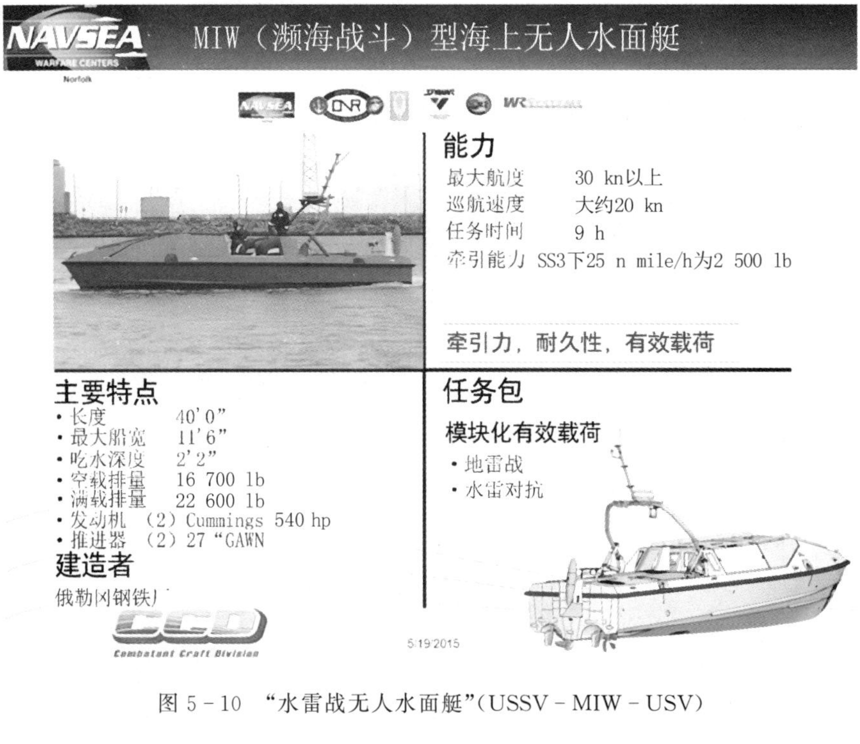

图 5 - 10 "水雷战无人水面艇"(USSV - MIW - USV)

该艇由美国海军水面战中心卡迪洛克分部设计,俄勒冈钢铁厂承担了建造工作,2007 年底首艘无人艇建成并交付了海军。2008 年 6 月该型艇完成了全功能测试试验,验证了功能需求。

5."海上猫头鹰"无人水面艇

"海上猫头鹰"(Sea Owl)无人水面艇(见图 5 - 11)具有四个突出特点:一是艇体轻巧,

十分便于装运和部署(其长仅为 3 m,重为 500 kg);二是因吃水仅为 18 cm,故可在近岸极浅的水域内活动;三是能够高速机动,最大航速超过 45 kn;四是耐力出众,在携载 204 kg 有效载荷时以最高航速可持续航行 8 h;不加油时能以 10~12 kn 的速度航行 10 h;慢速(3~5 kn)巡逻时续航时间为 24 h。

图 5-11　"海上猫头鹰"MKⅡ无人水面艇

"海上猫头鹰"承担的主要任务是雷区侦察、浅海监视、海上拦截和保护港口码头周边的安全等,如利用前扫或侧扫声呐搜索水雷、蛙人、潜水器等目标。它能够将探测到的信息通过无线电设备实时传回在 10 n mile 范围以内的控制站。

2010 年,美国海军对该艇作出了进一步的改进,主要是采用模块化设计和开放式体系结构,加装 120 hp 的柴油机和喷水推进系统,将其负载能力提高到 550 kg,更新昼夜或红外摄像机等传感器设备,甚至装备自卫武器等。改进后的无人艇用途更加广泛,可作为载舰的侦察艇为其标示海上或岛礁附近的目标,或为载舰兵力提供有限的保护等。

6."水虎鱼"无人水面艇

"水虎鱼"(Piranha)是第一艘采用碳纤维与轻型碳纳米管材料制成的无人水面艇(见图 5-12),由美国 Zyvex 技术公司于 2010 年研发,艇长为 16.5 m,重量仅为 3 805 kg,其重量比其他同尺寸的无人艇都轻,而材料的强度比普通材料提高了 20%~50%。另外,它能够携载重达 6 795 kg 的有效载荷,航程为 4 023 km;装备的武器包括机枪、MK54 鱼雷以及超视距导弹等。该型无人艇可承担情报、监视与侦察,猎潜以及电子战、运输、水雷战、港口巡逻等任务。

图 5-12　"水虎鱼"(Piranha)无人水面艇

2010 年,第一艘"水虎鱼"建造完成,随后在太平洋普吉特湾进行了为期 6 个月的海试。据 Zyvex 技术公司介绍,该艇在不加油的情况下可持续航行 5 185 km(以色列的"银色马林鱼"重达 1.5 t,能够携载有效载荷仅 25 t,在不加油的情况下仅可持续航行 1 852 km)。

而"水虎鱼"无人艇非常省油,仅相当于其他无人艇耗油量的四分之一,且其能够在 6 级海况下正常运行,最大航速可达 45 kn,携载的有效载荷包括 L-3 公司研发的 WescamMX-10 光电/红外仪、陀螺仪等。为了扩大无人艇的使用范围,公司还在建造艇长分别为 11 m 和 5.5 m 的"水虎鱼"无人艇,期望前者能够在美国海军近海战斗舰上使用,后者则在美国本土内河中使用。

7."幽灵卫士"无人水面艇

"幽灵卫士"(Ghost Guard)艇长为 6 m,发动机最大功率为 196 kW,采用了机器人船舶公司研发的新一代软件,具有遥控、导航、航线规划、突发事件和危机管理、艇上事故诊断等功能,如图 5-13 所示。实际上,由于该艇与宽带无线遥感装置相连接,所以可以通过因特网从世界上的任意角落操作该艇。

"幽灵卫士"于 2003 年 9 月在佛罗里达州棕榈滩进行了首次试验,基本功能是警戒和防护,如保护航道、港口、桥梁和航海系统的安全等,还可用于运送 150 kg 以内的货物或承担情报收集、海上监测等任务。该艇装备了雷达、摄像机等侦察设备,采用了多种伪装手段,可预先设置航线并随时更改,及时处理各种突发事件。它还能够收集声音、图像资料以及雷达和声呐数据,并通过互联网与地面指挥部保持联络和传输数据,还可在航行途中随时进行生化、放射等各种形式的自动化分析。通过一套布放/回收系统,水面舰艇在航行途中就可以对之进行部署、操作、回收等作业。

图 5-13 "幽灵卫士"无人水面艇

(二)以色列无人水面艇

1."保护者"无人水面艇

以色列拉斐尔先进防务系统公司(Rafael Advanced Defense Systems)于 2003 年研发的"保护者"(Protector)被认为是当今最成熟的无人水面艇,具备较强的监视、识别和侦听能力,能执行侦察、辨别和拦截敌舰、反恐、水雷战、电子战和精确打击等任务,并能与舰载无人机开展协同作战,如图 5-14 所示。

图 5-14　"保护者"无人水面艇

"保护者"以 9 m 长的刚性充气艇为基础,有 9 m 和 11 m 两个型号。前者的动力系统包括 1 台柴油机和 1 台喷水推进器,后者的动力系统包括 2 台柴油机和 2 台喷水推进器,航速超过 30 kn,最大作战有效载荷为 1 t。其传感器主要包括导航雷达和"托普拉伊特"(Loplite)光学系统,后者为多任务传感器光电载荷系统,可在白天、夜晚以及各种不利的大气条件下,完成手动和自动昼/夜观测及目标指示。艇上装备的"微型台风"武器系统,以"台风"遥控稳定武器系统为基础,可使用 12.7 mm 机枪或 40 mm 自动榴弹发射器,并配装有全自动火控系统和昼夜用照相机,形成了一套完整的综合无人系统,可由几十海里外的海岸控制站或海上指挥平台实施遥控指挥,昼夜执行作战任务。

"保护者"无人水面艇具有三大特点:

一是采用模块化设计,能够执行多种任务。通过模块化设计技术,"保护者"可根据不同的任务需要,将各种设备快速安装在艇上,执行反恐、情报侦察和监视、火力支援等多种任务。

二是充分利用隐身技术,生存能力强。"保护者"的上甲板没有雷达反射物和增大雷达反射截面的设施以及直角,艇体侧面和上层建筑为小角度倾斜,并在某些部位采用了雷达吸波材料,使其具备较好的隐身性能,提高了生存能力。

三是大量使用新材料,降低了使用成本。艇体采用玻璃钢复合材料以降低艇体受损程度,并且艇的边梁和框架采用碳纤维及轻质复合材料取代传统的钢材料,以加固艇体结构、减轻艇重。通过这些措施,达到了降低使用成本的目的。

2004 年,新加坡海军成为"保护者"的第一个海外用户,装备了 2 艘。此外,美国海军也引进"保护者"用于反恐和部队保护等领域。

2."海上骑士"无人艇

"海上骑士"(Sea Knight)是以色列拉斐尔先进防务系统公司研制的最新型无人水面艇(见图 5-15),而且它是全球第一艘可发射导弹的无人水面艇。

2017 年 3 月,以色列海军成功测试了"海上骑士"无人驾驶导弹艇,以期逐渐替代已投入使用超过 20 年的现役主力无人水面艇"保护者"。"海上骑士"无人水面艇由以色列拉斐尔先进防务系统公司研发,是现役主力无人水面艇"保护者"的升级版。

图 5-15　"海上骑士"无人水面艇

　　"海上骑士"体型比"保护者"更大更长,继承了"保护者"的基本装备和高速航行的优点,最高速度可达 75 km/h。艇长扩展至 11 m,在大浪中航行更加稳定,可以驶出离岸 500 km远的海域,连续续航时间也提升至 12 h,更配备 1 门水炮和多枚"长钉"导弹。该艇可在海面执行反潜、排雷、无线电电子战、海上安全及与之相关的行动与任务。

　　从"海上骑士"的高速度与工作任务(排雷与发射鱼雷等多种任务)来说,它无疑是用无磁性铝合金打造的,是用对海水有高防腐蚀性能的 5083 型或 5056 型合金焊制的。它不但有强的抗腐蚀性能,而且有相当高的力学性能。这种无人艇既可以从岸边陆上基地遥控操作,也可以在海上航行的舰艇上遥控操作。

　　以色列海军于 2017 年 3 月成功测试了"海上骑士"无人导弹艇(见图 5-16)。目前,"海上骑士"的功能还正在不断升级,经过进一步升级后,还可用于拦截敌方潜水人员,安全执行投弹和投掷深水炸弹的任务,避免人员伤亡。此外,"海上骑士"还正在开发拦截近岸射击的反坦克导弹的功能。

图 5-16　正在进行发射试验的"海上骑士"

　　该艇已成功地进行了多方面测试,在为期 2 年的试验结束后,首批"海上骑士"列装在加沙沿岸保卫海岸线的海岸分队。以色列海军正在组建新的"海上骑士"无人导弹艇分队,列装后将取代年限较久的效率较低的导弹艇。

　　3."银色马林鱼"无人水面艇

　　埃尔比特系统公司的"银色马林鱼"(Silver Marlin),是以色列继"保护者"之后研发的第三代多功能无人水面艇(见图 5-17)。该艇主要是自主操作,但同时也可以通过无线电遥控操作;能够执行情报、监视与侦察和兵力保护/反恐、反舰、反水雷、搜索与救援、特种作战等多种任务。

图 5-17 "银色马林鱼"无人水面艇

"银色马林鱼"艇长为 10.6 m,重为 4 000 kg,艇体采用增强玻璃纤维材料,可携带 2 500 kg 的有效载荷,最大航速达 45 kn,最大航程约为 930 km,续航时间为 2 436 h;艇上装备了一套 7.62 mm 顶置遥控武器系统,可携带 690 发子弹,具有全天候作战及在行进中射击的能力。此外,艇上还有一座紧凑型多功能高级稳定系统(COMPASS)传感器转塔,转塔上集成了 CCD 电视摄像机、第三代前视红外热成像仪、激光扫描具、激光测距仪以及激光目标照射器等。该转塔可发现 6 km 以外的橡皮艇、16 km 以外的巡逻艇和 15 km 以外的飞机等目标。

另外,埃尔比特系统公司为"银色马林鱼"研制了一种"自主舵手系统"。这是一种具有先进自主决策能力的专家系统,具有自适应特点,能针对环境或任务的变化自动调整控制系统,使无人艇能够以最佳转向速度、最佳燃油消耗率航行,并采用巡航传感器和稳定系统进行精准航行与导航,防止无人艇在航行途中倾覆。

4."海貂鱼"无人水面艇

"海貂鱼"(Stingray)是以色列埃尔比特系统公司独资研制的一款主要在近岸水域活动的无人水面艇(见图 5-18),采用喷水推进,重达 700 kg,其中有效载荷重为 150 kg,最大航程达 550 km,最大航速为 40 kn,活动半径在 25 km 内(使用视距内通信),自持力可达 8 h。艇上装有各种探测传感设备(包括前视红外传感器、电视摄像机、光电探测系统等),其有效载荷包括埃尔比特系统公司研制的紧凑型多功能高级稳定系统传感器转塔,其中集成了一个可放大 7 倍的连续移动的高性能冷却热成像仪、可放大 6 倍的连续移动的高分辨率日光 CCD 摄影机、激光目标照射器和全自主目标跟踪软件等。

图 5-18 "海貂鱼"无人水面艇

该艇本身具有自主导航能力和定位能力,可由岸基平台或舰上控制台对其实施遥控。其便携式任务控制站在大多数平台(如小艇、小船和地面车辆)上都能使用。同时,由于使用标准数据链路在视距内通信和卫星在视距外进行辅助通信,它在视距内和视距外都可受控制地进行高度自主操作。该艇主要用于近岸情报侦察与监视、电子战和电子侦察等。该艇能在 3 级海况下保持其完成全部任务的能力,在 5 级海况下能操作,但完成任务的能力有所下降。因此,该艇目前仅限于在近岸浅海水域活动。

(三)英国无人水面艇

1.“快速机动扫雷技术”(FAST)无人水面艇(见图 5-19)

2003 年,英国发展和部署了一种由奎奈蒂克公司研制、基于无人水面艇的扫雷系统,即“浅水感应扫雷系统”(SWIMS)。该系统采用小型橡皮充气艇的集成式自主控制,可以拖带水雷探测设备,以使操作人员远离危险区。该项目的成功促使英国启动了一项利用无人水面艇执行反水雷任务的研究计划,即“快速机动扫雷技术”(FAST)系统,旨在将 SWIMS 项目中的技术发展到一个新的水平,并鉴定其是否能成为一种有用的反水雷工具。

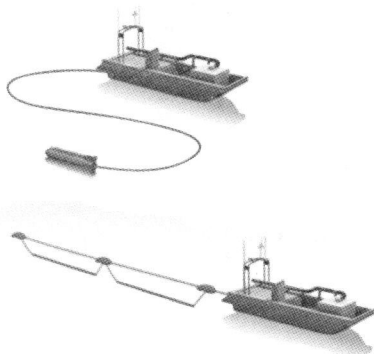

图 5-19　FAST 项目示意图

根据英国国防部的要求,英国阿特拉斯电子公司牵头组成的工业集团完成了对“水雷对抗无人水面艇技术演示验证系统”的“过渡期设计评估”审查。该集团包括 ITT 公司和英国奎奈蒂克公司,并于 2007 年 5 月赢得了英国调查采办机构价值 430 万欧元的合同,对“快速机动扫雷技术”系统进行为期两年的“技术演示验证”,为英国海军验证基于无人水面艇的感应扫雷技术的成熟度。阿特拉斯电子公司负责项目管理、扫雷电缆供应并作为系统设计主管部门,ITT 公司负责磁力发电,奎奈蒂克公司则负责无人水面艇的遥控操作、任务编制、水雷对抗以及评估和演示试验等。

FAST 项目的关键目标包括:为基于无人艇的感应扫雷技术降低风险;利用设计和构建技术演示验证项目,进行技术开发和成熟系统集成;在真实的水雷威胁环境下,进行扫雷性能和效果的资格验证;演示从水雷艇上布放、回收、捕获 FAST 无人艇;为 FAST 设计开放式结构;等等。

“快速机动扫雷技术”无人艇采用半硬式可充气船型,艇长为 10 m(生产型为 8.5 m),宽为 2.9 m,吃水为 0.3 m,满载排水量为 8 000 kg;动力装置为 2 台日本洋马柴油机公司的 6L3Y-STP 发动机(每台功率为 324 kW),2 台美国汉密尔顿公司的 HJ292 喷水推进器。

2007 年 7 月,FAST 项目的“初始设计评估”检查阶段结束,同年 9 月完成了“过渡期设计评估”检查。根据计划,2007 年 12 月进行“关键设计评估”检查,2008 年中旬完成 FAST

演示艇的生产,2008年底进行验收试验和初步评估,2009年初开始正式的演示。海上演示验证由英国奎奈蒂克公司负责在英国海军"猎人"级扫雷舰"莱德伯里"(Ledbury)号上完成。后者已作为FAST项目的试验平台使用。测试中的FAST无人艇如图5-20所示。

图5-20 测试中的FAST无人艇

2."哨兵"(Sentry)无人水面艇(见图5-21)

英国奎奈蒂克公司是研发无人水面艇的主要企业。除了成功研发了"浅水感应扫雷系统"(SWIMS)以外,该公司于2005年5月根据一项价值100万美元的合同,为英国海军提供无人高速近岸攻击艇(FIAC)用于其部队保护训练。该公司研制的无人水面艇包括"哨兵"、FHPC、FIACRT、MIMIR等。

图5-21 "哨兵"无人水面艇

"哨兵"无人水面艇主要用于港口巡逻和侦察。它采用高速滑行船型,模块化设计,具有遥控、自主控制和传统操作3种操作模式;艇长为3.5 m,宽为1.25 m,高为1.1 m,重为500 kg;动力装置为4冲程汽油发动机、喷水推进,航速高达50 kn,自持力6 h,通过射频控制链其活动范围可达30 km;采用微波数据链通信,艇上装备了包括昼夜可用的高分辨率照相机、适用于不同任务需求的声呐或雷达,以及可供选择的光电传感器、化学传感器和环境传感器等设备。此外,用户可根据需要选择自主系统控制模块和自主任务规划软件。其外形设计和艇体材料使之具有优良的隐身性能和抗沉能力。

3.海上系列快速靶标(FMTD)(见图5-22)

英国自主水面艇股份有限公司推出的海上系列快速靶标,包括3500型、5000型和6000型3种。这种系列化的轻型、高速机动靶标,易于部署,主要用于海军炮射训练、武器测试、舰艇指控性能评估等。它们采用了公司专门为之研发的控制系统,能够被单独操作,也可以作为战斗集群中的组成部分,可在 10 km 范围内被操作行动。其外壳使用坚固的铝合金材料制成,生存能力强、易于维修。另外,其内部装填了闭室泡沫材料,能够在受到破坏时减少水的灌入;舷外发动机安装在一个隐蔽的凹槽内,与电子设备一起被保护起来。外壳上部有一个环状物,用于靶标的收放。由于携载了前视摄像机、麦克风、GPS 导航装置等有效载荷,所以该系列靶标具有很好的环境感知能力。

FMTD3500 无人靶标可以被分成 4 个部分放进 0.5 m 储物箱内,便于运输和储存。其长为 3.5 m,宽为 1.4 m(包括外围挡板),高为 1.3 m(龙骨至天线),重为 325 kg;动力装置为 22 kW 2 或 4 冲程汽油发动机(舷外,也可选柴油机);航速超过 20 kn(或 25 kn);燃油负载为 25 L,控制方式为近程(单艇)、远程(多艇)。

FMTD5000 无人靶标可以被手工操作(通过艇上的控制台),也可以被遥控(通过无线电)。其长为 5 m,宽为 1.7 m(包括外围挡板),高为 2 m(龙骨至天线),重为 600 kg,动力装置为 44 kW 舷外发动机(可选柴油机);航速超过 32 kn,燃油负载为 40 L,控制方式为远程(多艇)。

图 5-22 海上系列快速靶标

FMTD6000 是专门用于在近海海域训练的靶标,可以直接作为被攻击的目标,或者作为充气艇的拖曳目标。其特点是:功率大,可在 4 级海况下正常训练;并且根据用户的需要可以为之量身定制。其长为 6.5 m,宽为 2.2 m,高为 2.7 m(龙骨至天线),重为 950 kg,动力装置为 92 kW 2 或 4 冲程汽油发动机(舷外,也可选内置式柴油机);航速超过 35 kn,燃油负载为 80 L,控制方式为远程(多艇)。

(四)其他国外无人水面艇

1.俄罗斯无人水面艇(见图 5-23)

在 MBMC-2017 上,俄罗斯公开其新型无人水面艇"探索者"号。该艇长为 8.4 m,宽为 3 m,高为 3.4 m,满载排水量为 5.4 t,载重量为 500~600 kg,最高航速为 25 kn,自持力 7 天。艇上还安装了复杂的陀螺稳定监视和搜索系统和光电监视系统、声呐设备、无线链路系统、扬声器和聚光灯,以及无人机和其搭载的远程视觉系统,电子压制和自动灭火系统。此外,俄罗斯在"军队-2020"装备展上展出了无人水面平台"网络艇-330"。这一巡逻艇的满载排水量为 0.55 t,吃水为 0.34 m。采用喷水推进器,坚固耐磨的艇体由添加高分子聚合物的铝合成材料制成,可高速通过搁浅地段。

图 5 - 23　俄罗斯"探索者"号无人水面艇

2.日本"水瓶座"无人水面艇(见图 5 - 24)

日本发展的无人水面艇主要是 UMV - H(高速型)、UMV - O(海洋型)和 OT - 91 型无人水面艇。其中,OT - 91 型为最新研制型号,采用喷水推进,最高航速为 40 kn。

日本研发的 OT - 91 型无人水面艇是一种采用排量为 1 131 mL 喷水推进系统的无人水面艇,全长为 4.4 m,重为 535 kg(包括 225 kg 的有效载荷),采用喷水系统推进,最大航速为 40 kn,有效载荷为 225 kg,艇上装有一套自主导航系统、一部扫描声呐和两台电视摄像机(一台用于水下观察,另一台用于水面监视)及传感器,其主要任务是海上情报侦察和反水雷等。

图 5 - 24　日本"水瓶座"无人水面艇

日本 2014 年推出混合动力无人水面艇——"水瓶座"无人水面艇(Aquarius USV)。该艇由日本 EMP 海洋技术公司研发,采用三体船型,艇体采用轻质材料和海洋铝材料建造,艇长约为 5 m、宽约为 8 m,巡航速度最高可达 6 kn。采用太阳能-电能混合动力系统,设有轻质灵活的太阳能板阵列,可对艇载锂电池充电,同时该艇亦可通过岸基快速充电技术实现能源补给。为实现数据采集和任务执行,该艇上搭载有先进的计算机控制系统和各类传感器,整套系统基于 KEI3240 舰艇计算系统改进而来,后者已通过数百艘各型舰船的应用验证了较高的可靠性。该无人水面艇将可用于执行一系列任务,包括海岸与海上监视、海洋地理探测、港口安保等。该艇高度较低,除了可在沿海及海上运行,还可在其他受限环境中运行,如港湾、湖泊、河流及城市水道;若配备适当的任务系统,该无人水面艇可能还会作为军用艇进行部署,用以执行反潜战和反水雷任务。

(五)国内无人水面艇

1.“天象 1 号”无人艇(见图 5-25)

“天象 1 号”是沈阳航天新光集团自主研制的我国第一艘用于工程实践的无人水面艇,也是第一个用无人水面艇进行气象探测的系统。其最大长度为 6.7 m,最大宽度为 2.45 m,总高为 3.5 m,重为 2.3 t,船体用碳纤维制成,集成有智能驾驶、雷达搜索、卫星应用、图像处理与传输等系统,可在海面连续作业 20 天。

图 5-25 “天象 1 号”无人艇

该艇气象探测系统由两部分组成:一部分是海上无人探测平台,也就是命名为“天象 1 号”的无人水面艇;另一部分是地面控制系统,整个船的控制通过卫星链路实现了对无人船的遥测和通信。

“天象 1 号”无人水面艇在船体设计上有一种自稳定功能,满足高海况下工作能力需求。另外,该无人水面艇配备了可靠的动力系统,作为气象探测的无人水面艇,其航程可达数百千米,一次可连续作业 20 天左右,对应对海洋突发事件和在海洋、大型湖泊等方面的环境监测以及灾害预警等意义重大。

2.“精海”系列无人艇(见图 5-26)

“精海”系列无人艇是我国第一艘自主研发的水面无人智能测量平台。

图 5-26 “精海”系列无人艇

上海大学于 2013 年和 2014 年研制成功"精海 1 号"和"精海 2 号"USV(见图 5 - 26)。2013 年"精海 1 号"跟随"海巡 166 号",顺利完成南沙诸岛礁和西沙的水文情况的测量和海底地貌地形探测工作,为今后在南海岛礁建立航海保障基地打下了坚实的基础。2014 年,"精海 2 号"随"雪龙"号遂行南极科考任务,发现了一处适合"雪龙"号抛锚的新锚地,并探明了附近 12 km² 水域的水下地貌,绘制了大比例尺海图,为人类和平利用南极做出贡献。系列至今延续到"精海 8 号",在东海、黄海、南海到南极罗斯海等海域,"精海"系列无人艇多次成功完成任务。

2014 年 11 月 12 日,第 10 届中国珠海航展上,由上海大学研发的"精海"无人水面艇(USV)亮相。该艇全长为 6.28 m,宽为 2.86 m,吃水深度为 0.43 m,满载重量为 2.3 t,最大航速为 18 kn,最大续航力为 120 n mile,可在 20 km 距离超视距控制,还能按预设规划航路自动完成规避障碍物、自主完成 S 形转弯等特殊机动,使用北斗或 GPS 制导,应用潜力巨大。"精海"的功能是可自主完成水体环境要素探测、环境测量及海洋水文测量任务,还具有较大的军事运用潜力,"精海"无人水面艇航展模型如图 5 - 27 所示。

图 5 - 27　"精海"无人水面艇航展模型

3."领航者"无人艇

"领航者"海洋测绘船是 2014 年 9 月由珠海云洲智能科技有限公司推出的用于水文勘测的无人船平台,也是我国第一个海洋高速无人船平台。"领航者"是一款通用化海洋高速无人船平台,可应用于环保监测、科研勘探、水下测绘、搜索救援、安防巡逻乃至军事应用领域,通过搭载无人机、潜水器等设备开展更多的任务。在海洋测绘、海上应急等众多领域都有广阔的应用前景,"领航者"等比例缩小模型如图 5 - 28 所示。

图 5 - 28　"领航者"等比例缩小模型

4."云洲"海洋无人测量艇(见图 5 - 29)

"云洲"海洋无人测量艇于 2015 年 11 月同样由珠海云洲智能科技有限公司成功研发。可自主完成海底地形测量、航道勘测、海事搜救等工作。其采用深"V"船型,在高海况下具有优越的适航性和稳定性,可自主航行、自动目标识别、智能避障,具有高抗倾覆性、集成度高、操作方便等特点。

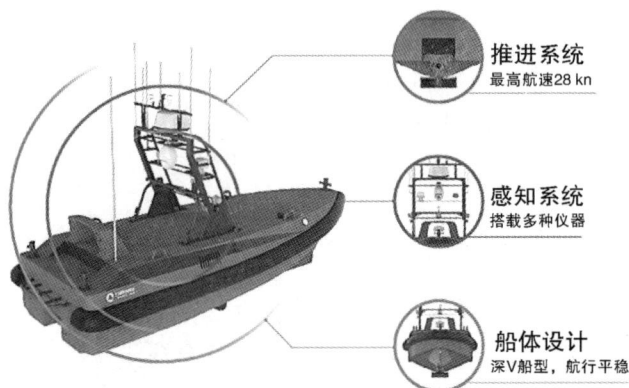

推进系统
最高航速28 kn

感知系统
搭载多种仪器

船体设计
深V船型,航行平稳

图 5 - 29 "云洲"海洋无人测量艇

5."SeaFly - 01"高速智能无人艇(见图 5 - 30)

"SeaFly - 01"是我国研制的全球首款"双 M 型"高速智能无人艇,由四方公司武汉分基地负责研发,于 2016 年 10 月 27 日在武汉南湖试航。该艇长为 10.25 m,最高航速达到 45 kn,4 级海况亦可正常工作。其既可以在全智能模式下进行路径规划、循迹航行、自主避障,又可以在半智能模式下进行定速、定向航行,同时支持远程遥控及登船人工驾驶。

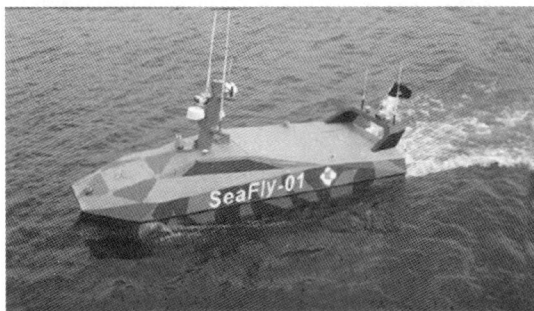

图 5 - 30 "SeaFly - 01"高速智能无人艇

"SeaFly - 01"采用的"双 M"隐身船型、整船碳纤维材料、北斗通信导航技术,具有自主学习、自组网集群化作业、三位一体自主避障等功能,均为无人艇技术首创。同时,该艇作为一个通用平台,可以携带光电侦察、轻型武器、声呐等应用设备,在海防巡逻、武装对抗、海底探测、水质监测等领域具有广阔的应用前景。

三、无人水面艇的结构与原理

根据物理分布,无人水面艇系统可以分为两大子系统:无人水面艇子系统和岸基监控子系统。无人水面艇子系统包括无人水面艇艇体和其上搭载的各种设备。岸基监控子系统设置于岸上或者其他水面舰艇之上,可对无人水面艇进行监视和控制。

基于模块化的设计理念,无人水面艇子系统分为以下几个模块:艇体及辅助结构部件模块、运动控制模块、能源模块、导航避碰模块、通信模块、环境信息采集模块、负载平台模块及指挥与控制模块。

1.艇体及辅助结构部件模块

艇体及辅助结构部件是无人水面艇子系统的载体。艇体作为无人水面艇所有设备的搭载平台,确保设备的安全稳固是对其最基本的要求。艇体对无人水面艇的操作性、灵活性、续航力、载重量等功能的实现,都有较大的影响。可供无人水面艇选择的艇型有三体艇、复合艇、射流滑行艇、刚性充气艇、水翼艇、表面效应船等。辅助结构部件包括水上舷侧结构及支架平台等,主要用来安装导航设备、武器系统等。玻璃纤维、碳纤维等都能用来制造辅助结构部件。

2.运动控制模块

运动控制模块负责对无人水面艇的航速和航向进行调节控制,其主要设备包括发动机、推进器、伺服液压缸等。基于续航能力和能源供给方面的考虑,发动机选择可电控操作高性能柴油电动机。执行军事任务的无人水面艇必须具备较高的航速,因此发动机功率要足够大。推进器选择性能优良的喷水推进器。通过控制柴油电动机进油量控制喷水推进器的转速,通过改变喷水推进器的喷口角度实现舵的功能。

3.能源模块

能源模块包括为柴油机提供能源的燃油箱和为艇上电子设备供电的电池组。为防止无人水面艇执行任务中途能源耗尽,燃油箱和电池组具有实时显示能源剩余情况和能源不足时自动报警功能。

为了确保无人水面艇安全返航,剩余油料紧张时,能源智能管理系统自动关闭暂时不用的设备。由于无人水面艇搭载的电子设备较多,电量消耗大,为保证无人水面艇单次执行任务期间不间断供电,设计一般采用银锌电池组。银锌电池组是普通铅酸电池组电量的5~6倍。若无人水面艇搭载其他大型电子设备,可考虑在柴油机上安装轴带发电机。如无人水面艇要执行长期任务,会考虑搭载太阳能电池板。

4.导航避碰模块

由于无人水面艇执行任务时,需要精确导航定位信息,而目前的各种导航方式都同时存在着优缺点,为发挥各自优势,一般采用多种导航设备参与的组合导航方式。

使用GPS接收机模块获取无人水面艇的经纬度信息。为避免电磁干扰影响信号接收,

GPS 接收机应安装于远高其他天线的位置。装备激光陀螺仪获取无人水面艇的加速度和角加速度信息。通过计程仪测量速度和航程信息。由回声探测仪读取水深信息,防止浅水域搁浅。装配具有自动雷达标绘功能的小型导航雷达,这种雷达一方面可以向控制与指挥系统提供雷达视频和目标信息,另一方面可以跟踪锁定目标,并通过分析目标运动轨迹,提供最近会遇时间和最近会遇距离。

5.通信模块

考虑到无人水面艇外出执行任务时与岸基控制设备的距离,设计采用卫星通信、无线网络通信和微波通信组合通信方式。微波通信距离较短,因此主要用于视距范围内的通信。近岸水域通过布置无线网络,采用无线宽带技术可实现无线通信,在无人水面艇和控制端架设天线,可实现 50 km 范围内的通信。更远范围的距离,采用卫星通信方式。无人水面艇工作时,根据实际需要,灵活选择通信方式。

6.环境信息采集模块

环境信息采集模块主要用于对无人水面艇周边水域进行侦察和监视。设计在无人水面艇上安装黑白/彩色摄像机,用于获取现场图片或视频,前视红外传感器可在夜晚获取环境信息,通过激光测距仪可以得到目标的距离,方位指示仪获得相对方位信息。

这些信息采集设备集中安置于控制云台内。云台是安装、固定信息采集设备的支撑设备,具有 360°水平运动和一定幅度的上下运动的功能。根据采集设备采集角度的需要,在外部控制信号的作用下,可以按指定的速度完成要求的水平、垂直运动,实现光圈、焦距的调节,以及传感器的关闭开启等功能。

信息传感设备和云台均位于多功能广电塔内。基于监听的目的,该无人水面艇还设计了指向型的音频采集卡,使用 VHF 设备通过实时监听 VHF16 通信信道,获取无人水面艇周围的通信信息。AIS(船舶自动识别系统)可以实时获得附近船只的身份信息和航行状态。

7.负载平台模块

负载平台模块主要由转动平台构成,还包括其他负载设备。转动平台可以带动其上携带的武器系统转动到需要的位置。根据需要,转动平台安装于无人水面艇的前部。武器系统通过控制信号,对危险目标进行摧毁打击。为配合目标打击,转动平台上还安装目标识别和跟踪器,对目标进行锁定跟踪。安装的非致命性武器包括强光灯和扩音器等,用于对非致命危险的违规船只进行强光照射警告和喊话。

8.指挥与控制模块

指挥与控制模块是无人水面艇的大脑。其他模块的设备收集的信息都将汇总到这里。指挥与控制模块的核心为一台工控机,负责将无人水面艇的所有信息汇总处理,并将视频、音频、图像等信息经过压缩后通过合适的通信链路传送到岸基控制单元。同时负责接收岸基监控系统的控制指令,经过处理分析出相应的控制信号发送给相应的设备,实现需要的动作和功能。无人水面艇结构布置示意图如图 5 - 31 所示。

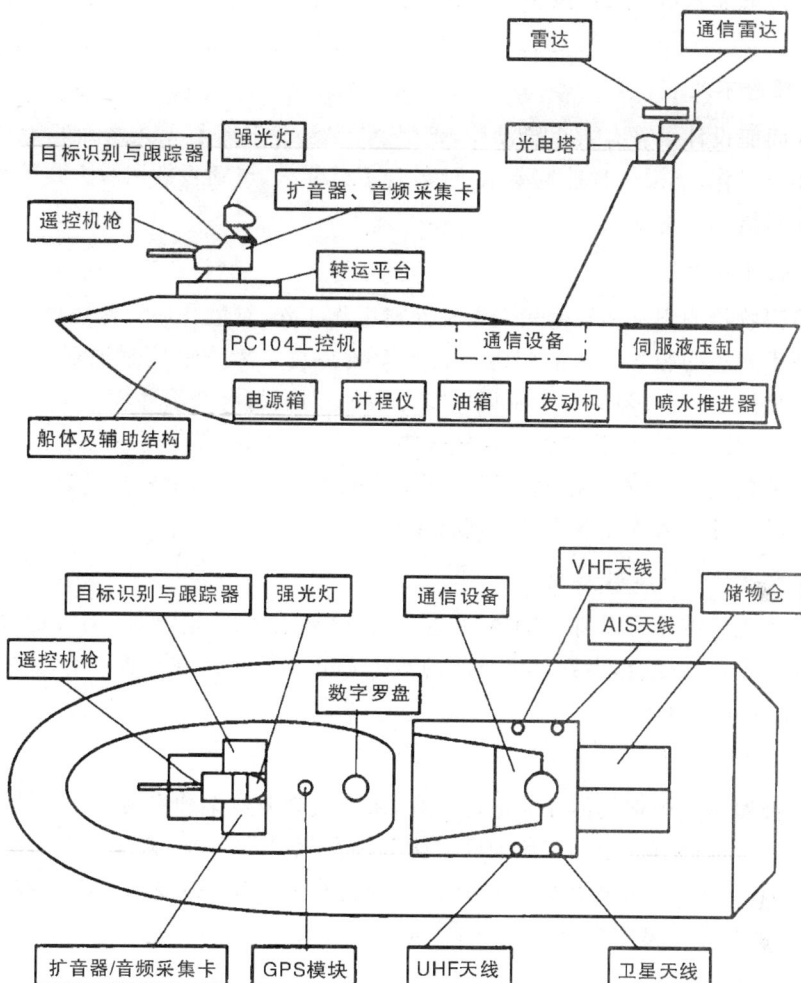

图 5 - 31　无人水面艇结构布置示意图

四、无人水面艇的技术难点

无人水面艇属于新兴装备,我国目前装备部队的仅为遥控扫雷艇,主要用于反水雷作战任务,功能较为单一,与国外存在较大差距。相对于国外无人水面艇系列化、模块化、多任务化特点,我国无人水面艇类型及型号单一,任务功能简单,特别在无人水面艇的自主化、高速长航时等方面还有很多核心技术需要突破。综合分析我国在无人水面艇研发的现状,目前存在的技术差距主要表现在以下方面。

1.基础功能不足

无人水面艇平台偏小(均在 10 m 内),且均不带主动减摇功能,航行、载荷能力均较差,仅限于执行良好海况条件下近海、近岸、浅水区域低端的水文测绘、环境监测等任务,具备高海况适航能力的无人水面艇尚属空白,具备搭载拖曳阵等大型设备能力的无人水面艇亦尚属空白。

2.设计理念不足

无人水面艇设计沿袭有人小艇设计,艇型、结构设计未能与无人水面艇无须人员保障、极限恶劣环境工作、极限航程航速要求、极限隐蔽性要求、灵活投放回收方式等相结合,水面艇总体设计新概念亟待挖掘。

3.自主航行能力弱

自主障碍物检测识别和规避是无人水面艇可靠工作、智能化应对作业环境的基础,是无人水面艇技术发展的瓶颈。目前国内无人水面艇在自主障碍物检测识别方面普遍效果不好,对小型、低矮、近距离障碍物检测识别能力不足,对高海况波浪环境和岸线等干扰反应过大,亟待从单一传感器算法检测性能挖掘和雷达、光电、激光、超声等多传感器融合两个方面探索提高性能的途径,并在目前基于经验和统计的方法基础上,引入基于数据和机器学习的算法,三管齐下,让无人水面艇真正实现自主化。

4.感知数据融合技术弱

目前国外先进技术可以将 ARPA 雷达信息、惯导系统、光电设备、GPS 定位和电子海图等多种感知数据进行融合,得到最终所需的数据形式。而国内在数据融合方面还处于研究阶段,离工程应用还有距离。

5.缺乏模块化设计

无人水面艇基本根据具体任务进行设计,未能实现开放架构和模块化设计,未能实现无人水面艇平台、基础载荷、任务载荷的模块化分离和设计。另外,满足无人水面艇要求的小型化、高性能任务模块(如小型多功能雷达、小型拖曳阵声呐、小型多功能声呐等)缺乏且相互间不兼容,总体集成效率低下。

6.试验场地匮乏

无人水面艇湖上及海上试验验证环境场地匮乏,无人水面艇平台功能性能试验验证标准尚未建立,总体及任务载荷系统设计标准空白。

五、无人水面艇的典型作战运用

(一)海战电子对抗

以信息化、智能化为代表的新技术的快速发展,大大影响了战争的形态和作战指挥方式。未来海战场基于无人船的分布式电子对抗系统或将成为应对"分布式杀伤"的有效途径;水面舰艇是在海战场上重要的作战平台之一,无人舰艇的出现将分担大型有人舰艇的部分作战任务如电子对抗、信息侦察等,降低有人舰艇的任务强度并且提高其抗毁能力,对于水面舰艇编队形成体系作战能力具有重要的意义。电子对抗无人船(ECUSV)是除具备一般无人船吃水浅、机动灵活、雷达辐射面小、行动隐蔽、电磁噪声低等特点外,在海战场电子对抗作战领域还具备如下优势。

1.信息侦察优势

一是侦察距离优势。由于地球曲率限制,海基侦察平台对海电子侦察距离主要在视距范畴,侦察目标范围较小。电子对抗无人船可作为舰载侦察平台,对目标实施抵近侦察,与母舰指挥中心通过卫星、数据链通信等手段建链,将侦察数据回传,大大拓展了海基作战力量的侦察范围。同时,可采用多艘电子对抗无人船协同组网,形成区域覆盖,大大提高了海战场态势感知能力。二是平台优势。ECUSV可对目标近距离侦察,通过缩短侦察距离来提高检测概率,增强接收信号强度,这种优势一定程度上降低传统的电子侦察设备对检测设备灵敏度要求。比如在搜潜行动中使用拖曳式探测装备,由于新型潜艇辐射噪声较小,要实现远距离搜潜,必须使声呐基阵孔径更大,增加空间处理增益,从而获得较高输出信噪比。采用ECUSV对目标近距离侦察,可使用小孔径基阵。ECUSV可同时装备拖曳式声呐和吊放主动声呐,实现协同探测、信息融合,将大大提高对潜艇的搜索定位能力。

2.信息对抗优势

海战场中为应对敌方不同体制的电子信息系统,对舰载电子对抗干扰设备复杂度要求较高:一是要求干扰设备具备对多频段实时干扰的能力,二是要求干扰设备具备多种干扰工作样式。使用ECUSV可对电子对抗目标实施抵近干扰,可以使用较低干扰功率获得较好的干扰效果从而获得理想的干扰增益。此外,现代海战中随着对抗双方电子信息设备的大量使用,水面舰艇面临着日益复杂的电磁环境,电磁兼容问题急需解决。ECUSV将电子干扰功能从母舰分离,远离母舰对己方电子设备影响大大降低,可以取得对敌方最佳的干扰效果,同时降低了对己方水面舰艇的雷达、通信、导航等电子设备的自扰,进而实现水面舰艇作战的"侦中通、侦中扰",获得海战场信息对抗优势。此外,ECUSV的抵近干扰模式对高速跳频电台有较好的干扰效果。跳频电台由于具有较强的抗干扰能力,对其干扰难度较大,已成为电子对抗系统重要的作战目标。而ECUSV可实施抵近侦察干扰,有效弱化了跳频电台所具有的传输时延优势。一旦对准其跳频频率,就能产生较好的干扰效果。

3.作战持久力优势

随着电池技术的快速发展,ECUSV可通过装备太阳能电池和新型锂电池等方式,大大提高其续航能力,同时又可降低自身电磁辐射,提高隐身能力。战时ECUSV可预置在主要作战海域,对主要作战目标实施长时间侦察。平时根据任务需要ECUSV可快速机动至行动海域,对作战目标实施侦察和干扰,如对在我周边海域进行情报收集的敌潜艇、无人艇和电子侦察船进行干扰和驱离。与传统电子对抗手段相比,ECUSV有长时间的侦察干扰能力,能够解决海上电子对抗作战持久力差的难题,从而提高海战场制信息权。

(二)情报侦察与监视

情报收集是完成任务的前提,也是战场上己方最重要的力量倍增器,利用USV隐身性好的特点潜入敌占区,布放监听设备开展战术情报收集工作,实现对特定海域的持续监视。

另外,舰艇编队航行到达危险海域时,可控制多个无人艇在一定距离和方位伴随有人舰艇编队航行,扩大防御纵深,增加防御层次,延长对来袭武器的预警时间,最大限度地保护己方有生力量。

(三)反水雷战

猎扫雷舰是目前单位吨位最贵的舰艇,并且部队的装备量较少,在执行大面积水域扫雷任务时单独依靠猎扫雷舰不仅耗时长,而且成本高。研制可携带式扫雷 USV,由猎扫雷舰或其他舰艇释放,可通过自主或遥控方式在指定海域与扫雷舰联合作业,提高扫雷效率且成本较低。

(四)反潜战

搭载有反潜设备的 USV 可由舰艇或舰队携带,到达威胁海域释放,在舰艇或舰队周围形成向外延伸的移动反潜警戒网,提高己方舰艇的反潜作战能力。

(五)信息战

由于 USV 具有较好的隐身性,携带不同功能载荷的 USV,可以在危险海域执行 ISR (情报、监视和侦察)任务,包括电子干扰、通信中继、欺骗等。

(六)其他功能

USV 还可以完成海上封锁/拦阻、可疑目标打击、特种作战、后勤支援与补给、战场评估、取证等任务,并且多艘搭载相同或不同任务载荷的 USV 协同可在复杂多变的战场环境下,发挥最大的作战效能。

六、无人水面艇的发展趋势

1.新船型应用增多

当前,国外海军由于在大型舰艇上大量使用了刚性充气艇,故其大多数无人水面艇也都采用了这种船型。其优点是在多种航速下航行性能优良,在航速、载荷、航程等方面更具竞争力,但缺点是在稳定性、负载能力、拖曳能力等方面无法达到最佳水平。为此,近年来国外逐渐涌现出其他各种新奇的无人水面艇船型,包括超细船型、表面效应船型、地效应船型、深 V 船型、帆船型、双体或三体船型等,它们各自具备不同的特点,从而能够满足不同的需求。

早期的无人水面艇,其续航力、航速、排水量等普遍偏小,如"斯巴达侦察兵"的最大航程可达 1 852 km,"海上猫头鹰"的最大航速超过 45 kn,"天龙星"的最大重量为 7 700 kg 等。为进一步提高无人水面艇的作战性能,满足海军未来对于长时间持续反潜的作战需求,2010年美国开始启动"反潜战持续跟踪无人水面艇"(ACTUV)的研制计划,该艇最大速度为 50 km/h,最大续航力超过 10 000 n mile,满载重约为 140 t。其采用两台柴油发电机推进,携载 40 t 的燃料,可在无人驾驶且远方无人遥控状态下在海面自主巡航 2～3 个月之久,可在 5 级以内海况下持续操作,7 级以内海况下保证航行与存活。此外,据报道,美国还在计划研制航速高达 100～120 kn 的超高速无人水面艇。

2.功能更加多样化

水雷作战非常危险,为减少人员伤亡,国外海军无人水面艇当前的主要任务之一就是承担猎雷、扫雷乃至布雷任务。但无人水面艇的未来任务绝不仅限于扫雷,它将能遂行除反水雷战以外的多种任务。

如美国在《海军无人水面艇主计划》中确定了无人水面艇优先发展的 7 个任务领域,按照优先级排列,反水雷战是首要任务,其后依次是反潜作战、海上安全、水面作战、支持特种部队作战、电子战和支持海上拦截作战等。无人水面艇的功能多样化,其关键是采用了模块化设计,从而可根据任务的不同需要,按照"即插即用"的原则,将不同模块快速安装在无人水面艇上,使之可执行多种任务。

3.智能化程度进一步提升

由于无人水面艇工作环境的复杂性和未知性,所以需要不断改进和完善现有的智能体系结构,加强系统的自主学习能力,使智能系统更具有前瞻性。

目前,对如何提升无人水面艇的智能化水平,国外已经对智能体系结构、环境感知与任务规划等领域展开一系列相关研究。新一代的无人水面艇将采用多种探测与识别方式相结合的模式来提升环境感知和目标识别能力,以更加智能的信息处理方式进行运动控制与规划决策。其智能系统将拥有更强的学习能力,能够与外界环境产生交互作用,最大限度适应外界环境,帮助其高效完成各种作战任务。

4.自主性进一步增强

自主技术能够降低无人水面艇对人员和带宽的需求,同时扩展超视距作战的战术应用范围,故国外海军目前正在加大力度提高无人水面艇的自主控制能力。

例如,美国的"反潜战持续跟踪无人水面艇"(ACTUV),拥有先进的自航控制能力,将人工介入控制的需求降至最低,岸上的操作单位只需要监视所有部署在外的 ACTUV 工作情况,并提供高阶的任务指引,而基本的航行控制则由无人水面艇的控制系统自行负责,无人水面艇的先进航行控制系统能使其在符合国际海事航运安全的各项规范下航行,避免碰撞。无人水面艇与其他单位、平台之间依靠超视距数据链系统进行资料传输。

5.多个体协同作战成为研发热点

随着智能化无人水面艇应用的逐渐增多,除了单一智能无人水面艇独立执行任务外,将会需要多艘智能无人水面艇协同作业,共同完成更加复杂的任务。

多个体无人水面艇通过大范围的水上通信网络,完成数据融合和群体行为控制,实现多个体磋商、协同决策和管理,进行群体协同作业,无疑正成为当前和无人水面艇技术领域的研发热点。

第三节 无人潜航器及其作战运用

一、无人潜航器概述

(一)无人潜航器概念

无人潜航器(UUV),也被称作水下无人航行器,是一种可长期潜入水下,依靠自身能源、自推进、遥控或自主控制,通过配置任务载荷执行作战或作业任务,能回收和反复使用的水域无人航行器。

和载人潜航器(HOV)相比,无人潜航器具有很多优势。首先,由于人类生理能力限制,HOV 的工作时间通常有限,而 UUV 则在水下长期工作;其次,HOV 在设计时需要考虑人员的搭乘、操作,而 UUV 则免去了人体工程学的设计,在设计上更为方便;最后,为了保证人的安全,HOV 的操作和维护都相对昂贵,UUV 则在价格上低廉很多。

(二)无人潜航器分类

1.按自主性分类

无人潜航器按自主性可分为遥控型无人潜航器(ROV)和自主型无人潜航器(AUV)。

早期发展的无人潜航器受通信技术和计算机技术水平的制约,多为遥控型,通过电缆与母船连接,所以也称为缆控潜航器。潜航器根据母船上的操作人员下达的各种指令完成各种动作,获得的水下目标信息通过电缆回传给母船,还可通过电缆获得电力。缆控潜航器按航行方式可分为水下自航式、拖航式和海底爬行式。

自主型无人潜航器靠自带蓄电池、燃料电池或其他能源供电,通常在很少甚至无人干预的情况下,靠预设的程序来完成任务。由于没有了线缆的限制,AUV 可以在更大的范围完成探测和搜索任务。目前,AUV 是各国潜航器的主要研究方向。

2.按外形分类

无人潜航器按总体外形可以分为鱼雷形、扁平形和不规则形 3 种。鱼雷形潜航器采用圆柱体形;扁平形潜航器的体段采用宽度尺寸大于高度尺寸的椭圆形或近似椭圆形横截面;若无人潜航器外形既不是鱼雷形,也不是扁平形,则归为不规则形。

已经投入使用的无人潜航器以鱼雷形居多,扁平形具有自己独特的优点,不规则形根据特定任务要求而选用。无人潜航器外形不同,其阻力性能、操作性和适航性差异比较大。鱼雷形的流体动力性能研究比较成熟,而其他两种研究相对薄弱。鱼雷高速航行性能好,对海流影响不敏感,航行稳性有保证,无人潜航器采用鱼雷形,由于航速较低,需要重点研究航行稳定性问题。扁平形属于新的构型,与鱼雷形相比有一定的特点,其垂直面稳定性好,抗干扰能力强,有利于节省能源,垂直侧面目标回声强度低,有利于中浅水深时的作战隐蔽性。

不规则形一般是根据特定作业要求选择的,通常其阻力性能不是最优,且采用多推进器,对操作性的要求比较高,如悬停和回转要求等。

3.按动力形式分类

无人潜航器按动力形式可分为电力推进、无动力滑翔、其他等三类。

电力推进潜航器通过与母船连接的电缆供电,或是利用搭载的蓄电池供电,驱动螺旋桨前行。有缆型的优势是可根据情况变换航速和航向,缺点是受限于电缆,活动范围较小。无缆型的优势是行动自如、灵活,但储能有限,不能长时间航行。有的潜航器出于水下作业的需要还装有侧推装置,以使精确定位。

无动力滑翔型主要靠改变自身浮力和波浪产生的能量航行,所以也称为环境动力型,可细分为浮力滑翔机和波浪滑翔机两类,根据工作机理又可分为电力型和热力型。其优势是只需储备少量能源,主要是借助外力航行,所以可长时间在水下执行任务,缺点是航速低,任务领域有限。

4.按技术指标分类

美国海军根据排水量、直径、续航力、有效载荷等技术指标,在 2019 年发布的美国海军 UUV 系统构想中,将自主型无人潜航器分为 4 类。

超大型潜航器:直径大于 0.91 m,排水量在 9 000 kg 以上,高负载情况下可持续航行 100～300 h,低负载情况下可续航 400 h。由于内部空间大、可装多种负载,所以能够执行多种复杂的作战任务。一般由作战舰艇或军辅船布放。

大型潜航器:直径为 0.5～0.7 m,排水量小于 1 360 kg,高负载情况下可持续航行 20～50 h,低负载情况下可续航 40～80 h。一般由作战舰艇或军辅船布放,有的可从鱼雷发射管布放。

中型潜航器:直径小于 0.32 m,排水量小于 225 kg,高负载情况下可持续航行 10～20 h,低负载情况下可续航 20～40 h。可从各种舰船或潜艇鱼雷发射管布放。

小型潜航器:直径为 0.76～0.32 m,排水量小于 50 kg,高负载情况下可持续航行 10 h,低负载情况下可续航 10～20 h,多采取手工抛放。

(三)无人潜航器军事需求分析

1.情报、监视和侦察

情报/监视/侦察包括战略战术情报收集、核生化武器和爆炸物的探测与定位、近海和港口监视、传感器监视及其阵列的布放、专业绘图和特定目标的指示等使命。影响 ISR 的能力因素包括续航力、传感器性能和自治能力等。

目前已投入使用的 Hugin 3000 由于成功应用了燃料电池技术,其续航力可达到 60 h以上;由核潜艇发射的近期水雷侦察系统和远期水雷侦察系统,可以航行 2 天以上;大型海马 UUV 的续航力甚至可以达到 300 h,所以,续航力基本能满足执行 ISR 任务的要求。

由于 UUV 的体积限制,所以其负载尺寸、电力供应、计算能力都相对较小,进而影响了传感器的处理能力和传输速度。未来,自治技术仍是一个不易突破的技术难题,将严重影响战略战术情报的收集能力。例如,虽然在一定条件下能够识别船只,但识别军舰的能力却十分有限,无法体现军事应用价值。另外,UUV 必须将天线伸出水面进行通信,很容易暴露,天线的尺寸也影响情报收集的覆盖范围。

因此,如此有限的战略战术情报侦察能力不应该成为近期 UUV 的使命任务。目前,UUV 在情报侦察方面多用于替代潜水员工作和支援特种作战,如探测和定位核生化武器或爆炸物等。

2.反水雷战

各国海军都认为反水雷战是一项迫切的军事需求,通过反水雷技术的开发,以减少在水雷探测、识别与消灭过程中的人工作业。由于 UUV 具备超强的续航力以及能够负载水雷探测系统和识别系统,在此过程中扮演了重要角色。无人潜航器反水雷作战示意图如图 5-32 所示。

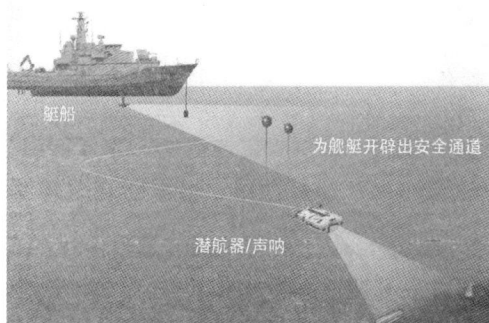

图 5-32　无人潜航器反水雷作战示意图

但是,目前 UUV 并不能执行所有的反水雷任务,水雷的分类与识别仍然需要人工平台的支持。使用 UUV 的安全隐患主要存在于水雷的分类与识别过程中。其中涉及的许多技术与情报侦察类似,但要求相对低一些,涉及的技术值得进一步研究。

3.反潜战

反潜战(ASW)主要是在联合作战条件下,由攻击型潜艇、水面舰船、海上巡逻飞机和监视系统统一行动。在美军《海军无人潜航器主计划》中,ASW 包括控制风险、海上区域保护和通道保护 3 种使命。

对于控制风险使命,大型、巡航速度快、探测半径大的 UUV 是难以实现的,但是,以较低的巡航速度隐蔽地监视敌潜艇在特定海区的活动,建立有效屏障则是比较简单的任务。

受到搜索率、自治能力等因素的影响,海上区域保护使命的实现难度也比较大。不过 UUV 可以通过诱饵、干扰器的形式进行保护,其开发成本较低,但安全性主要取决于敌方的真假辨别能力。

在通道保护使命的作战概念中,不仅要求 UUV 能够快速布放分布式传感器系统,而且要求 UUV 在敌方发起攻击之前能够尽快定位并攻击目标,这样的作战要求与 UUV 的能力相悖,无法发挥 UUV 隐蔽性的优势,增加了母艇的危险性,因此 UUV 不适合执行通道保护使命任务。

4.检查/识别

水下的检查与识别是应对对舰艇和其他固定目标的恐怖袭击的有效措施,也能够为船体做常规的腐蚀程度检查,以保持舰艇的性能和船体的完好性。

传统情况下,检查和识别工作由船只或潜水员来完成,但是前者不利于海外作业,后者相对 UUV 作业成本较高,安全性也相对较低。

5.海洋调查

海洋调查实际上是 ISR 中的一项使命任务,是 AUV 成功应用的典范。目前低成本的滑翔式 AUV(滑翔机)即便在恶劣的环境下进行较长时间的战略级海洋调查也完全可行,美军也进行过多次战术级海洋调查试验。无人潜航器进行海洋调查示意图如图 5 - 30 所示。

图 5 - 33　无人潜航器进行海洋调查示意图

6.负载投送

由于小型 UUV 在有效载荷和技术设计上的限制,美国海军主要投资研发尺寸较大的 UUV 应用于负载投送。该使命与 ISR 中的监视传感器及其阵列布放使命对 UUV 的能力要求、技术开发难度、成本控制等类似。

二、典型无人潜航器

(一)美国"金枪鱼"无人潜航器

美国金枪鱼机器人公司研制的"金枪鱼"(Bluefin)系列无人潜航器,全部在美国海军服役。根据不同任务需要,分别衍生有 Bluefin - 9 型、Bluefin - 12 型、Blaefin - 21 型等。这些无人潜航器及其改进型是美国海军反水雷战、反潜战正在使用的重要装备。

1.Bluefin - 9 型

Bhuefn - 9 型,美国海军称之为"海狮"(Sealion),是一种模块化设计、维修及后勤保障简单的便携型无人潜航器(见图 5 - 34),可在极浅海域或港口部署,执行港口安全和反水雷战任务。它主要分为Ⅰ型、Ⅱ型和 M 型。

图 5 - 34　Bluelin - 9 型轻型无人潜航器

2.Bluefin - 12 型

Bluelin - 12 型为轻型无人潜航器(见图 5 - 35),主要用于水雷战、反潜战、部队防御、港口安全、情报/监视/侦察(ISR)、海洋环境监控、海底测探任务,可以在水面舰船、船艇上使用 A 型架或快速释放钩进行布放和回收。

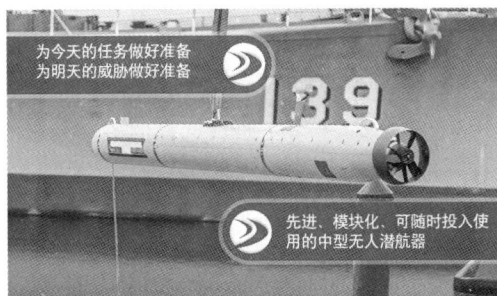

图 5 - 35　Bluelin - 12 型轻型无人潜航器

根据不同要求,衍生出多种型号,如 MCM - 12 型、AORNC 型、SMCM/UUV - 2 型和深水型。根据美国海军"水面水雷对抗无人潜航器"项目的第 2 阶段(SMCM UV - 2)要求,Bluefin - 12 型于 2006 年提供给"复仇者"级扫雷舰部署和试验,以发展中距探测声呐获取质量图像的战术性能、程序以部署设计,获取未来声呐性能的特征要求以及降低与舰船集成的风险。

3.Bluefin - 21 型

Bluefin - 21 型(见图 5 - 36)最初是根据美国海军"战场准备自主无人潜航器"(BPA UV)计划要求研究的项目之一,主要用于濒海战斗舰在浅水海域执行水雷战任务。

图 5 - 36　Bluelin - 21 型轻型无人潜航器

其海洋调查深潜型,主要用于快速和秘密收集高分辨率侧扫声呐数据,进行海底识别和绘图,支持反水雷作战,具有操作简单、长航时的特点,是世界上最小型的深海勘察用无人潜航器。

Bluefin-21采用模块化设计,外壳为铝制材料;电源为耐压型可替换水下蓄电池组,运用低噪声推进技术;机械和电动机接口采用了标准化设计,传感器可迅速集成到有效载荷模块中。

Bluefin-21型因其性能好,拥有较多国内外研究机构的用户,并根据需要进行了改进和重新命名,其中主要用户包括:美国海军研究局,命名为"信赖"(Reliant);北约水下研究中心将其作为设计参考的原型样机,并命名为"肌肉"(Muscle);英国的QinetiQ公司也从美国海军实验室水声分部租用了Reliant-21型作为技术试验平台。

(二)"雷摩斯"无人潜航器

"雷摩斯"(Remus)无人潜航器是从20世纪90年代开始研发的一种低成本无人潜航器,主要用于近海环境监测及勘察。该无人潜航器最初由美国伍兹霍尔海洋研究所(WHOI)的海洋系统实验室作为研发试验平台而得到广泛使用,并得到美国国家海洋及空间管理局(NOAA)和国家水下研究项目(NURP)的资助。随后,由海德罗伊(Hydroid)公司正式推向市场,海德罗伊公司2008年后成为挪威康斯堡海事公司旗下的子公司,因此Remus也成为该公司的系列产品。

Remus作为一型成熟的濒海战场感知(LBS)自主无人潜航器(AUV),2013年已经进入全速生产阶段,提供给美国海军空间与海战系统司令部(SPAWAR)。

之后,根据不同任务需要,"雷摩斯"无人潜航器分别衍生出Remus-100型、Remus-600型和Remus-6000型3种主要型号。

1.Remus-100型

Remus-100型(见图5-37)是一种可在水深在100 m以内执行水雷对抗、环境快速评估、港口安全、搜救行动、水文测量、环境监视,以及科学取样和绘图等任务的便携型无人潜航器,可由小型水面舰艇、猎雷舰艇和无人水面艇或大型潜航器布放。执行勘察任务时,Remus-100型一般需与多个无人潜航器协同完成任务。

图5-37 Remus-100型无人潜航器

2.Remus-600型

由于Remus-100型广泛应用于各国海事安全、海洋调查以及军警系统,在各国成功使用的经验基础上,为满足美国海军"大航程、大载荷、大潜深水下自主行动"的需求,在海军研究局的支持下,海德罗伊公司发展了更大型的 Remus - 600 型(见图 5 - 38)。

图 5 - 38　Remus - 600 型无人潜航器

作为一种多功能无人潜航器,Remus - 600 型可以用于水文测量、反水雷作战、港口安全防御、环境监测、海底搜救等多种任务。

Remus - 600 型无人潜航器主要为耐压壳体设计,具有很好的水密完整性。采用了与 Remus - 100 型相同的软件和电子设备。电源为 5 kW 时锂离子电池,推进装置包括直流无刷电动机和双叶桨,配置 3 个独立控制翼。标准传感器配置包括 4~24 kHz 海底地貌剖面仪、声学多普勒海流剖面仪(ADCP)/多普勒测速仪(DVL)、惯性导航装置(INU)、850 kHz 侧扫声呐、1.7 MHz 多波束成像声呐、CT 探测仪和压力计、浊度计等。通信设备包括声学传感器、GPS、铱星和 Wi - Fi 等。其他可加装的传感器有双频侧扫声呐、综合孔径声响、荧光计、水声调制解调器、视频摄像机和声成像装置等。导航采用惯性导航、9~16 kHz 长基线水声导航、CPS 和超短基线(USBL)等多种导航方式。

3.Remus - 6000 型

Remus - 6000 型是美国海军海洋局、美国海军研究局(ONR)与美国伍兹霍尔海洋研究所(WHO1)合作在研的一种深潜重型多功能无人潜航器(见图 5 - 39),主要用于勘察海洋环境、数据收集,利用侧扫声呐测量海床并绘制地图。

图 5 - 39　Remus - 6000 型无人潜航器

Remus - 6000 可长期自主航行,可编程和改变航向,携带有综合性物理海洋学和海床绘图传感器。从母艇或岸基平台上布放后,可在 25~6 000 m 的水深下巡航及释放有效载荷,用于执行美国海军在浅海或深海的海洋环境调查任务。

Remus - 6000 型由 11 kW·h 锂离子电池提供电源,动力装置由直流无刷式电动机和双叶桨组成。导航系统由长基线导航仪、7~15 kHz 上视船位推测导航装置、声学多普勒海流剖面仪(ADCP)、惯性导航装置组成。通信装置包括声学信号调制解调器、铱星和 Wi - Fi 通信,在航行体上各有 1 个岸电及数据外置接口。

服役后的 Remus - 6000 型可全球部署开展深海海洋数据收集,经过专业分析后将数据提交给美国国防部有关部门。未来 Remus - 6000 型有可能成为美国海军无人舰队的装备之一。

(三)水下滑翔机

水下滑翔机(Undersea Glider)是一种依赖浮力和重力推进的新型无人潜航器,它通过调整潜航器的浮力,在上升与下潜的过程中滑翔前进。水下滑翔机会定期上浮到水面,通过卫星进行通信。航速小于 1 kn,自持力可达数月,续航力可达上千海里,可用于执行大面积水温和盐度测量、海流和涡流图绘制、水声环境测量、水下通信节点建设等任务。水下滑翔机几乎无噪声,因此它可在敌方重点设防的水域执行任务。

20 世纪末,美国海军资助研制了 3 种水下滑翔机:① 韦伯研究所(Teledyne Webb Research Corp)研制的高机动性,适合在浅海工作的"斯洛科姆"滑翔机(Slocum Glider),该滑翔机为电力型;② 由华盛顿大学研制的深海滑翔机(Sea Glider);③ 斯克里普斯海洋研究所(SIO)开发的适合在 1 000 m 深海作业的浪花滑翔机。

水下滑翔机由于具备不依赖于螺旋桨推进,可以利用浮力驱动,因此噪声极低的特点,故在军事方面亦有广阔的应用前景。美国海军计划使用水下滑翔机低能耗和长航时的特点,部署海军以获取关键海域的数据,提高舰队在航行期间的导航能力。目前,水下滑翔机已成为军用级别无人潜航器研究的一种发展方向。

1."斯洛科姆"水下滑翔机

"斯洛科姆"滑翔机(见图 5 - 40)是由美国韦伯研究所研制的水下滑翔机,是最先开发成功的该类无人潜航器。

"斯洛科姆"滑翔机有电力型和热力型两种,电力型滑翔机由碱性蓄电池提供动力,而热力型滑翔机则通过一台热力发动机利用环境温差提供能量,可在水温急剧变化的温跃层滑行运动,自持力和续航力均比电力型大。

图 5 - 40　"斯洛科姆"水下滑翔机

作为一种长航时潜航器,它可应用温盐深探测仪、氧传感器、海流剖面仪、生物测量装置进行海洋测量以及海洋风暴探测,还可以运用水声通信、无线射频通信承担通信网络的网关任务。

"斯洛科姆"滑翔机外形似鱼雷,主体结构采用水滴形设计,并安装一对平板翼,尾部安装有一部单桨推进器。滑翔机采用航途路径方法航行,在固定的深度和海拔高度时会发生曲折变化,航行时,在海洋浮力的作用下,航行呈一条锯齿形轨迹。它需周期性地浮出水面传输数据和指令,获取 GPS 定位信息。由于海流原因,它在航位推测和定位时存在误差(见图 5-41)。

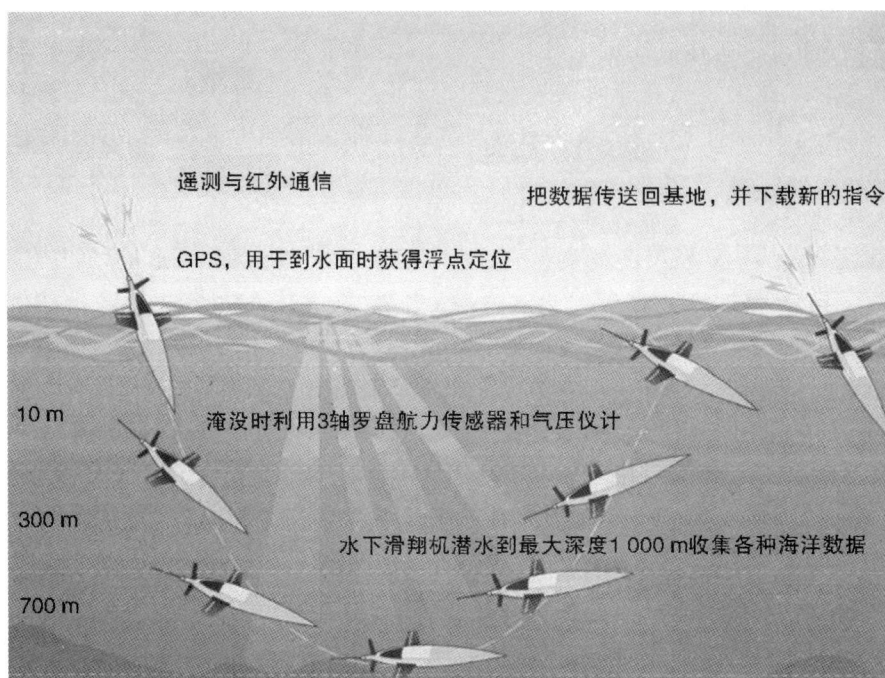

图 5-41 水下滑翔机运动原理图

2009 年 4 月,美国海军首次在波斯湾部署了 2 套"斯洛科姆"滑翔机用于超视距快速环境评估,支援反水雷作战,由"复仇者"级扫雷舰"斗士"号负责布放,通过铱星由远在密西西比斯坦斯太空中心的海军海洋局实施遥控,并持续任务长达 9 天。此次演习验证了"斯洛科姆"滑翔机可以迅速提供水下战场图像,将海洋信息传输给海军海洋水雷战中心进行战术辅助决策。

美国海军"濒海战场感知滑翔机"(LBS-G)项目计划采购了 200 套"斯洛科姆"滑翔机。截至 2010 年 3 月,美国海军已采购 168 套"斯洛科姆"滑翔机。2016 年 12 月,"斯洛科姆"滑翔机在中国南海苏比克湾执行水文侦察任务,收集数据包括海洋温度、盐度、深度、海流、水文、重力和地貌地质等信息,被中国捕获。

2.深海滑翔机

深海滑翔机(Sea Clider)是美国海军研究局支持下,由美国华盛顿大学应用物理研究所和 iRobot 海事公司联合研制的一种小型无人潜航器,主要用于持续的长航时海洋参数测量工作。

该滑翔机能够通过收集海水特性数据,如传导性、温度、深度、海水浊度、氧含量、粒子逆散射特性等参数计算出不同水深的水声传播速度,并可结合多个滑翔机的数据记录绘制海洋地貌图。收集到的海洋信息可以用于确定在大面积海洋区域可用反水雷和反潜作战的特征条件,以及用于优化舰载声呐性能改进设计。

深海滑翔机外形采用低阻层流型设计,壳体材料采用玻璃纤维材料制造,尺寸和总体特点与"斯洛科姆"滑翔机非常类似。使用锂离子电池为能源,航行器的姿态控制采用可调压载(蓄电池),通过转动电池使重心偏移而倾斜和转动,像飞机一样侧倾。

深海滑翔机数据收集能力强大,设计有 5 个有效载荷搭载舱,可搭载测量传导性、温度和压力的传感器(CTD),以及分离氧传感器、集成放射性传感器(PAR)、回声测距仪、海流剖面仪等设备。通信采用的是铱星遥感系统回传数据。

深海滑翔机于 20 世纪 90 年代开始研制。2004 年夏季,参加美国主导的太平洋海上军演,航行 2 天,航程为 315 km,同年 10 月,在中国东海参加了海军反潜演习。2005 年,在"洛杉矶"级核潜艇"布法罗"号上首次从水下部署。截至 2012 年,已有 190 多台深海滑翔机在使用,其中美国海军是主要用户,美国海军"持久沿海水下侦察网络(PLUSNet)"将深海滑翔机作为主要装备之一。据悉,PLUSNet 由 5 台深海滑翔机和 6 台 Remus - 600 型无人潜航器组成。2013 年,康斯堡水下技术公司获得独家生产许可权,2014 年开始大批量生产深海滑翔机。

(四)"回声旅行者"无人潜航器

超大型无人潜航器(XLUUV),即"虎鲸"(Orca)项目,旨在解决联合紧急作战需求(JEON)。美国海军希望 XLUUV 直径超 2.134 m,具备模块化载荷舱,而这种大尺寸 UUV 无法从潜艇布放,因此 XLUUV 将从码头布放。

"回声旅行者"(Echo Voyager)由美国波音公司于 2016 年 4 月推出,是该公司最大的水下无人潜航器(见图 5 - 42),为军民两用,其可执行海底大面积监视、军事侦察、辐射检测、水样采集、油气勘探及海底声呐扫描等任务。方案长为 15.5 m,横截面为边长 2.6 m 的正方形,空重 50 t,可航行 12 000 km。该 UUV 最大可容纳长为 10.4 m、体积为 56.6 m³ 的模块化载荷,也可以在外部挂载载荷。

图 5 - 42 "回声旅行者"无人潜航器

"回声旅行者"为全自动控制,可以在没有支援船只的情况下单独完成预定任务。在航行中,其能够绕开障碍物,采集数据,完成各种检测工作,并在回升到海面时,将检测、采集到的数据通过卫星回传给基地。任务完成后,其可以自行返回港口。

"回声旅行者"通过锂电池或者银锌电池提供动力,一次充电可以使用数天。当电量耗尽时,"回声旅行者"无须等待水面舰艇救急,仅需启动柴油发电机为其电池充电(在用柴油发电机充电时,"回声旅行者"必须浮出水面以排气)。

为实现日常运营,现有的无人水下航行器通常要求配备一艘水面舰艇和船员。而"回声旅行者"则免除了对水面舰艇和船员的需要及附带成本。

此外,由于使用了标准的商业界面,各种设备与软件都能轻松与其对接。

(五)"虎鲸"无人潜航器

有专家建议,美军以"回声航行者"为蓝本,大量建造一种名为"虎鲸"的无人潜航器(见图 5-43),用于担任未来冲突的进攻性角色。

图 5-43 美国"虎鲸"无人潜航器

据悉,2019 年初,美国海军已经授予波音公司"虎鲸"无人潜航器研制合同。该无人潜航器长约为 26 m,比"回声航行者"还要长出 10 多米,如果建成,将是全球最大的同类产品。根据美军的设想,"虎鲸"具有广泛的作战用途,能够执行包括水雷战、反潜战、反水面作战等多项作战能力,真正成为未来冲突中的进攻性角色。

作为美国海军重点研发的装备之一,一旦"虎鲸"无人潜航器投入实战部署,极有可能改变目前的海战模式。诸如海床战、非杀伤性海域控制甚至是自杀性任务等都会成为可能。可以这样说,类似"虎鲸"的大型无人潜航器已经成为美国海军维持水下优势、实现"制霸深海"的重要装备之一。

(六)俄罗斯无人潜航器

俄罗斯对无人系统研制工作可以追溯到苏联时期,但苏联解体后由于缺乏经费等原因发展降速。近年来,俄罗斯军方不断加大对无人系统研发的投入,依仗其雄厚的工业基础和技术实力,取得了很大的发展,UUV 产品已经达到世界一流水平。代表型号有"朱诺""护身符"水下无人潜航器,如图 5-44 所示。

图 5-44 "护身符"潜航器和"朱诺"潜航器模型

(七)欧洲无人潜航器

欧洲主要有挪威、英国、法国、德国以及瑞士等国研究 UUV,并在锂电池、导航等相关技术领域与美国水平相当或接近。欧洲各国研发的一系列 UUV 产品包括:挪威先后研发的休金系列、REMUS 系列 3 型;法国的 Alister 系列,Alister - 9 型为军用 UUV;德国的 3型 UUV(MK - Ⅰ、MK - Ⅱ、DeepC);瑞典的 2 型 UUV(SAROVH、AUV62MR)等。近年来,瑞典萨博公司致力于无人潜航器的研究,在 2015 年的英国防务展上,该公司展出了该领域的多项研发成果。其中包括:水雷探测系统 AUV62 - MR;多功能水下潜航器 SUBROV;多点水雷排除系统 MuMNS;水下非常规爆炸处理装置海黄蜂 SEAWASP;等等。

在 2017 年 9 月英国防务展上,德国 ATLASELEKTRONIK 公司展出了一种混合型自主水下潜航器 SeaCat,该型 UUV 长为 3 700 mm,直径为 324 mm,速度 6 kn,潜深为 3～300 m,可用于水下目标的在线处理、自动目标识别、可移动数据存储、扫描声呐前视等,具有卓越的操作性能及出色的机动性和快速响应能力,在适应性、环境感知等方面也有良好的表现,采用多频段通信,在目标探测识别、海战水文观测、海域侦察测绘中具有广泛应用前景。

(八)国内无人潜航器

我国的水下机器人的研究工作在历史上发展较慢:20 世纪 60 年代中期对水下机器人进行了探索性研究;70 年代研制了拖曳式潜水器;从 70 年代末到 80 年代初,随着工业机器人技术的发展,以及海上救助打捞和海洋石油开采的需要。我国也开始了水下机器人的研制与应用。

上海交通大学和中国科学院联合研制了我国第一艘无人遥控潜水器"HR - 01"号。

中科院沈阳自动化所等单位研制了"CR - 01"和"CR - 02"型潜深为 6 000 m、航程小于50 km 的无人无缆水下机器人,使我国成为世界上拥有 6 000 m 潜深的少数国家之一。

哈尔滨工程大学水下机器人国防科技重点实验室研制了多种自主式智能水下机器人系列,如"仿生"系列水下潜航器(见图 5 - 45)、"蛟龙"号水下潜水器(见图 5 - 46)。

图 5 - 45　"仿生"系列水下潜航器　　　　图 5 - 46　"蛟龙"号水下潜水器

"仿生-Ⅰ"总长为 2.4 m,最大直径为 0.62 m,潜深为 10 m,负载能力为 60 kg,仿金枪鱼推进,配有月牙形尾鳍和一对联动胸鳍。

"微龙-Ⅰ"总长为 0.95 m,排水量为 76 kg。躯体为扁圆截面,长方形外壳,非水密部分为玻璃钢材质,内置双圆柱铝合金水密耐压壳体。躯体的长宽比为 2∶1,采用可充电锂离子电池为能源,安装有左右布置的两个主推进器、可调攻角水平舵和垂直稳定翼,组成航行和操作执行系统。配备的传感器有水下 TV、探测声呐、超短基线水声定位系统、磁罗经、深度计等。

2002 年,我国将载人深海潜水器的研制列为 863 重大专项,历时 7 年的努力,在 2009 年,由中国船舶重工集团公司自行研发、设计的"蛟龙"号成功下潜到 1 790 m;2010 年,下潜深度达 3 759 m;2011 年,"蛟龙"号在太平洋成功下潜到 5 057 m,并顺利从海底传回图像和声音,图 5-46 为"蛟龙"号海试瞬间。这意味着我国载人潜水器的研制已经跻身世界领先行列。目前,我国的水下机器人技术日趋成熟,有些已达到或接近当代世界先进水平。

无论从经济战略还是从军事战略角度来看,我们都必须研制先进的 AUV,不论是 ROV 或是 AUV,它们的工作环境都是在浅至几米、深至几千米的水下,且它们都是不载人的。为了完成各种复杂的作业和安全航行,就必须按要求作相应的操作,因而运动控制就成为 UUV 能否完成预定任务的一项关键性技术。

三、无人潜航器的运动结构与原理

军用无人潜航器多采用类似鱼雷的形状,在内部结构上也与鱼雷十分相似。但大型无人潜航器的外观多为对称的矩形结构。

潜航器通常由壳体结构、压载系统、控制系统、导航系统、能源系统、推进系统、通信系统和任务模块等组成。它不装载炸药,根据任务需求,搭载不同的探测、侦察设备。

1.壳体结构

壳体结构包括耐压壳体结构和非耐压壳体结构。

无人潜航器在深海活动时,要承受巨大的海水压力,该压力会随下潜深度增加而呈线性增大。一般而言,下潜深度每增加 10 m,水压就会增加 1 atm(1 atm≈1.01×10⁵ Pa)。下潜到 6 000 m 的深处,就要承受约为 600 atm。所以大潜深的无人潜航器需要采用高强度抗压材料制造,而在相对较浅水域使用的自主潜航器,其耐压壳体结构采用铝合金、碳纤维等材料制成。无人潜航器结构图如图 5-47 所示。

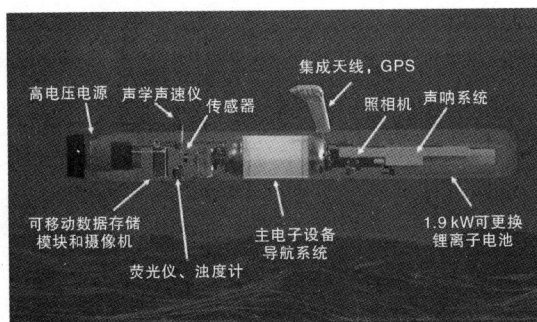

图 5-47 无人潜航器结构图

非耐压壳体采用流体力学的外形可保证潜航器具有较好的适航性和隐身性,不但可以减小外壳的水下航行阻力,具有良好的航行稳定性,而且航行时的水噪声也较小,一般使用采用玻璃钢制成,以降低造价。

2.压载系统

压载系统的主要作用是在航行时保持浮力平衡或近平衡状态,从而使自主潜航器的壳体在下潜时保持在接近水平的状态。

自主潜航器配有由铅或泡沫塑料制成的固定浮力系统,当自主潜航器的部件或有效载荷发生变动时,浮力系统会自动进行调节,使浮力保持不变。上浮、下潜或装配有效载荷时,自主潜航器一般利用可变压载系统来保持浮力平衡。

应急可抛式压载物是压载系统的组成部分,自主潜航器在发生硬件故障时会释放这些压载物,从而自行上浮到水面。设计压载系统是船舶常用的工程设计,压载技术也是一种成熟比较技术。

3.控制系统

控制系统一方面控制潜航器的航行状态和姿态,并控制搭载的传感器的工作,另一方面对潜航器的任务进行规划,包括航路规划、任务规划和作业规划等。

潜航器通过控制气囊或油囊体积来控制自身的下沉和上浮,其原理与鱼类的鱼鳔相同。水下滑翔机还配备有浮力控制系统,通过控制体内前后油囊的油量实现锯齿状前行。

4.导航系统

导航系统的主要任务是保证潜航器按照预定指令安全航行,准确到达目的地,并正确地执行预定任务。为此,需要不断地获取位置、航向、深度、速度和姿态等信息。

潜航器上通常搭载惯导系统、多普勒测速声呐、GPS(全球定位系统)和卡尔曼滤波器等用于导航的设备。另外还有磁罗经、陀螺罗经、温盐深探测仪、压力计、磁力计、测高声呐、测深声呐、定位系统等导航定位设备。具体使用时根据潜航器大小、任务性质有所取舍。

GPS是我们在日常生活中广泛使用的定位方式,但是,对潜航器来说,在水面航行时可以借助GPS定位,但在水下航行时GPS信号会大大衰减,战时GPS还会受到干扰,因此潜航器在水下要使用其他导航方式来定位。

惯性导航系统通过测量加速度并对加速度进行积分来确定相对于海洋或海底的速度;多普勒测速仪利用声音回波来测量自主型潜航器相对海洋或海底的速度。控制器对速度进行积分,推算出自主无人潜航器的位置,然后用GPS进行修正。在采用多普勒测速技术的条件下,自主型无人潜航器可获得接近GPS的导航精度,并且在很长距离内都不需要使用GPS进行修正。

5.能源系统

能源系统的主要任务是为无人潜航器提供航行和作业任务所需的能源。除了水下滑翔机以外,大多数的潜航器都采用电力推进,因此能源系统主要包括为推进系统提供电力的动力电池和为任务系统提供电力的设备电池。

电池容量直接关系到潜航器的航程和执行任务的时间,无人潜航器的航行速度取决于电池的功率,而续航力则取决于获得的供能。

无人潜航器的任务越来越复杂,对航速和续航力的要求越来越高,而且传感器和处理设备也需要消耗大量的电力,因此对能源系统的要求越来越高。20世纪80年代,自主潜航器普遍使用铅酸电池作为能源,但铅酸电池的重量很大,提供的能量有限。后来,银锌电池取代了铅酸电池,但银锌电池费用过高,而且在几次放电后容易发生故障。现在,无人潜航器使用最多的是锂离子电池,其采用了耐压设计技术,可以快速交替使用。

6.推进系统

推进系统的作用是按照指令以一定的速度在水下前进、后退、沉浮,大中型潜航器一般装多组推进器,如水平推进器、垂直推进器和横向推进器。现役潜航器多装备导管型推进器,以减小航行阻力,提高推进效率。

7.通信系统

通信系统是潜航器与母船或其他作战平台保持联系传递信息的设备:一是接收母船的指令,二是将传感器获取的信息和目的信息回传给母船。无论在水下行动还是在水面行动中,无人潜航器都需要与外界通信。一般采用水声、无线电及卫星等无线通信,在无人潜航器上搭载无线电高频调制解调器、水声调制解调器、卫星通信接收机等设备。

8.任务模块

任务模块主要是根据类型和任务特性搭载的传感器等设备,一般有合成孔径声呐、侧扫声呐、前视声呐和海底剖面仪等声学探测设备,视频摄像机、视频照相机、探照灯和激光扫描系统等光学探测设备,激光雷达等雷达探测设备。

四、无人潜航器的技术难点

目前,美军的新型的无人潜航器多处于原型机阶段,预计未来5～10年将实战部署用于执行情监侦和反潜任务。目前对无人潜航器的开发面临的主要难点有推进系统、加油系统、通信系统(特别是解决阴影区引起的信号传播延迟和误差),以及高压盐水环境中的材料腐蚀等。特别是对推进系统的要求已成为一个备受争议的课题,这是因为这需要在潜航器的最大航程、航时及速度之间做好取舍。一些无人潜航器已经开始测试使用混合动力、锂电池和电力推进系统,而燃料电池、铝电池以及不依赖空气动力的推进系统也提供了潜在的替代方案。

使用无人潜航器面临的最大挑战来自海洋环境下现有通信设备的局限性。目前,无论是与附近的其他海军舰艇还是与陆地上的基地进行通信,无人潜航器都必须浮出水面。

另外,无人潜航器上可供传感器使用的电力有限,大多数电力用于系统推进,并且由于无人潜航器体积相对较小,所以将主动声呐系统安装到现有无人潜航器原型机上比较困难。

五、无人潜航器的典型作战运用

1.情报、监视与侦察

情报、监视与侦察利用无人潜航器秘密执行电子、水声信号、图像、气象和海洋环境等战术情报的收集,对核生化放射性爆炸物进行探测定位,对近岸和港口水域进行监测,以及战场损伤评估、移动目标指示等任务,以显著提高部队的预警能力。

2.反水雷

反水雷主要任务是迅速建立大范围作战区域和安全航渡的航线、水道，为海上活动舰艇找到或创造无水雷的活动海区。这种能力已成为美海军兵力结构的重要组成部分，美军的初步构想是部署一种通用的模块化的无人反水雷系统，能够迅速扫除各种水雷，确保美军能够以最低风险从海上进入作战区域。在作战中，无人潜航器能够快速扫描水中的目标和威胁，同时通过海军水雷战环境决策库和海军指令干预系统，为士兵提供快速任务后处理。运用无人潜航器进行水下排雷，减少了伤亡和损失，提高了水下排雷的效率，提升了美军水下排雷的综合实力。

美国总结多次战争经验，深知水下无人武器装备的重要性。1990 年海湾战争期间，美海军舰船在波斯湾海域遇到了严重的水雷威胁，因此运用无人潜航器对付水雷成为美国海军研发的课题。2003 年"伊拉克自由行动"期间，美国海军使用 REMUS 100 无人潜航器在乌姆卡斯尔港口附近实施水道清扫。这是美国海军第一次成功运用水下无人装备破解水下威胁。

3.反潜

水下反潜作战时，无人潜航器较传统载人反潜平台具有更加突出的安全优势。无人潜航器在反潜作战中可实时监控驶离港口和途经关键海区的敌潜艇，保证作战区域不受敌方潜艇威胁，保护己方海上舰艇编队航行安全；可作为艇外传感器，扩大潜艇搜索范围；可在侦察警戒的同时，根据命令执行跟踪或对潜攻击任务；可充当诱饵，对敌方水声器材、潜艇进行诱骗和干扰，引导己方潜艇实施攻击；等等。

4.探察与识别

探察与识别主要用于支持国土防御、反恐、爆炸物排除等，此类无人潜航器可在狭窄区域内（如船壳、桥墩周围、港口、码头以及锚地等）进行快速搜索、探察和定位爆炸物。

5.海洋调查

无人潜航器可在大范围的濒海水域采取随波漂流，或以电池、从海洋中吸收能量进行滑行的方式，收集高质量、精确的海洋水文、海洋环境和气象等数据，同时为多种作战提供战场情报支撑。

6.通信/导航网络节点

通信/导航网络节点将无人潜航器作为重要的通信中继与辅助导航平台，连接岸、海、空、天各类作业平台，实现多平台协作。通信/导航网络节点将为各平台（包括有人和无人平台）之间提供连通性，并根据需要提供辅助导航。

7.信息作战

信息作战的目标是利用无人潜航器可在濒海、浅水区域或危险水域航行的特点，通过电子信息手段"利用、欺骗、威慑和瓦解敌人"。无人潜航器在信息作战中主要有以下两种运用模式：一是作为通信或计算机干扰器，对敌方通信系统或计算机网络节点进行干扰、病毒攻击等；二是作为潜艇诱饵实施诱导，可在已知敌反潜力量或传感器布放海区，按照预先设定路径航行，吸引敌方注意力，甚至可通过模拟真实潜艇的运动与声学特征等，诱导敌人，掩护己方潜艇兵力行动意图,并在作战中配合其他作战力量猎杀敌潜艇。

8.设备投送

此类无人潜航器能向前线投送各类反水雷对抗(灭雷具、反水雷小型无人潜航器等)、海洋调查、通信(建立水下通信节点)和导航装备,能向特种作战人员输送武器、食物、电池或燃料等补给,也能投送摩托车、全地形车等装备,能向目标海域输送导弹发射舱等武器发射装置,甚至能自身携带武器用于对敌攻击。

9.时敏打击

时敏打击是指仅用数秒时间完成"从传感器到射手"的一系列过程,将爆炸物投向目标。时敏打击可使用任何平台,但从无人潜航器上发射武器,或用无人潜航器输送武器载具,可使发射点与目标距离更近,从而更快地消灭目标,也可掩盖己方高价值平台踪迹。

六、无人潜航器的发展趋势

从世界无人潜航器的发展趋势来看,主要呈现出如下动向。

1.向灵活轻便和巨大多功能两个方向发展

为了提高单个设备的任务能力,增大其航程,美国在经历单任务潜载无人潜航器、多任务小型潜载无人潜航器的失败后,先后发展了回声测距仪(Echo Ranger)和 LDUUV 无人潜航器,其中,前者主要作为后者发展初期阶段时的研究方案和试验平台。两者均为巨型无人潜航器,是未来水下无人系统中潜载无人潜航器的发展方向。

便携型和重型无人潜航器是当前的两个发展方向。以美国为例,其发展的便携型无人潜航器有 Remus - 100S、新一代 Remus - 100、Slocum Clider 等。

发展的重型无人潜航器有 Bluefin - 21、"刀鱼"(Knifefish)和 Remus - 600S,其中 Knifefish 主要用于反水雷。

2.增强传感器处理能力

无人潜航器承担的许多重要任务都需要利用各种传感器(特别是声呐)来提供信息。一般情况下,无人潜航器的传感器负载主要包括用于搜索和规避障碍的前视声呐、用于目标定位和分类的侧视声呐、GPS 导航与归航声呐及声学遥测声呐等。例如:用于扫雷的无人潜航器进入目标水域后,前视声呐和侧视声呐可将收集来的声学与图像情报传输给母船,分析得出该区域的水雷布设情况;进行海底地形图绘制的无人潜航器可利用前视和侧视声呐连续向目标发射指向性很强的声波、用计算机合成处理其回波,完成对探测目标的三维成像。

3.任务领域向探测、反潜等方向扩展

无人潜航器目标小、隐蔽性强、可连续执行任务等特点非常适合执行探测和攻击舰艇、潜艇等任务。

近年来,国内外都在积极研究无人潜航器在网络化水下和联合反潜等领域的应用。2011 年,美国国防高级研究计划局(DARPA)提出"分布式敏捷反潜系统"(DASH)概念,该系统主要利用数十个无人潜航器进行组网,首创自下而上的探潜模式,克服了海面、海底声散射的影响,在 6 000 m 深处利用多艘配备主动声呐的无人潜航器对上方海域进行监测,及时发现所在海域内的潜艇,从而保护己方航母打击群等高价值目标。

2013 年 4 月,大潜深试验表明,无人潜航器的通信和机动探潜能力能够满足 DASH 概念的需要,证明该概念可行,美国将加速推进其实现。

2017 年,DASH 已完成样机制作阶段,分别是可靠声学路径转换系统(TRAS)样机和潜艇风险控制系统(SHARK)样机。目前,这两种样机系统已完成测试。

4.注重 UUV 与有人平台间以及多 UUV 间的协同作战,注重发展协同作战能力

无人潜航器协同作战主要包括两方面:其一,与其他无人系统平台之间的协同作战;其二,从技术角度看,如果采用相同的标准和开放式体系结构设计,无人潜航器就可以和其他无人系统平台等共享各种负载、导航系统、能源与动力系统、通信系统、传感器、布放与回收系统等,从而为与"部队网"中其他作战系统的融合和无缝连接奠定基础。

第四节　特种水域无人系统及其作战运用

一、水空两栖跨介质无人系统概述

(一)水空两栖跨介质无人系统

水空两栖跨介质无人飞行器可以在水和空气两种不同流体介质间适应性地实现运动过渡,并且可以在两种介质中自主地连续航行,具备无人机(Unmanned Aerial Vehicle,UAV)的高速高机动和快速部署能力和无人水面舰艇(Unmanned Surface Vehicle,USV)的快速游弋能力或无人水下航行器(Unmanned Underwater Vehicle,UUV)的高隐蔽性等优势,因此在军事和民用领域都具有广阔的应用前景。

(二)水空两栖跨介质无人系统的发展现状

1.水上无人机

水上无人机(seaplane UAV)是能在水面和空中作业的水空两栖无人驾驶飞机,它能在水面停泊,同时可以实现水面起飞和降落,主要用来完成海上敌情侦察、监视和海洋环境监控等任务。在水上无人机研究方面,美国一直走在前列,先后提出了 4 款水上无人机概念样机,其中有 2 款已经经过首飞验证并投入使用。英国在水上无人机研制方面也取得了一定的成绩,海鸥系列已发展成为比较成熟的水空无人机系统。

根据文献记载,2002 年美国 NASA 的埃姆斯研究中心(Ames Research Center)提出的自主两栖无人运输机(Autonomous Cargo Amphibious Transport,ACAT)的概念是水上无人机研究中较早的尝试。研究人员对该无人机的两栖降落能力进行了概念验证,它可以实现自主起飞、定点飞行、自主降落和按照预定轨迹自主飞行等。

2005年,美国沃特(Vought)飞机工业公司公开了为DARPA(美国国防部高级研究计划局)研发的项目,名为"翠鸟Ⅱ"(KingFisher Ⅱ)的无人水上飞机(见图5-48)。根据Vought公布的研究计划,"翠鸟Ⅱ"无人水上飞机可以完成情报收集、通信中继、潜艇探测以及特种作战支持等任务。它可以用来部署无人水下航行器进行排雷,也可以利用自身配备的导弹和炸弹攻击敌方快艇群。

图5-48 "翠鸟Ⅱ"(KingFisherⅡ)的无人水上飞机

2006年,美国俄勒冈州钢铁厂(OIW)研制的"海上侦察机"(SeaScout)无人水上飞机实现了水上自主起飞和降落,成为第一款成功实现自主导航的水上无人机。SeaScout由铝合金材料制成,翼展为5.18 m,重为159 kg,可携带15.9 kg的有效负载,机上搭载有一台激光雷达感应器,用来在接近和触水时向自动驾驶仪提供高度和水面状况数据。

2007年,美国密歇根大学在DARPA的支持下,研制了能在海面自主起降的无人飞行器"飞鱼"(FlyingFish),该飞行器具有特殊的起降结构和控制系统,能在较大风浪下从海面自主起飞/降落。2007—2016年,密歇根大学的研究人员对这种新型水空两栖跨介质飞行器进行研究和探索,对其气动布局设计及空气动力学性能、航电系统、飞行管理系统、自动导航和控制系统、路径规划、太阳能收集系统等进行了比较详细的研究,他们的研究成果对今后水上无人机的研制具有重要的指导和借鉴意义。

2007年和2008年,英国勇士海空技术研发有限公司分别成功试验了两款海鸥系列水上无人机GULL24和GULL36。海鸥系列水上无人机不需具备短距离起降能力,不需要额外的发射和回收设备,兼具UAV和USV的特点,提高了海上监视的效率和监控范围,降低了多无人系统协同作业的附加成本。

上面对水上无人机的发展情况进行了概述,从已有代表性样机的作业环境和起降方式分析可得到以下结论:

(1)都采用浮筒式结构,便于机身与水面分离,减小起飞时水的阻力,但是这种结构设计同时也增大了空中飞行时的空气阻力;目前的样机都采用滑跑式起飞和飘落式降落方式。

(2)作业区间为水体表面和空气介质,无水下作业能力;水面和空中采用相同布局,不需考虑变结构设计。

(3)水面起飞和降落过程是水上无人机成功完成任务的两个关键过程,波浪干扰对起飞和降落影响较大,自主起降系统需要考虑抗波浪干扰控制,同时水面降落时还需要考虑机体与水作用区域及机上敏感元件的过载设计。

2.潜射无人机

潜射无人机(submarine - launched UAV)是由潜艇载运协助其完成发射、空中侦察、目标定位和监视、通信中继、辅助攻击等任务的水空两栖无人系统,其发射方式分为干发射和湿发射两种。干发射潜射无人机由潜艇导弹发射筒或者专用小型运载发射器发射升空,湿发射潜射无人机无运载发射器,从潜艇发射管释放后依靠自身动力装置从水下实现升空。升空后潜射无人机由潜艇或其他水陆作战人员进行实时引导和控制,任务完成后由潜艇或水面人员实施回收或自毁。美国在潜射无人机方面一直处于领先水平,先后提出了 7 种具有代表性的潜射无人机概念样机和作战计划。

1996 年,美国海军委托诺斯罗普·格鲁曼公司(Northrop Grumman Corporation)研发的"海上搜索者"(SeaFerret)是最早见诸报道的潜射无人机。SeaFerret 可用来协助潜艇完成秘密监视、目标锁定、战斗损伤评估等。SeaFerret 的水下发射过程通过了仿真验证,且它的潜艇遥控和通信数据链功能经过了 USSAsheville 号核潜艇验证,证明了潜艇和潜射无人机协同作战的可行性。随后,科尔摩根公司(Kollmorgen)研发了一款收集潜艇潜望镜视野外的战术数据和目标信息的潜射无人机,代号为"海上哨兵"(SeaSentry)。SeaSentry 利用潜艇现有的通信设备为潜艇提供实时详细的战术数据,使潜艇超视距监视和目标定位能力大大提高,使用 SeaSentry 侦察是一种行之有效的空中情报获取方式。2005 年,DARPA 委托洛克希德·马丁公司开展了"鸬鹚"(Cormorant)无人机第 1 阶段的研制,完成了模型入水冲击试验。"鸬鹚"无人机计划应用在美国海军"俄亥俄"级战略潜艇上,采用变体结构设计,可以借助成熟的潜射导弹技术实现快速发射,而后通过溅落方式快速入水,但其还不具备水下的移动能力,需要水下机器人抓取回收,因此对潜艇的隐蔽性与安全性会有一定的影响。由于资金短缺,2007 年该项目被无限期搁置。2011 年,美国海军计划将航空环境公司(AeroVironment)设计的"弹簧刀"(Switchblade)无人机发展成为一次性潜射无人机,他们委托雷神公司(Raytheon)研发能够部署"弹簧刀"的水下运载器(Submerged Launch Vehicle,SLV)。SLV 浮到水面之后可自动调整姿态完成发射。"弹簧刀"升空后可进行侦察和巡逻,协助深藏水下的母艇监控远处的敌方舰艇等。

2013 年 8 月,美国 DARPA 公布了 Hydra 项目的方案征求计划书。该项目拟研发能够运送并发射批量 UAV 和 UUV 到敌方区域的水下 AUV 母舰,同时研发可被母舰载运、可进行作战的 UAV 和 UUV 样机。Hydra 项目的目的是用最新的作战理念集成现有成熟的和新兴的技术从而创造一种新的运载和作战方式,AUV 母舰部署的 UUV 和 UAV 可以从空中、水面、水下为载人舰船、潜艇、飞行器的战术战略制订提供多角度全方位的支持。2016 年 9 月,波音公司与 DARPA 签订了 20 000 万美元的合同,用于 Hydra 项目第 2 阶段的研发。2013 年 12 月,美国海军宣布成功完成潜艇水下发射无人机的验证试验。该潜射无人机的代号为 Sea - RobinXFC,Sea - Robin 为"鮖鱼"水下运载器,XFC 为发射成功的无人机代号。该无人机的发射成功首次验证了由潜艇搭载并通过水下运载器进行发射的可行性,虽还处试验性阶段,但其成功研制将使潜艇海陆信息获取能力及与其他军兵种配合能力得到极大提升。

2016 年 9 月,航空环境公司宣布,他们生产的 Blackwing 潜射无人机与 UUV 群体和潜艇作战系统的信息连接和传输能力已成功被美国海军验证。Blackwing 是航空环境公司在

Switchblade 基础上改进得到的潜艇搭载和发射的小型无人机系统,可为载人潜艇、无人水下航行器及表面舰艇之间的高速数据传输提供中继支持。该无人机可从潜艇的鱼雷发射筒或者 AUV 母舰发射,也可从水面舰船或陆地移动车辆上发射。美国潜艇部队计划首批部署约 150 架 Blackwing 潜射无人机用于水下、水面、空中武装力量进行联合作战的情报收集、监视和侦察以及通信中继等。

上面对近年来潜射无人机的发展现状进行了概述,从已有代表性样机的发射方式和作业环境分析可得到以下结论:

从已公布的资料分析,目前大部分样机都采用干式发射。干式发射方式也分为两类:一类是利用潜艇已有的发射通道进行发射(潜艇导弹发射管),这种发射方式降低了发射难度,但是容易使潜艇暴露目标,受到敌方反潜装备威胁;另一类是通过独立于潜艇的水下运载器发射,这种发射方式技术难度更高,除考虑潜射无人机的起飞性能外,还要为运载器设计配套的动力系统和无人机发射系统,但是这种发射方式使潜艇可以脱离发射区,更利于保证潜艇的隐蔽性和安全性。

目前的潜射无人机都采用变结构机翼设计,发射前机翼处于折叠状态,缩小其空间尺寸,便于进行存储、运输、发射和回收。

作业区间为空域,无水面或水下航行能力,仅发射过程或回收过程接触水体环境。

发射和回收是潜射无人机完成一次任务的两个关键过程,对于湿发射和运载器发射,波浪干扰对水面起飞的稳定性影响较大。

3.潜水无人机

潜水无人机(submersible UAV)是可实现水下潜航和空中飞行的无人系统。与水上无人机相比,该种飞行器作业区间可以延伸到水下;与潜射无人机相比,除了作业区间扩展到水下以外,它还具有更大的独立性和自主作业能力,起飞和降落都不必依赖其他载体。由于潜水无人机独特的海空两栖生存能力和广阔的军事民事应用前景,越来越多的研究人员对其产生兴趣。该种无人机大多参考自然界中具有优异水-空两栖生存特性的生物,国外很多研究机构开展了生物原型研究、两栖航行机理探究、原理样机验证等方面的工作。

2010—2014 年,英国布里斯托大学的 Lock 等人研究了一种可应用于潜水无人机的多模式仿生翼。他们参考海鸥设计了一种可用于水下推进的仿生扑翼翅膀,在相同的流体环境和参数设置条件下,测定了翅膀在不同运动模式(开合程度)下的功率消耗。根据试验得出,翅膀收拢的运动模式可以提供足够的水下前进动力。因此他们认为,翅膀收拢的扑翼驱动模式在水空两栖跨介质飞行器水下推进方面具有潜在的应用价值。Lock 等人的研究首次对适应两栖环境的仿生驱动结构的水空运动模式进行了权衡分析,为未来水空两栖跨介质飞行器的最终实现提供了理论支撑和经验借鉴。2011 年,麻省理工学院机械工程系的 Gao 等人提出了一款水空两栖作业的仿飞鱼机器人样机,他们从游动理论、机构设计、驱动方式和控制方式等方面展开研究,给出了相应的设计要素和限制条件,为今后仿飞鱼样机的研究提供指导和借鉴。

2012 年,MIT 林肯实验室的 Fabian 等人设计了一款仿鲣鸟微小型两栖无人飞行器。该样机采用折叠翼结构,空中飞行时机翼完全展开提供升力,空-水过渡采用鲣鸟的溅落式入水方式,以 7 m/s 的速度撞击水面,同时机翼可在 0.25 s 内迅速折叠以减小入水阻力。整个机身的平均密度接近水的密度,入水后浮力和重力近似相等,有利于在水体环境中快速达到平衡。该样机多次成功实现了空-水介质转换(入水),验证了溅落方式入水的可行性,为其他水空两栖跨介质无人飞行器的研制提供了新的设计思路,但目前该研究还处在样机入水试验阶段,未开展进一步的生物观测和机理的研究工作。

2015 年,MIT 拖曳水池实验室提出一种用于水质采样的水空两栖多模式仿生样机概念,该样机可利用空中高速飞行的优势快速锁定兴趣采样区,然后入水直接对水体进行取样和测量。该样机采用多模式仿生翼进行水下/空中驱动,通过改变内嵌运动(in - linemotion)模式产生空中飞行所需的升力或水下游动的推力,从而实现水空不同流体介质的推进。他们设计了仿生试验样机,并对水生动物推力模式推进和鸟类升力模式推进产生的力分别进行了定量测量,验证了该种仿生驱动方式在水和空气中都能够产生良好的推进性能。

2015 年,哈佛大学的 RobertWood 课题组在他们已有样机 RoboBee 的基础上提出了一种仿昆虫的扑翼式水空两栖跨介质无人飞行器样机。该样机的尺度与昆虫大小相当,采用扑翼方式提供在水空流体中航行的动力。通过 3D - CFD 仿真计算和仿生样机试验发现,采用扑翼推进方式在水下和空中都可以实现比较好的俯仰控制,同时验证了 RoboBee 在水下环境开环控制的游动能力,并实现了其从空气介质到水体介质的转换。课题组下一步的目标是实现 RoboBee 样机从水体介质到空气介质的起飞,并设计相应的控制策略实现多介质自主航行能力。

2016 年,英国帝国理工学院的 Siddall 等人设计了一款桨式推进仿鲣鸟两栖飞行器,该飞行器采用仿飞乌贼喷射方式起飞,成功实现了从水下到空中的过渡,同时采用鲣鸟溅落式入水实现了从空气介质到水体的转换。从公布的资料来看:该样机还未实现水-空/空-水介质转换及水/空介质全过程的航行,并且其水下移动和空中飞行均采用传统的螺旋桨推进;机翼变构方式也是传统的刚性变结构方式,并通过电动机驱动实现结构改变,这种方式增加了结构重量和系统复杂性。上面对近年来潜水无人机的发展现状进行了概述,从已有样机的起降方式和作业环境分析可得到以下结论:

作业区间应为空域和水下环境,目前的研究还处在空域飞行能力、水域游动能力以及运动介质转换能力的验证阶段。

目前的潜水无人机大都采用变体结构设计,包括变后掠角机翼设计和仿生多模式扑翼设计等,采用变结构设计的主要原因是减小水下航行阻力,提高水下运动效率;当采用溅落方式入水时,变后掠角机翼对降低入水冲击载荷具有重要作用。

水-空过渡(出水)过程和空-水过渡(入水)过程是潜水无人机完成一次作业任务的两个关键过程,目前样机的研究多模仿自然界中具有两栖生存能力的生物的介质过渡方式,如飞鱼的跳跃起飞,飞乌贼的喷水推进式起飞,鲣鸟的溅落式入水等。

4.国内研究现状

目前国内开展两栖飞行器研究的科研机构还比较少,从文献调研结果来看,当前阶段国内的研究主要集中在原理样机研制、测试和水空过渡阶段关键技术验证两个方面。

2009 年,北京航空航天大学研制了一款可潜入水下的海空两栖飞行器概念机"飞鱼"。"飞鱼"的设计仿照了飞鱼、水鸟的两栖生存特性及水上飞机的构造,具备水面滑跑起飞和降落的能力,同时通过类似潜艇的耐压舱、透水舱设计,还可以实现下潜和水下航行。该样机的翼展约为 3.4 m,起飞重量约为 12 kg。设计中采用了可变 90°后掠角机翼,主要是为了减小潜航状态的阻力,同时利于上浮时快速排水。2015 年,课题组开发了一款仿鲣鸟水空两栖跨介质无人飞行器并进行了试飞验证,从两栖样机适应水空环境及介质过渡的角度,设计了具有水空兼容性的样机结构,探索了水空两栖跨介质无人飞行器原理样机的水空兼容性设计、关键部件强度设计及分析,并对其水空航行能力进行初步的试验尝试(见图 5 - 49)。该飞行器在水体和空气介质中采用不同的推进系统,起飞时采用气囊协助实现姿态调控。

图 5 - 49　北京航空航天大学的仿鲣鸟潜水无人机

2011 年,南昌航空大学研制了两款分别为全电驱动和油电混合驱动的潜水无人机样机。两样机都采用 90°变后掠角机翼,空中飞行机翼展开产生升力,水下潜航时机翼 90°后掠减小形状阻力。全电动样机采用飞翼、水翼、尾撑尾翼综合控制的混合结构,机身采用玻璃钢艇型密封结构,水下航行和水面慢速滑行由机翼尾部的水下螺旋桨推进,空中飞行和水面快速滑行由该机前方的空气螺旋桨推进。研究人员利用全电驱动样机进行了外场的试验测试,验证了水下航行和水面滑行的可行性,但由于出水升空阻力较大及电动机驱动的动力限制等原因,该样机没有实现水面起飞。

2011 年开始,中国科学院自动化研究所对水上无人机水面起飞的抗波浪干扰控制系统进行了一系列的研究工作,建立了水上无人机在规则/非规则波浪中的非线性动力学模型。结合模糊识别和广义预测控制算法设计了无人机水面自主飞行控制器,通过数值仿真表明,他们所提出的控制方法可以使无人机成功实现水面自主起飞,并保持良好的起飞性能。

2010—2012 年,西北工业大学基于空气动力学和二元平面滑行理论建立了水空两栖跨介质飞行器滑跳动力学模型,并对滑跳弹道特点、影响因素和滑跳动力学特性等进行了研究。2012 年,昆明船舶设备研究试验中心对跨介质两栖无人飞行器的水面滑跳转向特性进行了建模和仿真研究,基于空气动力学、经典势流理论和二元平面滑行理论建立了水空两栖 UAV 滑跳转向飞行动力学模型,并研究其滑跳转向特性及其影响因素。上海大学和中国特种飞行器研究所对海空无人机的气/水动布局进行了设计和分析,为水空两栖跨介质无人机在不同介质中航行的设计布局提供了参考和借鉴。水空两栖跨介质无人飞行器是近年来提出的新概念飞行器,目前国内一些机构已开始着手相关方面的研究和探索工作,而且已经有了一些技术积累和研究经验。与国外相关研究相比,我国还需在概念设计、样机结构设计和介质转换方式等方面开展一系列的研究,以推进该特种飞行器的研发进程。

二、水空两栖跨介质无人系统的典型作战运用

水空两栖跨介质无人飞行器在军事领域的应用前景主要体现在其多介质航行、水下的隐蔽性和空中的高速高机动性的结合。美国国防部 2013 年提出的无人系统路线图对陆、海、空三栖环境中的无人系统在国防和军事战争上的应用进行了总结,其中海上侦察、监视、通信中继和防空反制等应用场景需要 UAV、USV、UUV 等多种无人系统协同作业,这种协同作业方式虽然可以实现相应的功能,但多个无人系统的加入增大了整个任务的复杂度,降低了操作的可靠性。如果以融合 3 种无人系统特点的单一无人系统来实现相应的功能,可以大大提高任务的成功率。水空两栖跨介质无人飞行器作为单一作战武器使用具有很好的水下隐身性能和空中快速高机动性能,可以用作突破敌方防线的利器,还可作为侦察和战斗武器进行巡逻警戒、搜索反潜、近海探雷等。美国海军研究认为,海军若要在与敌较量中取得优势,就必须将各种传感器置于舰船和潜艇外,而其中以拥有空中优势最重要。因此,具有潜航、飞行双重功能的水空跨介质无人飞行器的出现,将使潜艇对海、对空观察搜索能力产生质的飞跃。它可以提供多次、快速的空中支持,既拥有潜航的隐蔽性,减少空中威胁,又拥有飞行器速度和高度的优势,提高潜艇收集信息的能力。

在非军事领域,该种飞行器也具有很广阔的应用前景。对于传统的 UAV、USV 和 UUV 来说,完成海上搜索和救援任务需要多机协同或编队协作。而对于这种集多种无人系统特性于一身的新型航空-潜水器来说,可以单独完成洪灾、海难、台风、海啸等自然灾害条件下的搜索和通信中继等任务。除此之外,它还可以进行海洋资源勘探、海洋平台和结构物的监察、全范围集成化的海图绘制、海洋水质监测、生物观测、水文气象测量等。跨介质无人飞行器的两栖作业特性使其在这些应用领域具有当前其他无人系统无法比拟的优势,它可以快速地飞行到作业区域,潜入水下完成既定任务后可以停泊待命或搭载获取到的数据返航,这样既提高了任务效率,又增加了任务的成功率。另外,近年来恐怖主义开始对海洋安全构成威胁,这种新型的无人系统在海洋反恐上也具有一定的优势,它可以远距离发射,自主飞行到目标区域实现潜水侦察、监视或突袭攻击。该种飞行器在技术上具有一定的通用性,比如都需要进行自主或半自主控制,运动过程都会接触水和空气两种流体介质,结构和布局设计都要考虑水动力学和空气动力学等。

三、水下仿生机器人概述

(一)水下仿生机器人

水下仿生机器人作为一个水下高技术仪器设备的集成体,在军事、民用、科研等领域体现出广阔的应用前景和巨大的潜在价值。水下仿生机器人是从模仿鱼类游动开始的,从最初利用电动机驱动机械系统模仿鱼类尾部的摆动实现推进,发展到现阶段采用新型仿生材

料和新型仿生驱动方式实现推进。推进模式从身体/尾鳍推进(Body/Caudal Fin Propulsion，BCF)发展到中鳍/对鳍推进(Media/Paired Fin Propulsion，MPF)，提高了仿生机器人的推进效率和运动机动性。目前正向着材料与结构一体化的柔性驱动方向发展。

(二)水下仿生机器人发展现状

1.美国仿金枪鱼机器人

1994 年，麻省理工学院通过模仿金枪鱼结构，成功研制了世界上第一条真正意义上的仿生机器鱼"Robotuna"(见图 5-50)，开启了水下仿生机器人研制的先河。

该项目始于 1993 年，其目的是探讨构建一个可重现金枪鱼游泳方式的机器人潜艇，该阶段机器鱼主要采用身体/尾鳍(BCF)推进模型，研究人员致力于如何提高推进效率以及提高机器鱼的运动灵活性，同时注重外观和运动与鱼接近。

图 5-50 "Robotuna"机器鱼   图 5-51 埃塞克斯大学仿生机器鱼

2.英国埃塞克斯大学仿生机器鱼

英国埃塞克斯大学(Essex)于 2005 年研制的机器鱼(见图 5-51)，外形完全按照生物鱼的原型设计，运动方式也是像鱼类一样依靠胸鳍和尾鳍的摆动完成直线运动和转向。

3.新加坡"RoMan-Ⅱ"仿生蝠鲼

随着研究的深入，人们发现 BCF 推进模式在高速巡游时效率较高，但是稳定性、机动性差，转弯半径相对较大。于是，有研究人员从蝠鲼等采用胸鳍摆动进行推进得到启发，进行 MPF 推进模式的水下机器人研制。如 2010 年新加坡南洋理工大学研制的"RoMan-Ⅱ"仿生蝠鲼试验样机(见图 5-52)，身体两侧平均分布有 6 个柔性鳍条，通过鳍条的拍动产生推进力，可实现各个方向的机动性，该样机可完成原地转弯和直线后退等高难度动作，稳定巡航时，速度可达到 0.5 m/s。

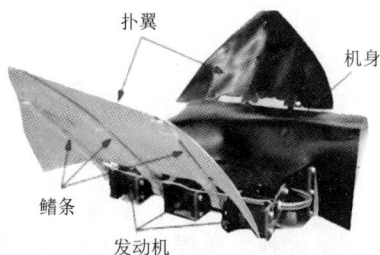

图 5-52 "RoMan-Ⅱ"仿生蝠鲼

4.美国弗吉尼亚大学仿生蝠鲼

近年来,随着仿生材料、柔性材料的出现,采用柔性驱动成为水下仿生机器人的一个研究热点。如2011年,弗吉尼亚大学研制的仿生蝠鲼(图5-53),结构与南洋理工大学仿生蝠鲼相似,质量为55.3 g。该仿生蝠鲼的鳍条采用人工肌肉产生驱动力,通过水池游动试验测定其速度可达0.4 cm/s。此外,美国哈佛大学也进行了柔性驱动的相关研究,并研制了利用柔性胸鳍进行推动的水下机器鱼。

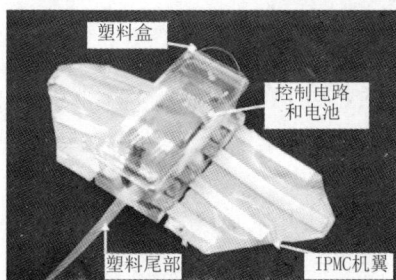

图5-53　弗吉尼亚大学机器鱼

图5-54　美国机器龙虾

5.美国机器龙虾

美国海军位于东北的海洋学中心研制的机器龙虾(见图5-54),它不仅拥有很高的灵活性,还能游泳和爬行。其外形酷似真龙虾,长着能够感知障碍物的触须,8条腿允许它们朝着任意一个方向移动,爪子和尾巴则帮助它们在湍急的水流以及其他环境中保持身体的稳定性。

它由一种特制的防水电池提供动力,头部的两根长须是一种灵敏度极高的防水天线,脚上都装配有防水传感器,大脑是一台超微型计算机,可用于探测水下矿藏。

6.国内"SPC-Ⅱ"仿生机器鱼

北京航空航天大学是国内开展机器鱼研究最早的单位之一,从1999年开始开展BCF模式水下仿生推进航行体的研究,其2004年研制的"SPC-Ⅱ"仿生机器鱼(见图5-55),身长1.21 m,最高时速可达1.5 m/s,能够在水下连续工作2~3 h,并成功应用于水下考古工作。

图5-55　"SPC-Ⅱ"仿生机器鱼

7.中国科学院自动化所仿生机器鱼

中国科学院自动化所对仿生鱼的柔性推进机理与仿生控制进行了探索性研究,研制了尾鳍推进和波动鳍推进的仿生机器鱼。其最新研制的仿海豚机器鱼(见图5-56),灵活性强,能实现快速小半径转弯。

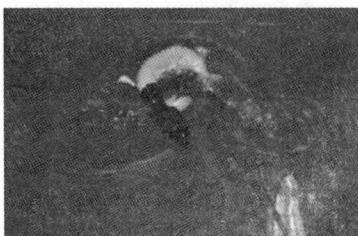

图5-56 中国科学院自动化所仿生机器鱼

8.国防科技大学"Cownose ray Ⅰ"

国防科技大学2009年采用多直鳍条方式,研制了水下仿生机器人"Cownose ray Ⅰ"(见图5-57),长为0.3 m,展宽为0.5 m,重量为1 kg,实现了0.13 m/s的前进速度和0.15 m/s的后退速度。

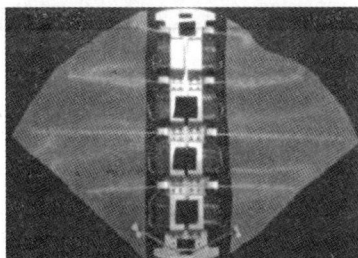

图5-57 国防科技大学"Cownose ray Ⅰ"

习　题

1.水域无人系统主要分为哪两类装备?

2.任选3种无人水面艇,比较它们的各项参数和性能,并对其作战性能做出总结。

3.无人水面艇主要包括哪些模块?

4.无人潜航器有哪些军事需求?

5.结合当前时事,简要说明水域无人系统在战争中的作用。

第六章 无人系统反制装备及其作战运用

随着无人系统的高速发展及其在各领域的广泛应用,无人系统,如无人机的"黑飞"问题频发,无人系统的反制和管控变得迫在眉睫。本章主要梳理以反无人机装备为代表的无人系统反制装备的典型军事应用场景和军事需求、相关装备、作战运用问题等。

第一节 无人系统反制装备的军事需求

随着无人机技术日趋成熟、性能日臻完善,任务性质逐渐由保障性扩展至攻击性作战任务。作为崭新的作战手段,无人机带来了作战样式、作战手段和作战体系的巨大变革,作战优势凸显,展现出了较好的作战运用前景,已经成为具有强破坏力的空中威胁。下文主要针对无人机可能作用的具体应用场景,深入分析无人机可能带来的威胁,提出不同的反制应用场景对反制装备能力需求,为下步反制装备的发展提供参考。

一、战场环境下

(一)针对目标人物

无人机具有机动性好、适应性强、结构简单、成本低廉等优势,且随着无人机隐身化、高速化、察打一体化的高速发展,美国多次使用察打一体的无人机执行"定点清除"及"斩首行动"等作战任务。其中作为美军实战次数最多、性能最优的察打无人机——"捕食者"系列无人机,通过搭载雷达、光学设备、红外系统及各型火力武器,具有较强的 ISR 获取能力和火力打击能力,可实现目标侦察与监视、精确制导及察打一体等作战任务,如图 6-1 所示。在 2020 年 1 月,美国运用 MQ-9"死神"无人机,实时获取的现场高清视频、照片等情报信息(见图 6-2)。在指挥中心将无人机传回的现场画面和现场情报人员等多重信息核实完毕后,发射 3 枚"地狱火"反坦克导弹实施准确打击,成功袭击了伊朗"圣城旅"指挥员苏莱曼尼。

(二)针对作战区域

作战分队在作战区域及附近区域活动时,可能就处于敌方无人机系统的观测之下。无人机可以遂行目标探测侦察、精准火力打击、实时毁伤评估及空中电子对抗等作战任务,还可作为通信中继节点,组成战场信息网络。同时在战场上还可以将无人机用作诱饵,通过飞进敌方雷达探测区域,引诱其雷达开始工作,使之迅速掌握敌方雷达信息及战地位置,为自己或后续火力武器精准打击提供参数;或者用来大量消耗敌人防空武器,为主战空中力量提供战机。

图6-1 无人机行动示意图

图6-2 MQ-9"死神"无人机发射地狱火导弹

在2020年9月纳卡冲突中,阿塞拜疆使用"察打一体无人机+自杀攻击无人机"的组合,通过苍鹭和赫尔墨斯450等侦察无人机,执行全天候情报侦察与监视,构建战场中低空侦察与监视网络(见图6-3);使用"旗手"TB-2察打无人机,引导部署在后方的阿军火箭对亚军指挥所、炮军阵地、行军纵队、运输车辆、交通枢纽等实施火力打击(见图6-4),通过改进的"安-2"无人机进行火力误导和欺骗,消耗其防空武器弹药储备,暴露阵地位置,并利用哈洛普自杀式无人机,结合远程火箭炮快速火力覆盖,击毁亚军的S300防空导弹系统的雷达系统,击溃亚军防空体系,全面夺取了制空权。此次战役通过对亚方作战区域内武器装备和有生力量的大幅度杀伤,造成亚军的重大损失,导致了亚军的失利。

图6-3 阿塞拜疆无人机锁定亚美尼亚雷达阵地

图6-4 "旗手"无人机炸毁亚军地面机动目标

二、非战场环境下

(一)重点目标区域

1.国家重要机构及设施

对于如市委、市政府、电视台、广播电台、电力部门等国家重要机构和公路、铁路、桥梁、隧道等重要交通设施以及仓库、重要工厂等重点单位,敌对势力和非法分子会使用无人机进行情报侦察、爆炸袭击等活动;对于看守所、监狱等重要国家暴力机关,特别是高度戒备监狱,鉴于其特殊的危险度及高度社会关注度,敌对势力和非法分子会使用无人机进行监视窃密、情报探刺、投掷有毒物质、走私违禁品等活动;对于大型运动会、论坛、峰会、会议等重大活动场所,敌对势力和非法分子会使用小型无人机进行偷拍、投放有毒物质、发放传单、投递爆炸物等活动;对于驻外使领馆这类政治敏感性高的重点国家机构,由于现国际局势严峻,国外在种族矛盾、政治冲突等多重因素的作用下,民间不安定因素逐渐增多,我国驻外使领馆面临比以往更大的安全隐患,敌对势力和非法分子会使用无人机进行监视窃密、情报探刺、爆炸袭击等活动。上面都易造成失泄密甚至是恶性事件的发生,给政治秩序、经济发展、人民生命财产带来极大损失。

此时,配置灵活多样、功能丰富、效能可靠的反无人机装备显得尤为必要。而具有强连续探测能力、强毁伤能力,高保密性,强隐蔽性的小型化、智能化反无人机装备更贴近任务。根据任务实际和具体场景,部署使用能够快速架设的固定式或车载式反无人装备,利用探测跟踪、干扰阻断、拦截捕获、诱骗控制等技术手段使非法入侵无人机无法正常工作,实现无人机反制。

2.重要的交通枢纽及区域

对于火车站、高铁站等重要交通枢纽及广场、市中心、火车站等人流量大的重要区域,敌对势力和非法分子会使用微小型无人机进行投掷燃烧物、爆炸物等恐怖活动以及散播传单等反政府活动。

此时,配置隐蔽性强、携带方便、精准定位、高效管制捕获的反无人机装备显得尤为必要。而具有强侦察探测能力、高精度可视化跟踪、无损伤高效捕获、高操作安全性的反无人机装备更贴近任务。根据任务实际和具体场景,可采用固定部署的反无人机装备或车载式反无人机装备对目标无人机进行探测、管制、网捕等制止行动。另外,还可以将车载反无人机装备或移动式便携式反无人机装备列入巡逻编队,进行巡逻任务。

3.国家边境线

一些和我国存在边境冲突的国家,可能会利用小型无人机的摄录及图传功能探查并记录我方军力的部署情况,在对峙阶段还有可能通过无人机播放或抛撒传单进行心理战。另外,一些存在毒品生产、交易的邻近国家,毒贩有可能会利用无人机进行运毒等非法活动。

这些边境线上的不安全因素都迫切需要我们配置受地形和气候影响小、隐蔽性强、具有全天候探测及目标图像实时观看和视频存储功能的反无人机装备。根据任务实际和具体场景,部署、使用车载式或移动单兵式反无人机装备对边境进行常规巡逻以及维稳事件后重要方向的特殊时期巡逻,并在一些热点或重要区域部署作用范围大的固定式反无人机装备,防止非法分子利用无人机对我维稳、巡查行动进行侦察破坏。

4.国家领海区域

对于我国在南海、东海的大量重要岛礁,其上布置有我国关键军事设施,与我国有岛礁争议的国家或一些妄图对我南海军事力量进行刺探的大国,可能会利用无人机进行非法拍摄,监控录像,对我军事部署进行探测和情报侦察。对于我国主权领海的海域范围,船载无人机装备会对我重要舰船的海上安全造成威胁。

此时,配置技术成熟度高、抗干扰能力强、可独立工作的反无人机装备显得尤为必要。而具有高可靠性、高命中率、高毁伤精度的反无人机装备更贴近任务。

根据任务实际和具体场景,在进行执法维权时,重要岛礁可以部署固定式反无人机装备,对可能出现的非法入侵无人机进行探测跟踪、导航干扰、拦截管控,在阻断其通信联络的同时缴获其无人机设备,并作为物证手段,占据舆论制高点。海域范围可以部署船载机动式反无人机装备,对目标无人机进行干扰压制和协同对抗,保障执法任务的顺利进行,实现国家海上区域安全。

(二)重要活动场景

1.非法聚集

对于上访请愿、集会、聚众闹事、游行示威等非法聚集活动,事件组织者或参与者可能会利用无人机航拍功能对现场进行非法拍摄,实时图传,并通过恶意剪辑泄露给敌对或非友好媒体,进行对我不利的传播,造成重大政治影响。还有部分极端分子会遥控无人机投掷传单、爆炸物、易燃物、有毒物质等造成人员受伤,并与警方进行对抗,对警方控制现场制造困难。

此时,需要配置可快速架设、隐蔽性强、精准探测定位、快速摧毁或管制且无附带损伤的反无人机装备为处置行动保驾护航。

2.暴力攻击

对于规模较大、对抗激烈、形式多样暴力攻击活动,例如暴(骚)乱事件,非法分子会利用人群进行打砸抢烧活动,以此升级事态影响。部分怀有不良目的的非法分子可能会利用小型化无人机对此类事件进行摄录,并截取对我方不利的影像片段进行怀有政治目的的片面宣传,造成不良政治影响,并有可能怂恿更多非法分子加入此类事件,以此升级扩大事态。

鉴于此类活动目的各异、诱因复杂、危害严重,因此要实现高效处置,需要配置灵活机动性高、连续工作能力强、能够快速探测、精确摧毁的反无人机装备,协助执法人员进行快速压制、分化瓦解暴力攻击人群,以维护国家安全和社会稳定。

3.劫持人质

在劫持人质的罪案现场,随着犯罪技术手段及通信技术的提升,犯罪分子有可能会利用无人机对外围警力部署进行侦察监控以及利用无线遥控炸弹以威胁人质生命安全的手段来要挟警方,还有可能通过无人机转发信号与外部犯罪分子进行通信。

在这种场景下,配备车载式或单兵移动式、灵活机动性高、现场可快速部署、使用,抗干扰能力强、受地形空间影响小的反无人机装备,实现对犯罪分子的无人机遥控链路信号、通信信号的干扰阻断,阻止其对外通信及了解警方部署情况,使其难以获取有用信息,为处置行动创造有利条件。

4.爆炸袭击

在制造爆炸袭击的恐怖活动中,恐怖分子可能利用小型无人机投递爆炸控制装置,也有可能利用无人机升空来发射引爆信号,还有可能直接利用无人机投送爆炸物,特别是在"东突""藏独"等一些极端分子的恐怖袭击中,可能会利用无人机投送炸弹、生化武器等大规模杀伤武器,对重要目标、重要人物、重要地点发动恐怖袭击,还可能利用无人机携带有毒物质进行播撒,对特定群体进行杀伤。此类袭击活动给人民的生命财产安全造成了极大的威胁。

在这种爆炸袭击场景下,部署车载式或单兵移动式、可快速部署使用、高效侦察探测、精确定位、快速干扰阻断无人机通信及遥控链路、精准摧毁的反无人机装备,赢得处置先机,力争在爆炸袭击之前将其消灭在萌芽状态。

第二节 典型无人系统反制装备

无人机技术飞速发展,应用场景越来越广泛,市场规模呈现井喷式增长,无人机已快速渗透到各个领域,国家、非国家组织乃至个人都在广泛使用无人机。无人机作为高性价比的情报、监视、侦察与攻击手段,在军事领域有巨大的应用价值。美军根据尺寸、速度和作战高度对无人机进行了分类:4类和5类为大型、长航时、远程无人机;3类无人机与4类和5类相比,尺寸小、速度慢、航程短;1类和2类无人机机身非常小,航程有限。1~3类无人机被定义为"低、慢、小"无人机,由于其具有体积小、特征信号弱、飞行高度低等特点,所以很难被现有防空反导系统探测、识别与打击。"蜂群"作战也是无人机威胁的重要方式,无人机群既可以远程操作或自主飞行,也可以与地面车辆和飞机协同作战,这都对现有防空反导系统提出了挑战。反无人机技术正成为美国国防领域的一项重要任务,美国《陆军防空反导2028》战略就突出强调了无人机的威胁。鉴于此:2019财年美国国防部在反无人机解决方案上投入了约9亿美元;2020财年也投资了至少3.73亿美元用于反无人机研发,以及至少2亿美元用于反无人机装备采购。

一、美国反无人机系统

美军从2012年开始制定反无人机战略,依托美国国防工业的技术研发力量,加快推动反无人机系统的研制与升级,迅速抢占反无人机领域的制高点。

1.激光武器系统

由波音公司研制的以反无人机激光炮为代表的反无人机激光武器系统(LWS),可通过发射10 kW的激光束,精确命中目标无人机的任意位置,在数秒内即可击落35 km范围内的低空低速无人机,如图6-5所示。该系统于2016年8月发布,15 min内就可以在野外组装部署。与传统火力打击武器装备不同,激光武器通过对目标施加能量(以光速或接近光速运动的光子或粒子)来破坏或摧毁目标,具有灵敏度高、反应速度快、命中率高等优点,在反无人机领域备受青睐。

图 6-5　美军激光武器系统

2.LOCUST 反无人机系统

美国 ATA 公司推出新型反无人机激光武器系统,即 LOCUST 系统(低成本无人机锁定系统)。该系统的激光系统既可配置在民用车辆上,也可部署在固定地点。LOCUST 系统利用电子侦察技术和红外光电(EOIR)传感器系统进行探测,并且能够识别各类民用和商用的无人机,可对无人机实施智能化电子干扰和激光打击。此外,该系统还具有收集情报、监视与侦察能力(ISR),可快速嵌入战场管理、指挥和控制(BMC2)架构之中。LOCUST 系统如图 6-6 所示。

图 6-6　LOCUST 反无人机系统

3.Skynet 反无人机网

Skynet 是一种反无人机防御弹,用于快速部署以防御非法无人机。在通过一个相应口径的圆筒形发射器或者改进膛管的霰弹枪发射该反无人机防御弹后,防御弹的 5 个系留段在离心力的作用下分开,形成一个 5 in(1 in≈2.54 cm)宽的"捕获网",从而使无人机螺旋桨失效停转,最终有效地捕获无人机。Skynet 及其捕获过程如图 6-7 所示。

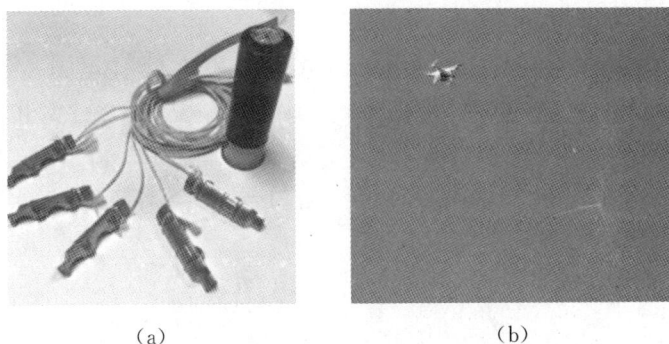

（a）　　　　　　　　　　（b）

图 6 - 7　Skynet 反无人机网及其捕获过程

4.WIDDS 反无人机系统

美国 BlindTiger 通信公司专业从事无线通信入侵检测、欺骗和无线协议破解等领域的工作。该公司基于现有软件、算法和设备等研制了针对无人机无线通信实施破解并接管无人机的系统，即 WIDDS（Wireless Intrusion Detection and Defeat System）。WIDDS 系统主要是利用无线入侵检测的原理，在无人机与无人机地面站之间部署类似无线入侵检测的设备，但该设备不是用于无线入侵检测而是用于无线入侵的，以各类无线入侵手段，包括无线注入病毒等恶意软件、路由攻击、导航欺骗和通信信息修改等，对无人机进行无线入侵，再通过无线入侵检测手段评估入侵效果，判定入侵是否成功。

通过 WIDDS 系统，针对无人机进行无线注入病毒等恶意软件、路由攻击、导航欺骗和通信信息修改等无线入侵工作，最终达到接管无人机的目的。

5.StrykerLeonidas 反无人机系统

2022 年，在美国陆军协会年会和博览会上，美国通用动力集团展出了"斯特瑞克•列奥尼达斯"（StrykerLeonidas）反无人机系统。该系统是在"斯特瑞克"轮式装甲车底盘的基础上集成了"列奥尼达"高功率微波的反无人机系统，可以以某个速度扫过整个空域，以频率为 $100\sim300$ MHz、峰值功率在 100 MHz 以上的强电磁辐射的高能微波波束，产生类似于力场的效果，对敌方无人机中的光电元器件或电子系统实施毁伤，并压制、干扰无人机数据链通道来摧毁敌方无人机，提供近程防空能力，解决无人机蜂群攻击问题，而不只是单单应对无人机威胁。另外，该系统也能够用于拦截车辆、舰船等目标，或执行其他电子战任务能够不断适应变化的威胁。

StrykerLeonidas 反无人机系统采用高功率微波和数字波束形成技术，具有强对抗电子系统能力，通过形成窄波束，可在狭窄、拥挤空间中高精度消除单个威胁目标，还可生成可编程禁飞区，从多个目标中筛选出个别目标，聚集能量，实施精确攻击，附带损伤小，不影响己方无人机在被瞄准的敌方无人机附近区域飞行，也可在广阔区域内消除多个威胁，针对蜂群目标，通过数字波束形成生成宽波束状态且转换速度快，可为用户提供优越的控制能力和安全性。

6.MLIDS 反无人机系统

无人机综合防御系统（Mobile Low，Slow Unmanned Aerial Vehicle Integrated Defense Systems,MLIDS)反无人机系统是由美国 Leonardo DRS 公司开发的一种车载式多功能反无人机系统。该系统已于 2017 年 7 月获得美国陆军价值 1 600 万美元的研发合同,2017 年 10 月获得价值 4 200 万美元的生产采购合同。MLIDS 反无人机系统如图6-8所示。

图 6-8　MLIDS 反无人机系统

MLIDS 反无人机系统安装于一辆防雷、防伏击全地形车（即 MAT-V）上,该 MAT-V 车上部署有可见光和红外探测设备,以及 DRS 公司的高架桅杆式监视和战地侦察设备,主要用于探测、跟踪和识别无人机目标。目前,MAT-V 车上配备的反制设备是一架 30 mm 近程防空机枪,主要用于击毁无人机。DRS 公司持续对 MLIDS 系统进行升级改造,预计在 MAT-V 车上配备更多的动能打击武器,如近程防空导弹等。

7.新型反无人机干扰枪

"赛博步枪"于 2015 年美国陆军协会展示会上首次演示,该步枪可用于对抗多个频段的无人机,使用者只需将其瞄准目标无人机,扣下扳机,即可关闭无人机的部分功能而导致其坠毁。该系统成本低,造价仅为 150 美元,结构简单,易操作。该类设备有效打击范围为 400 m,但仅对依靠 GPS 导航的小型无人机有效;Drone Shield 公司设计的新型反无人机干扰枪,能够有效干扰 2.4～5.8 GHz 频段,影响无人机定位信号的接收,致使无人机迫降或返航。

8.高功率微波武器

该武器系统由雷声公司研发,利用目标跟踪与引导提示的火控雷达及第三方传感器信息,探测追踪目标,以高功率磁控管为基础,在一次脉冲中发射充足的微波能量,可有效地对抗大范围的无人机机群,在微波武器覆盖的任何区域飞行的无人机,都将被干扰或者摧毁。

9.基于手机软件的反无人机系统

无人机标识移动应用(MAUI)是一款由诺格公司开发的可以在安卓手机上运行的软件。该软件通过手机自带的麦克风进行音频识别,可以探测重量小于 9 kg、飞行高度低于 360 m、飞行速度不超过 185 km/h 的低、慢、小无人机。同时,利用现有的商用移动设备,MAUI 系统软件能够在高噪声环境中探测识别视距范围之外的无人机。

10.基于人工智能的反无人机技术

黑睿技术公司成功将人工智能技术用于反无人机系统中,该系统利用人工神经网络技术对目标无人机进行自动分类,可降低误警率。该系统搭载的小型监视雷达对直径在500 m范围内的中型无人机进行探测,可记录数百个雷达反射的数据样本,同时系统会将数据样本与数据库中数千种常见无人机进行对比识别。

二、俄罗斯反无人机系统

为了提升俄罗斯无人机领域的建设与发展水平,俄军制定了详细的无人机相关技术发展规划,2020年前,俄在无人机领域的军费预算高达130亿美元,主要用于建立无人机作战系统科研体系以及加强军用无人机与反无人机技术研发。

1.超高频微波炮

超高频微波炮是俄罗斯国有防务公司研发的一种微波武器,对无人机的有效摧毁范围为10 km,能够360°发射。该系统由监控系统、镜像天线、高功率发生器以及传输系统组成。此微波炮通过摧毁无人机的无线电电子设备,使其无法定位,同时可以对无人机精密制导系统进行破坏,甚至对低空飞行器的电子设备进行干扰并且攻击地面交通工具。

2.PY12M7反无人机侦察指挥车

PY12M7型机动式反无人机侦察指挥车是一种由俄罗斯无线电工厂公司研制的反无人机系统。该系统由通信、控制、供配电、生命保障等分系统组成,可大面积对空中120个目标跟踪,其中,单车侦察距离为25 km,最大联合侦察距离为200 km,最大侦察高度为50 km,装配至指挥防空部队,与雷达、高射炮、防空导弹部队协同作战,反制中近距离无人机。

3.肩扛式反无人机装置Sky-Wall100

肩扛式反无人机装置Sky-Wall100是俄罗斯推出的一款专用于反无人机的装备。该装备利用气压弹射,通过发射网状捕捉器捕获非法入侵的无人机。导弹内置降落伞和磁力装置,捕获无人机后能够让无人机立即丧失移动能力,并利用降落伞让无人机安全着陆,实现无伤捕获。

4.食肉动物无人机

代号为"食肉动物"的无人机主要是为俄罗斯针对叙利亚战场而设计的无人机,其可在空中与敌方无人机进行对抗,同时利用高分辨率侦察载荷对目标区域进行侦察,其具备高性能电子对抗能力,即使受到强电磁干扰,也可执行任务或按预定航线自主返航。

5.Sapsan-Bekas反无人机系统

2019年,俄罗斯Avtomatika Concern公司在国际军事论坛ARMY-2019上介绍了Sapsan-Bekas反无人机系统,如图6-9所示。该系统部署于车载平台上,用于探测、跟踪和干扰无人机。其探测与跟踪的最大距离为10 km,干扰反制的最大距离超过6 km。Sapsan-Bekas反无人机系统包括4个子系统:无人机的信号检测和定向子系统,有源雷达探测子系统,视频和光电跟踪子系统以及电子干扰子系统。该系统能够全天候监控空域,并使用视频和热成像工具识别空中飞行的无人机。该系统能够在 400 MHz～6 GHz 频段范围内探测和反制民用和军用无人机。另外,其具有手动模式和自动模式,既可以在无人值守的条件下实现全自动反无人机功能,也可以在操作人员指令下开展反无人机任务。该系统部署于车载平台,机动灵活,利于快速开展重点区域反无人机任务。Sapsan - Bekas 反无人机系统的电子干扰子系统,称为 Luch(俄语为射线),不仅可以干扰无人机的遥控通信和图传通信,还能够干扰无人机的卫星导航(可以同时干扰 11 个频段)。Luch 系统还具有敌我区分能力,即己方无人机的信息预先输入系统的数据库中,从而在干扰敌方无人机的同时,不会对己方无人机造成干扰。另外,Luch 系统具有单独的控制面板,因此,既可以联合其他子系统工作,也可以独立工作。

图 6 - 9　Sapsan - Bekas 反无人机系统

Sapsan - Bekas 反无人机系统具有多功能性和灵活性特点,有利于快速、全面地开展反无人机任务,并且适应各类客户的需求。

三、英国反无人机系统

英国政府成立了代号为 COI4 的反无人机信息中心,专门研究政府重点关注的由无人机平台发起的恐怖活动、非法袭击、危险违禁品运输等问题。

1.AUDS 反无人机防御系统

3 家英国公司布莱特监控系统公司(Blighter Surveillance Systems)、切斯动力公司(Chess Dynamics)、恩特普赖斯控制系统公司(Enterprise Control Systems)联合开发的一种集探测与反制于一体的,适应于不同场景的,强大且高效的反无人飞行器防御系统(AUDS),以对抗微型、小型和更大尺寸的无人飞行器的滥用所导致的日益上升的安全威胁。英国 AUDS 反无人机系统如图 6 - 10 所示。

图 6 - 10　英国 AUDS 反无人机系统

AUDS系统集成了布莱特A400系列Ku波段电子扫描防空雷达,切斯公司的光电指示器(electro-optic director)、可见光/红外相机和目标跟踪软件,与恩特普赖斯公司的定向射频抑制/干扰系统,能够对8 km范围内的无人机进行探测、跟踪、识别、干扰和制止(neutralise)。而AUDS系统对民用微型无人机的有效作用距离为1 km。

AUDS团队表示,其设备已经在韩国长达250 km的军事停火线(DMZ)地区进行了广泛的测试。2015年3月,AUDS团队参与了法国政府主办、在卡普蒂厄(Captieux)举行的多供应商试验测试。在此次试验中,AUDS系统在探测与制止一系列微型/紧凑型/标准型固定翼和旋翼无人机方面取得了巨大的成功。

实战证明,AUDS系统能有效反制无人机集群,并且成功击败了近2 000架无人机,同时,已针对60多种无人机进行了测试,包括固定翼和四旋翼飞机。由于目前无人机集群技术不断地发展与应用,AUDS团队的工程师一直在研究与提升算法和技术,以提高AUDS系统反制无人机集群攻击的能力。AUDS系统具有不同类型,包括固定式、车载式和便携式等,从而用于不同场景的反无人机任务,如在偏远边境地区,关键基础设施站点(如机场,飞机场,核电站和炼油厂)反制无人机,以及用于保护城市地区的政治要害设施或体育赛事。AUDS系统可以在固定位置和移动平台上进行操作。

车载式AUDS反无人机系统如图6-11所示。

图6-11　车载式AUDS反无人机系统

AUDS系统关键性能参数与优点包括:

(1)采用全电扫描雷达技术。该技术运用多普勒处理程序,可全天候、全天时(24 h)探测高速/低速移动微型和迷你型目标,在接近地面高度使用时具有卓越的地面杂波抑制能力。

(2)采用高度精确的水平和倾斜方位指示器,结合最新型全天时电光/红外相机和当前的数字影像跟踪技术,从而能够自动跟踪无人飞行器,并进行目标识别(即确认无人机所属的类别)。

(3)采用智能射频抑制器,能够有选择地干扰无人飞行器所使用的不同类型的指挥与控制通信链路。在实施干扰的过程中,采用智能比例放大和非动能方式从而减少附带影响。

同时,抑制/干扰系统采用软件控制方式,这就为今后应对新型突发威胁提供了改进空间。

2.蒂奴皮 E1000MP 便携式干扰器

英国无人机防务公司发布了新型无人机防御系统,该系统可固定安装或在移动平台上使用。系统利用蒂奴皮 E1000MP 便携式干扰器干扰非法无人机,利用反无人机公司研制的无人机追踪者进行探测识别,并通过蒂奴皮 E1000MP 进行干扰或用 Net GunX1 射网枪进行打击,其探测打击方式与 AUDS 系统相近。

四、以色列反无人机系统

以色列的国防工业和科技一直比较发达,其反无人机系统也一直处于领先水平。由航空工业公司(IAI)制造的无人机警卫(Drone Guard)反无人机系统,集成了光电传感器、自适应三维雷达及专用的电子攻击干扰系统,可针对小型无人机进行探测、识别、干扰及打击。在特殊的侦察和跟踪算法帮助下,也可以用光电传感器来识别目标。此外,还可单独使用无人机警卫的干扰系统来干扰无人机的飞行。目前,该系统已升级改造,新增新型通信情报系统,以实施更精准的目标探测、分类与识别,自该系统推出以来,其在军事、安全等领域的应用范围不断扩展。由以色列拉斐尔先进防御系统公司开发的无人机穹(Drone Dome)及以色列阿波罗盾公司开发的新型阿波罗盾(Apollo Shield)反无人机系统也已运用成熟。

以色列拉斐尔公司研制的 Drone Dome 反无人机系统,又名穹顶系统,是一种集成了雷达探测、光电探测、电子侦察、电子干扰和激光武器的小型化、多功能反无人机系统,具有软硬杀伤能力,360°全方位覆盖,快速响应时间和高成功率。Drone Dome 反无人机系统如图 6-12 所示。

图 6-12 Drone Dome 反无人机系统

Drone Dome 不仅是一个多功能反无人机系统,还是一个完整而全面的解决方案。Drone Dome 反无人机系能够探测、跟踪、识别、告警、电子干扰和激光打击。其能够识别未知目标,生成警报(基于可调整的规则生成器),当在高度拥挤的空域(民用或军用)中运行时,不会对合法目标产生伤害。Drone Dome 反无人机系统是一个模块化系统,可以用作固定配置或移动配置,也可以根据客户的要求进行定制。其开放式架构可以与其他反制设备和传感器集成。Drone Dome 的探测子系统可以在 3.5 km 处探测到 RCS 小于 0.002 m^2 的目标。

2016 年,以色列拉斐尔公司首次展示了第一代 Drone Dome 系统,当时,该系统的反制手段仅是电子干扰。目前,最新一代的 Drone Dome 系统不仅具备电子干扰子系统,同时还配备了高性能激光武器。在激光的拦截阶段,激光导向器从 C4I 中心接收目标位置,然后将其分配给激光执行器。然后,系统锁定并跟踪目标,在几秒内,发射激光束并破坏目标。该激光武器系统可以与各种外部系统联合工作,并且支持功能扩展,包括其他传感器和反制设备。新一代 Drone Dome 如图 6-13 所示。

图 6-13 新一代 Drone Dome 反无人机系统

2019 年,以色列拉斐尔公司发布了新一代 Drone Dome 系统的试验视频。试验中,部署于车辆上的新一代 Drone Dome 系统成功击落了数架飞行中的无人机,并且单人即可操作,通过雷达、光电和电侦进行探测和跟踪无人机,一旦锁定无人机,Drone Dome 系统对准无人机发射激光,几秒即可融化无人机的塑料外壳从而导致结构故障,然后使得无人机的电子设备出现故障,最终,融化的无人机塑料外壳和金属部件被激光打成碎片,成功击毁无人机。另外,试验中新一代 Drone Dome 系统还成功同时反制了多架无人机。试验结果如图 6-14所示。

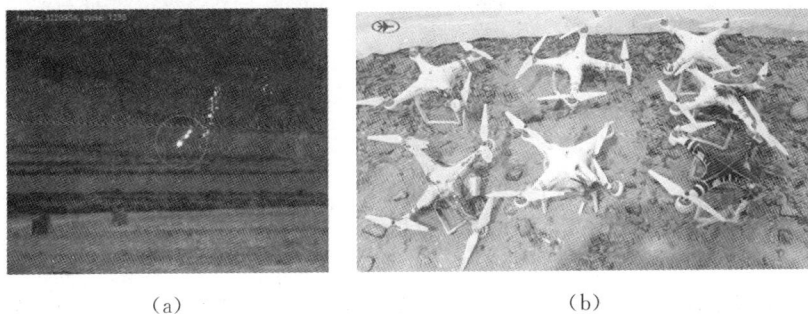

(a)　　　　　　　　　　　　　(b)

图 6-14 Drone Dome 系统击落无人机

五、意大利反无人机系统

意大利 ES 公司推出的"隼盾"反无人机系统(见图 6-15),采用带有电频检测功能的雷达,搭配光电传感器,可识别、跟踪、击落大部分无人机,并具备一种独特的能力,即可夺取无人机控制权。目前,该公司正在研发电子侦察与电子攻击模块,以提高该系统性能。

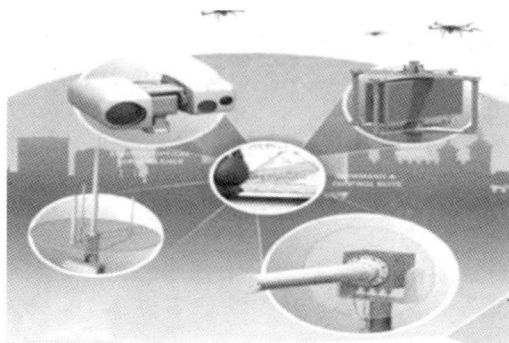

图 6-15 "隼盾"系统

六、瑞典反无人机系统

INT-AU002 反无人机系统采用了一种集成化的反无人机解决方案,旨在探测和反制各种尺寸的无人机。该系统配备专用雷达探测子系统,能够搜索远距离飞行的无人机,在 2~4 km 的距离即可探测到无人机。同时,该系统配备光电探测子系统,能够在雷达探测子系统的引导下精确跟踪远距离飞行的无人机。该系统配备电子干扰子系统,能够阻止无人机遥控与图传通信,同时还能够干扰卫星导航系统。该系统可以根据输出功率和频率来调整电子干扰子系统。另外,雷达系统和电子干扰子系统可分别独立工作,实现各自功能。INT-AU002 反无人机系统如图 6-16 所示。

图 6-16 INT-AU002 反无人机系统

该系统包括自动模式和手动模式。自动模式下,该系统可以自动进行无人机的探测、显示和反制。手动模式下,该系统接受操作人员控制,完成无人机的探测、显示和反制。电子干扰子系统配备了 5 个极化天线。

七、波兰反无人机系统

波兰先进保护系统公司的 Ctrl+Sky 反无人机系统是一种集成化的综合性反无人机系统,具有独特的多传感器探测和跟踪系统,包括雷达、光电、声波和电侦传感器,同时配备了电子干扰子系统。其旨在永久性保护指定的区域,并且可以在任何天气条件下,在无盲区的情况下,全天候有效地探测、识别、跟踪和反制无人机。固定式 Ctrl+Sky 反无人机系统安装于高稳定的桅杆,调整桅杆在最佳位置,以实现系统的最佳运行。多传感器探测和跟踪系统可以有效地探测距离系统 3 000 m 的小型无人机,同时应用数据融合算法,最大限度地减少误报。Ctrl+Sky 反无人机系统如图 6-17 所示。

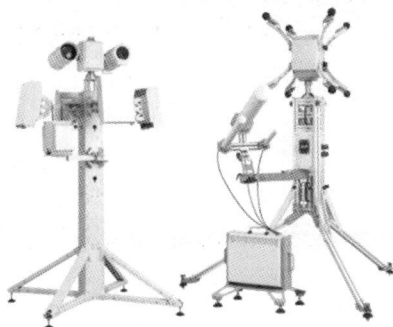

图 6-17 Ctrl+Sky 反无人机系统

八、加拿大反无人机系统

2018 年,在阿布扎比国际无人机系统展览会上,加拿大 AirShare 公司展示了研制的 Overwatch Interceptor-UX 反无人机系统。该系统实现了一种新的反无人机解决方案,即采用能够创建高持久性对抗云层的地空导弹对付无人机。不仅如此,Overwatch Interceptor-UX 反无人机系统采用先进的技术,可以有效地对无人机进行探测、跟踪和动能打击。其产生的高持久性对抗云层可以使无人机的推进系统失效,从而提升在所有条件下反制无人机的能力。Overwatch Interceptor-UX反无人机系统如图 6-18 所示。

守望者
端对端无人机缓减系统

守望者系统由以下部分组成

24枚守望者Ux型拦截弹射弹

30个守望者飞行数据记录探测器

守望者保证远程监控终端

守望者基站

图 6-18 Overwatch Interceptor-UX 反无人机系统

Overwatch Interceptor-UX 反无人机系统包括 4 个主要组成部分:用于产生对抗云层的 Interceptor-UX 导弹,用于探测无人机的 uFDR 设备,用于识别无人机的远程监控终端,以及用于发射导弹的基站。该系统可在城市等环境中安全、稳定运行,并且改装增大导弹射程不会带有附加损害,可以有效地对抗采用逃避性机动的无人机和蜂群无人机。

Overwatch Interceptor - UX 反无人机系统使用快速的动态响应,可在几秒内探测、跟踪并打击入侵的无人机。Interceptor - UX 制导导弹由轻质材料制成,如图 6 - 19 所示,其重量约为 700 g,可阻止距离 2 km 之外的非法无人机,并通过部署无污染的弹型对抗云层,使无人机的推进系统失效而坠毁,最终达到反制的目的。在城市和机场环境,可通过定制的降落伞确保捕获的无人机安全降落。

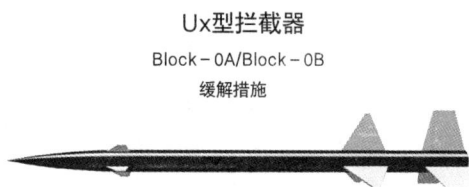

图 6 - 19 Interceptor - UX 制导导弹

Overwatch Interceptor - UX 反无人机系统可以安装在车辆或船只上,也可以由单个士兵使用,其防护范围为 1～4 km。同时,该系统既可以集成到现有战场管理系统中,也可以独立使用。

九、法国“反无人机”无人机

法国 ECA 公司对于无人机袭击等潜在威胁,设计出一架“反无人机”的无人机,能够对无人机进行追踪并锁定操作人员,如图 6 - 20 所示。

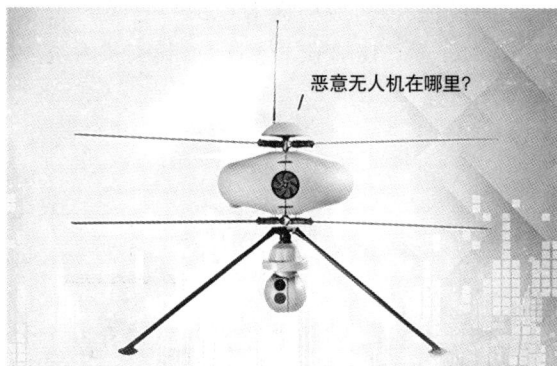

图 6 - 20 法国“反无人机”无人机

据报道,一旦“无赖无人机”被探测到,这架定制的 EC180 无人机就会对其进行追击并将操作员的位置定位为三角形区域。随后这架无人机就能够找到幕后的操作者,拍下其面部照片并通知警方,以便将他们当场逮捕。

该公司目前在大力宣传这项科技,称其能够使怀有恶意的操作者“无处可逃”。该技术已通过法国政府的两次测验,政府对其“完全满意”,因为在其周围 700 m 的半径范围内,所以它能够在 1 min 之内发现并定位操作人员。

十、韩国无人机杀手无人机

韩国高级研究所正在努力开发无人机杀手无人机,其唯一目的是拦截和屏蔽其他无人机,如图6-21所示。该所无人系统研究小组表示,这些反无人机的无人机将拦截敌方无人机,并且将它们迫降到地面上,如图6-22所示。

图6-21 无人机杀手无人机

图6-22 无人机杀手无人机侦察

在更复杂的情况下,无人机甚至可以用来拦截敌方火箭发射车辆,以及护送它们的无人机。韩国高级研究所认为,要完成侦察和发动攻击,一架无人机是不够的,应该有数十架无人机协同作战。

目前,最大的障碍是如何让无人机自主飞行和作战。鉴于这种情况,这些无人机将需要比现在商业和专业无人更好的"大脑",用编织网俘虏对方的无人机,甚至将地面小型车辆消灭。无人系统研究小组已经拥有这些无人机的某些工作原型,但还远没有准备好进行部署。

此外,韩国先进科学技术研究院(KAIST)正在研究利用声波来干扰无人机。

KAIST的研究人员对无人机中的关键组件陀螺仪进行了共振测试,发现可利用声波使陀螺仪发生共振,输出错误信息,从而导致无人机坠落。

KAIST表示,无人机中的陀螺仪的功能是提供机体倾斜、旋转及方向角度等信息,以保持机体平衡。试验表明,利用外部声波使无人机的陀螺仪发生共振,从而扰乱无人机的平稳飞行,在技术上是可行的。

在测试中,研究人员给无人机接上非常小的商用扬声器,扬声器距离陀螺仪10 cm左右,然后通过笔记本计算机无线控制扬声器发声。当发出与陀螺仪匹配的噪声时,一架本来正常飞行的无人机会忽然从空中坠落。或者是当声音足够强(例如达到140 dB)时,声波可以击落40 m外的无人机。

第三节 无人系统反制装备的关键技术

无人机反制技术即为保护重要人员、重要空地区域,对非法入侵的无人机进行控制的技术。当前,无人机反制领域已有诸多基于不同原理的反制技术,根据其作用形式的不同进行分类,可以分为探测跟踪技术、干扰阻断技术、欺骗控制技术、毁伤捕获技术4种类型。

一、探测跟踪技术

1.雷达探测

雷达探测技术是利用无人机的机身对电磁波的反射原理对无人机进行监测和定位,即通过发射电磁波信号,接收在其威力覆盖范围内目标无人机的回波,并对其回波信号进行分析,提取到目标的位置及高度、方位、速度等其他信息,实现对目标的测距、测高、测位和测速,实现探测、定位甚至是目标识别。

雷达探测技术的技术成熟度高、可靠性较强、探测距离远、不易受天气的影响,是当前发现无人机目标最主要的方式。但这种方式对低空小型目标识别率低,探测效果受地面杂波和无人机材料影响大,能耗大,成本高。现有的典型装备是瑞典萨博公司的"长颈鹿"雷达系统(AMB)。

2.光电识别跟踪

光电识别跟踪技术是利用可见光或红外传感器对目标反射或辐射的光波差异来探测识别目标,可通过某探测发现手段的引导,对目标无人机进行视频图像监测,实现对无人机的有效探测和识别及高精度可视化跟踪。光电识别跟踪技术的技术成熟度高、成本低,并具备目标图像实时观看和视频存储功能。但这种方式需要用监测手段来进行引导,探测距离受天气影响,作用距离有限。现有的典型装备有美国黑睿技术公司的 UAVX 系统。

3.无线电监测

无线电监测技术是对侦察到的电磁信号进行采集、分析,以此确定无人机机型及其特征,即通过对目标无人机在飞行过程中发射出的无线电信号进行采集,对其飞行控制信号及图传信号的频谱特征进行分析,实现对目标无人机的监测以及机型识别,同时能够侦测定位到无人机操作人员。

无线电监测技术的隐蔽性好、探测距离远,还可识别无人机机型并定位其操作人员,但这种方式对处于"静默"状态的无人机难以探测,测向定位精度较低,且复杂的地形环境会对电磁波产生影响。现有的典型装备有意大利 SelexES 公司的"猎鹰盾"无人机系统。

4.声音监测

声音监测技术是利用灵敏度高的声音传感器,对无人机在飞行过程中产生的声音信号进行接收、监测,并将采集的声音信号同无人机音频数据库进行匹配,即通过采集目标无人机螺旋桨发出的声音信息,并同数据库中的无人机声学特征进行对比分析,实现对目标无人机的监测发现和识别跟踪。

声音监测技术的成本低、隐蔽性好、使用方便且安全性高,可实现全天候探测,但这种方式在复杂环境下的虚警率高、探测距离受环境噪声影响严重,只适用于近距离监测,且对数据库依赖性高,无法识别数据库未知的无人机。现有的典型装备有德国 Dedrone 公司的无人机防御系统 Drone Tracker、美国的 Drone Shield 系统无人机系统。

二、干扰阻断技术

1.电磁干扰

电磁干扰技术是通过发射干扰射频信号,阻断目标无人机飞行过程中的遥控指令和平台信息回传,使无人机失去遥控操作能力和信息传输能力,迫使无人机自行降落或者受控返航,即通过发射定向的大功率射频,对无人机在飞行过程中为进行数据通信而产生的电磁波实施干扰,阻断无人机与遥控器之间的通信链路,从而达到切断敌信息情报链,破坏甚至瘫痪其指挥的目的。

电磁干扰技术的作用距离远、范围大,不易受天候的影响,不会损坏目标无人机,但这种方式对环境要求高,易产生电磁误伤问题,且在城市或人员密集区使用会影响无线电信号的正常使用。现有的典型装备有英国 Blighter 公司的反无人机防御系统(AUDS)、俄罗斯 Avtomatika Concern 公司的 Sapsan - Bekas 反无人机系统。

2.导航信号干扰

导航信号干扰技术是利用信号发生器发出干扰无人机通信的电磁信号,导致无人机只能依靠惯性导航系统,无法获得准确信息,实现对无人机的定向干扰,即针对能够使无人机实时获取自身的精确位置及与惯性导航系统相结合进行飞行控制的 GPS 信号,利用其频率公开、传输功率小的特点,通过产生能够干扰无人机通信的电磁信号,影响 GPS 信号接收机,迫使目标无人机只能依靠基于陀螺仪的惯性导航系统,无法获得准确的自身坐标数据,从而自行降落或返航。

导航信号干扰技术的隐蔽性好,使用安全可控,不会产生附带毁伤,不会损坏目标,但这种方式对复杂度高的无人机效果不佳。现有的典型装备有美国 Battelle 公司的 DroneDefender 反无人机枪。

3.声波干扰

声波干扰技术是通过发出与无人机陀螺仪频率一致的声波,使陀螺仪共振并输出错误信息,达到干扰目的,即发出为无人机提供机体倾斜、旋转及方向角度等信息,保持机体平衡的核心器件陀螺仪一致的声波,干扰目标无人机的稳定飞行,使之难以维持自身的平衡,无法感知自身的飞行状态,最终无法工作并坠毁。

声波干扰技术的使用安全可控、操作简单。但这种方式会对周边区域产生影响,难度大,成本高,可能存在附带损伤,且尚处于理论研发阶段。而声波传播过程中出现的衰减问题会是未来需要解决的技术问题。现有的典型装备支撑理论是韩国 KAIST 发表的《利用声波干扰陀螺仪击落无人机》。

三、欺骗控制技术

1.导航信号欺骗

导航欺骗技术是通过对接收的无人机导航信号进行时间和多普勒调制,给出虚假导航信息,使导航终端定位到欺骗信号设置的错误的位置,即利用GPS信号体制公开、导航信息稳定且可预测的特点,通过GPS模拟器生成虚假的GPS定位信息,并诱导接收机接收此伪造信号,解算出错误的导航定位信息,实现禁飞区设置、返航点欺骗及轨迹欺骗。

导航欺骗技术对要人工控制或接收指令的无人机效果较好。但这种方式对自主等级高的无人机效果不佳且技术难度高。现有的典型装备是中国的北斗开放实验室发布的民用反无人机系统ADS2000。

2.无线电信号劫持

无线电信号劫持技术是通过对链路信号和通信协议进行解析,并利用分析结果,自主产生欺骗信号注入链路终端中,即通过采集目标无人机飞行控制指令信息和飞行状态信息,分析通信协议加密算法,破解其通信协议,并将得到信息与飞行状态信息进行对比,得到控制指令与飞行状态的映射关系,再以控制指令信息格式为源伪造控制信息并发送至目标无人机,从而取得对无人机的控制权。

无线电信号劫持技术可独立工作、无损伤捕获目标无人机。但这种方式的目标普适性差、技术难度大,即信号破解难度大,难以大范围推广、使用。现有的典型装备有俄罗斯蔷薇电子战、以色列拉斐尔公司的"无人机穹顶"反无人机系统。

四、毁伤捕获技术

1.激光武器技术

激光武器技术是利用定向发射的激光束直接毁伤目标或使之丧失效能,可专门用于瘫痪和破坏无人侦察机的机载光电侦察系统的技术。激光武器属于定向能武器。战术型的激光武器既可用于抗击巡航导弹和摧毁飞机的高能激光武器,又可用于瘫痪破坏无人机的机载电子设备和光电传感器的低能激光武器。

激光武器技术的成本低,作战费效比高,反应速度快,命中精度高,杀伤力度强,毁伤效果好,抗干扰能力强,操作安全性高,能在短时间内对付多个目标。

但这种方式价格高、作用距离有限,跟踪瞄准难度大,难以击毁装甲及旋转运动的目标,使用时会对目标造成永久性伤害,难以获得所需的情报数据。现有的典型装备有中国工程物理研究院的"低空卫士"反无人机激光防御系统、美国波音公司的紧凑型激光武器系统（CLWS）。

2.微波武器技术

微波武器技术是通过定向辐射电磁波来对目标无人机进行攻击和毁伤,包括高功率微波和电磁脉冲。其中高功率微波武器可以在极短时间内通过高增益天线定向辐射高功率微波,使电磁脉冲能量集中于单一频率的窄带内,形成功率高、能力集中且具有方向性的微波射束,并通过天线直接进入无人机的机载电子设备中,对其内部的电子元器件产生物理破坏作用,使其失效或失能。

微波武器技术的攻击速度快、作用距离远、附带损伤小,不易受气候和环境的影响、对瞄准要求低,只需满足扇区覆盖,无须精确瞄准。但这种方式的技术成熟度有待发展、抗干扰能力弱、灵活性差,会对周围设备造成影响,不适用于城市。现有的典型装备有美国的"神威"战术作战反应器（THOR）、俄罗斯国有防务公司的超高频微波炮、美国雷神公司的Phaser反无人机装置。

3.火炮和防空导弹

火炮和防空导弹技术是传统的防空模式,是常用的反无人机打击的方式。针对飞行重量大、飞行高度高的无人机,可以采用该技术手段对其进行摧毁。随着无人机技术不断发展升级,现代防空系统也在过去防空系统基础上,扩展了精确制导、电子干扰等技术,具备了目标探测、跟踪制导的能力。

火炮和防空导弹技术的技术成熟度高、反应速度快、杀伤力大。但这种方式成本高,特别是对小型无人机,对抗成本不对称,易造成次生伤害,命中率低,对抗无人机集群的效果不佳。现有的典型装备有美国的微型动能杀伤拦截器（MHTK）、美国陆军基于反火箭、火炮和迫击炮（C-RAM）的"扩展区域防御与生存能力"（EAPS）项目、"柳树"防空导弹系统。

4.网捕

网捕技术是通过从地面或空中抛网,缠绕无人机的旋翼来捕获无人机,即通过雷达、光电等技术引导从地面或空中抛网,捕获目标无人机,并将其带离任务区域,对可能携带危险物品的无人机,将其带到安全位置,进行无附带损伤的安全处置。

网捕技术的成本低、对目标损伤小。但这种方式命中率低、操作要求高、难度大、作用距离有限且对固定翼无人机效果不佳,难以对抗无人机集群。现有的典型装备有俄罗斯飞网简易反无人装备、英国肩扛式火箭炮Sky Wall 100、荷兰Delft Dynamics公司的无人机捕手。

上面从探测跟踪技术、干扰阻断技术、欺骗控制技术、毁伤捕获技术4个类别对无人机反制的关键技术进行了介绍,各技术手段的优缺点对比见表6-1。

表 6-1 无人机反制关键技术对比分析

技术分类	技术手段	优 点	缺 点
探测跟踪技术	雷达探测	技术成熟度高、可靠性强； 探测距离远； 受天气影响小	受地面杂波影响大； 低空小型目标识别率低； 成本高，且探测效果受无人机材料影响
	光电识别跟踪	成本低、技术成熟； 具备目标图像实时观看和视频存储功能； 可实现高精度可视化跟踪	需要监测手段进行发现、引导； 探测距离受天气影响； 作用距离有限
	无线电监测	探测作用距离远； 隐蔽性好； 可识别无人机机型并定位其操作人员	无法探测处于无线电"静默"状态的无人机； 复杂的地形环境会对电磁波产生影响； 测向定位精度较低
	声音监测	成本低、使用方便； 隐蔽性好； 安全性高； 可实现全天候探测	无法识别数据库未知的无人机； 复杂环境下的虚警率高； 探测距离受环境噪声影响严重，适用于近距离监测
干扰阻断技术	电磁干扰	主动干扰； 作用距离远、范围大； 受天候影响小； 不会损坏目标	对环境要求高； 在城市或人员密集区会对无线电信号正常使用产生影响； 易产生电磁误伤问题
	导航信号干扰	安全可控； 无附带毁伤； 隐蔽性好； 不会损坏目标	对复杂度高的无人机效果不佳
	声波干扰	安全可控； 操作简单	难度大、成本高； 尚处于理论研发阶段； 可能附带损伤； 对周边区域产生影响； 声波传播过程中会出现衰减
欺骗控制技术	导航信号欺骗	对需要人工控制或接收指令的无人机效果较好； 降低其作战效能	技术难度高； 对自主等级高的无人机效果不佳
	无线电劫持	可独立工作； 无损伤捕获无人机	目标普适性差； 技术难度大，信号破解难度大，难以大范围推广、使用

续表

技术分类	技术手段	优　点	缺　点
毁伤捕获技术	激光武器技术	杀伤力高,毁伤效果好; 成本低、作战费效比高; 反应速度快,命中精度高; 抗干扰能力强、操作安全; 能短时间对付多个目标	跟踪瞄准难度大; 价格高、作用距离有限; 难以击毁装甲及旋转运动的目标; 造成永久性伤害,难以获得所需的情报数据
	微波武器技术	攻击速度快、作用距离远; 受气候和环境影响小; 附带损伤小; 瞄准要求低,只需满足扇区覆盖,无须精确瞄准	抗干扰能力较弱; 对周围设备造成影响; 对电磁环境造成污染; 技术成熟度有待发展; 灵活性差,不适用于城市
	火炮和防空导弹	技术成熟度高; 杀伤力大; 反应速度快	命中率低、精度不高; 成本高,对无人机集群效果不佳; 对小型无人机,对抗成本不对称; 易造成次生伤害
	网捕	成本低; 目标损伤小	命中率低; 难以对抗无人机集群; 作用距离有限; 操作要求高、难度大; 对固定翼无人机效果不佳

第四节　无人系统反制装备的典型作战运用

一、执勤任务中的反无运用

1.守卫/守护勤务

在目标守卫/守护任务中,敌对势力和非法分子可能会利用无人机对国家重要的防守保卫、防守保护目标(如广播电台、电力、航空以及铁路、桥梁、隧道、仓库、重要输油管道设施、青藏线公路等)进行破坏,还可以进行情报侦察、爆炸袭击等行动,对守卫/守护任务形成重大威胁。

根据任务实际和具体场景,可布置固定式反无系统或车载式反无系统,可以通过电子干扰等手段使非法入侵无人机无法正常工作,实现无人机管制、迫降、网捕。

2.看守/看押勤务

在目标看守/看押任务中,对于看守所、监狱等重点目标区域,特别是高度戒备监狱,鉴于其特殊的危险度及高度社会关注度,要严防敌对势力和非法分子可能会利用无人机进行监视窃密、情报探刺、投掷有毒物质、走私违禁品等方式造成失泄密甚至是恶性事件的发生。

根据任务实际和具体场景,可布置快速架设式反无人机系统或移动式单兵便携式反无人机系统,对非法入侵无人机实施监测,并利用干扰阻断、拦截捕获、诱骗控制等技术手段实现无人机驱离及原地迫降。

3.武装巡逻勤务

对于火车站、高铁站等交通枢纽及广场、火车站等重要武装巡逻区域,针对非法分子可能会利用微小型无人机进行投掷燃烧物、爆炸物等恐怖活动以及非法散播传单等反政府活动,可采用固定部署的反无人机系统或车载反无人机系统对其进行探测、管制、网捕等制止行动。另外,对于边境线常态巡逻和维稳事件后的重要方向特殊时期巡逻,为防止非法分子利用小型无人机对我维稳、巡查行动进行侦察破坏,可将车载反无人机系统或移动式单兵便携式反无人机系统加入巡逻编队,进行巡逻勤务。

4.警卫安保勤务

警卫勤务按时间分为固定警卫勤务和临时警卫勤务。针对临时警卫勤务,特别是重大活动安全保卫勤务,绝大多数发生在大型运动会、达沃斯论坛、G20峰会、APEC会议等大型或重要聚会会议场所,敌对势力和非法分子可能会利用小型无人机进行偷拍图传、投放有毒物质、发放传单、投递爆炸物等,由于人群聚集将造成极大的安全事件,还有可能给政治秩序、经济发展、人民生命财产带来极大损失。因此,在这类重大活动安全保卫工作中,配置灵活多样、功能丰富、效能可靠的反无人机系统显得尤为必要。而由于该类勤务保密性高,隐蔽性强,小型化、智能化的反无人机系统更贴近任务实际。

针对固定警卫勤务,特别是驻外使领馆警卫勤务中,由于现国际局势严峻,国外在新冠疫情、种族矛盾、政治冲突等多重因素的作用下,民间不安定因素逐渐增多。另外,部分国家针对我国的敌对行为逐渐增多。这些因素都导致我国驻外使领馆面临比以往更大的安全隐患,因此需要配置具有强连续探测能力、强毁伤能力的反无人机系统对我驻外使领馆进行安全警卫。

二、处突发社会安全事件任务中的反无运用

1.处置群体事件

在上访请愿、非法集会、非法聚众闹事、游行示威等群体性事件中,事件组织者或参与者

可能会利用无人机航拍功能对现场进行非法拍摄,实时图传,并通过恶意剪辑泄露给敌对或非友好媒体,进行对我不利的传播,造成重大政治影响。在此类事件中,一些极端分子还有可能遥控无人机投掷传单、爆炸物、易燃物、有毒物质等造成人员受伤,并与警方进行对抗,对警方控制现场制造困难。因此,在此类事件中需要可快速部署架设、精确探测、快速摧毁或管制的反无人机系统为警方行动保驾护航。

2.处置暴(骚)乱事件

在暴(骚)乱事件中,非法分子会利用人群进行打砸抢烧活动来升级事件影响,一些怀有不良目的的非法分子可能会利用小型化无人机对此类事件进行摄录,并截取对我方不利的影像片段进行怀有政治目的的片面宣传,造成不良政治影响,并有可能怂恿更多非法分子加入此类事件,以此升级扩大事态。由于暴(骚)乱事件特点是诱因复杂、形式多样、目的各异、规模较大、对抗激烈、危害严重,因此要实现高效处置,需要机动式、能够连续工作、快速探测、精确摧毁的反无人机系统协助警方对暴骚乱事件进行快速压制、分化瓦解,全力维护国家安全和社会稳定。

三、防范和处置恐怖活动任务中的反无运用

1.劫持人质事件

在劫持人质的罪案现场,随着犯罪技术手段及通信技术的提升,犯罪分子有可能会利用无人机对外围警力部署进行侦察监控以及利用无线遥控炸弹以威胁人质生命安全的手段来要挟警方,还有可能通过无人机转发信号与外部犯罪分子进行通信。在这种场景下,我方应配备车载式或单兵移动式、现场可快速部署使用、具备大功率全频段干扰设备的反无人机系统,可对犯罪分子的无人机遥控链路信号、通信信号进行干扰阻断,阻止其对外通信及了解警方部署情况,使其难以获取有用信息,为下一步的反劫持行动创造有利条件。

2.爆炸袭击事件

在制造爆炸袭击的恐怖活动中,恐怖分子有可能利用小型无人机投递爆炸控制装置,也有可能利用无人机升空来发射引爆信号,还有可能直接利用无人机投送爆炸物,这些都会对警民的生命财产安全形成极大威胁,以及对我特警的反爆炸袭击活动形成极大挑战。在此类反爆炸活动中,需要部署车载机动式、可快速阻断无人机通信链路、遥控链路和爆炸物遥控链路的反无人机系统,为排爆行动提供有效支撑。

3.恐怖袭击事件

在"东突""藏独"等一些极端分子的恐怖袭击中,可能会利用无人机投送炸弹、生化武器等大规模杀伤武器,对重要目标、重要人物、重要地点发动恐怖袭击,还有可能利用无人机携带有毒物质进行播撒,对特定群体进行杀伤。恐怖袭击事件将会对政治、经济运行、社会稳定

和人民生命财产安全带来极大危害,需要利用具备机动,可快速部署,快速、精准摧毁的反无人机系统来进行反恐怖袭击行动,赢得处置先机,在恐怖袭击造成不良影响之前将其消灭在萌芽状态。

4.边境渗透事件

一些和我国存在边境冲突的国家,可能会利用小型无人机的摄录及图传功能探查并记录我方军力的部署情况,在对峙阶段还有可能通过无人机播放或抛撒传单进行心理战。另外,一些存在毒品生产、交易的邻近国家,毒贩有可能会利用无人机进行运毒等非法活动。这些边境线上的不安全因素都迫切需要我们利用车载或移动单兵式反无人机系统对边境进行常规巡逻,并在一些热点或重要区域布置作用范围大的固定式反无人机系统。

四、海上维权任务中的反无运用

1.重要岛礁值守

我国在南海、东海都有大量重要岛礁,其上布置有我国关键军事设施,与我国有岛礁争议的国家或一些妄图对我南海军事力量进行刺探的大国,可能会利用无人机进行非法拍摄,监控录像,对我军事部署进行探测和情报侦察。因此,需要在重要岛礁部署反无人机固定站设备,对可能出现的入侵无人机进行导航干扰、管控和网捕,在阻断其通信联络的同时缴获其无人机设备,并作为物证手段,占据舆论制高点。

2.特定海域监管

在我国的主权领海的特定海域,经常有一些周边国家的船只进行非法捕鱼、资源开采等活动,在进行执法维权时,为对抗其船载无人机、船载通信和导航装备,需要配置船载或单兵便携式反无人机系统对其进行干扰压制和协同对抗,保障海警执法的顺利进行。

3.海上安全保卫

在海上安全保卫行动中,非法船只、蛙人、小型无人潜航器等都会对我重要舰船的海上安全造成威胁。对于岸基的重要设施,需要配置固定式反无人机装备;对于重要的舰船,需要配置船载机动式反无人机装备,以此对抗该类威胁,保障航行安全。

第五节　无人系统反制装备的发展趋势

一、构建能够联合感知的综合集成探测预警系统

以任务场景为依据,构建能够联合感知的综合集成探测预警系统。无人机探测预警主要问题是:探测预警距离有限,顶空覆盖能力差,远程识别目标困难。雷达探测,目标探测距

离远,探测能力强,可对目标进行轨迹跟踪,但无法探测悬停或低速目标,受背景杂波影响大,虚警率高。光电探测可对目标进行高精度跟踪,引导精确打击,但受天气影响大,需要其他手段引导,主动搜索能力差。无线电探测能够对无人机机型进行识别,隐蔽性好,但受电磁环境影响大,城市环境使用有限,无法监测无线电"静默"的无人机。故需要综合集成雷达探测、光电探测、无线电探测等手段,分布式组网,联合感知,实现在不同任务场景下,对无人机的侦察探测及跟踪监视。

二、构建软硬杀伤联合打击的无人机反制系统

以任务需求为导向,构建软/硬杀伤联合打击的无人机反制系统。针对无人机高度依赖控制链路的特点,采取电磁干扰阻断、信号欺骗压制,即通过对无人机遥控信号及图传、数传信号进行干扰或使用无线电攻击技术,阻断、隔绝地面控制站向无人机发射的上行无线电控制信号,最终使无人机因无法收到指令信息,或原地迫降,或处于引导位置上空盘旋等待重置通联,或原航线返回。这类软杀伤适用于反制人员密集区域上空的无人机。

反制无人机最直接的方法就是通过物理上的硬杀伤将其击毁,给无人机造成不可逆的毁伤,可使用防空导弹、高射炮、高射机枪等传统弹药进行火力打击,更可以使用具有反应速度快、效费比高、操作安全的定向能武器破坏或击毁无人机的核心部件,达到直接摧毁无人机的目的。

三、构建具有作战能力的智能化反无人集群系统

以人工智能为牵引,构建具有作战能力的智能化反无人集群系统。人工智能广泛应用于军事领域,极大地促进了智能化武器装备的发展。人工智能具有强大的深度学习能力,使得智能化武器装备具有很强的自主能力,如战场自主感知、行动自主决策、作战自主攻击、协同自主配合、战果自主评估等。

人工智能在反无人机领域的应用,更多体现在可以更快理解战场态势,在数据处理、数据分析方面发挥优势,对关键的作战决策支持数据进行最优化处理,为决策者提供辅助及多种行动方案选择。

探索人工智能在反无人机领域的应用,构建具备感知、判断、规划、决策、协同的自主能力的智能化反无人集群系统将成为未来的发展趋势。

四、加强定向能武器在反无人机领域的研发运用

以安全、高效为目的,加强定向能武器在反无人机领域的研发运用。激光、微波、电磁脉冲等定向能武器具有打击速度快、拦截效果好和效费比高等优势,在应对无人机威胁方面更具优势。这类武器不仅能够提供更高的精度、更快的速度,而且比传统武器操作更安全,只需要电源就能够发射。另外,定向能武器比传统动能武器的性价比更高,特别是激光武器能发射高温激光束,近距离破坏或击毁无人机的硬件设备,且成本低廉、部署灵活、毁伤效果突

出,备受各国青睐。微波武器可发射高能电磁脉冲,高压击穿无人机的硬件系统,且覆盖面积广、毁伤区域大,是应对无人机蜂群的有效手段。

除研发更大功率的激光发射器外,还可以尝试将激光武器与传统的飞机、火炮、导弹相结合,形成快速响应的无人机拦截能力,提升反无人机的作战效能。

五、构建极具弹性的能力融合的反无人作战体系

以马赛克战为借鉴,构建极具弹性的能力融合的反无人作战体系。反无人机装备需要成体系发展,充分发挥体系作战的优势。在构建反无人作战体系过程中,我们可以借鉴马赛克战概念中的核心观点,即简单、快速、灵活、多功能,在复杂战场环境中快速、高效地组合配置,形成一个技术综合集成、极具弹性的作战体系。

反无人机技术体系包括探测跟踪和预警技术、干扰阻断技术、欺骗伪装技术及毁伤捕获技术。国内外随技术发展也在逐步更新升级反无人装备。其创新突破点就在于技术综合集成和作战能力融合的研究与分析。可参考马赛克战特点,将反无武器系统化为功能单一、快捷组合的"积木",通过单一反无人武器系统的动态协调及高效组合配置,以大量功能节点构建响应更快、决策更准的反无人作战体系,实现对无人机的高效打击。

习　　题

1.请思考武警部队执勤中无人反制装备的运用及注意事项。
2.请思考武警部队反恐作战中无人反制装备的运用及注意事项。
3.请收集国内外典型的无人反制装备。
4.请分析当下无人机反制装备的发展现状及未来发展趋势。

第七章　无人系统催生新型作战运用模式

新科技、新装备必然催生新型作战模式,无人系统的大量应用必然改变传统小米加步枪、摩托加汽车等所带来的阵地战、运动战、游击战等作战模式。本章从我国无人系统的任务使命和作战运用准则出发,列举有人/无人协同作战、空地一体协同作战、集群作战等新型作战模式,抛砖引玉,励志创新。

第一节　无人系统的任务使命

对无人系统所承担的作战使命进行深入分析,可以看出无人系统所承担的任务性质有5个特征:危险的、现有武器系统难以完成的、单调而持续的、高生存力与高效费比的、有污染的。

"危险的"任务如爆炸物处理与简易爆炸装置失效、扫雷及各种交战任务等;"现有武器难以完成的"任务如打击事件关键目标,作战搜索与救援,特种作战支援等;"单调而持续的"任务如情报获取、监视与侦察,大气与海洋数字影像,通信导航与网络节点,目标侦察与监视等;"高生存力与高效费比的"任务如兵力保护,武器投送,障碍物布放与有效载荷投放,心理战与信息战,以及各种交战任务;"有污染的"任务如大规模杀伤性武器与生化侦察。

根据我国新时期军事斗争准备的任务需求,借鉴国外发展经验,笔者认为我国无人系统的主要任务使命有10项:战场侦察、监视与毁伤效果评估,打击时间关键目标和洞内目标,警戒巡逻与兵力保护,地/水雷及爆炸物探测与排除/使失效,目标精确定位与指示,导航、网络节点及数据传输,信息对抗,海上封锁与反潜,有效载荷(包括心理战载荷)投送,核、生、化监测。

1.战场侦察、监视与毁伤效果评估

在信息化战争环境下,对目标进行侦察、监视和毁伤效果评估是实施空地海一体化作战的基础,也是武器体系对抗中的一个难题,无人系统能较好地完成目标侦察、监视以及对目标的毁伤效果评估的任务,使武器系统形成一个"闭环"的对抗体系,提高武器装备作战效能和弹药的利用率。

2.打击时间关键目标和洞内目标

时间关键目标是指其空间位置可在短时间内改变的目标。这主要包括两大类:一类是从山洞、掩体内突然出现并展开发射的目标,如地空导弹发射车;另一类是可躲避攻击的运

动目标,如地地弹道导弹发射车。洞内目标主要指洞库内以及洞内机场跑道上的飞机及相关设施、永备工事内的火炮等目标。我军现有武器很难有效对付这类事件关键目标和洞内目标,采用具有较长滞空时间、动目标跟踪功能或山洞识别及钻入功能的攻击型无人飞行器,可有效对付这类目标。

3.警戒巡逻与兵力保护

与侦察卫星和高空侦察机不同,无人系统多是在有限区域内担负警戒巡逻任务,如地面机器人和低空无人飞行器对要地、边界及走私通道的警戒巡逻,无人水面艇对海岸线的警戒巡逻等无人系统经常伴随步兵执行作战任务,在城区等复杂环境下作战时,参战人员容易受到来自附近建筑物内的冷枪或路边炸弹的突然袭击,采用无人系统不仅可对潜在的威胁实施侦察预警,还可以实施先发制人的打击和反射反击。也可让无人系统率先担任侦察攻击任务,为作战人员提供保护。

4.地/水雷及爆炸物探测与排除使失效

在过去的战争中敌对双方均埋设大量地雷,导致战后排雷任务十分艰巨。战场上还遗留有大量未爆弹药等爆炸物,仅海湾战争,美国在伊拉克战场上抛撒出的集束弹药,所产生的哑弹达 17 万枚之多,哑弹处理十分危险且任务艰巨。这些危险的作业最适宜于由无人系统来完成。对于路边炸弹等危险性大的爆炸物,由无人系统进行探测、排除或使其失效,既安全又高效。

5.目标精确定位与指示

无人系统可进行目标识别和定位。如空中无人系统在飞行至目标区域上方预定高度时,图像传感器和卫星定位系统等开始工作,将对目标侦察和定位的信息传输至地面站,地面站显示出目标区域的情况以及重点目标的准确位置,为发射弹药进行精确打击提供前提。若将激光指示装置置于无人飞行器中,还可为半主动激光制导弹药提供激光指示目标的任务,从而避免前沿观察指示员或指示载机等装备长时间暴露在敌占区内带来的风险。

6.导航、网络节点及数据传输

通信是战场指挥的关键。无人系统可在多兵种一体化协同作战中为相互不在视距通信范围内的部队提供通信链路,也可在后方指挥与控制站与前方人员及武器之间进行中继通信和数据传输,成为大网络中的信息节点,多个有人和无人系统可形成一个层次化的通信网络系统,以提高作战效率、武器体系的作战半径和指挥与控制站的安全性。

7.信息对抗

无人系统可携带有源干扰机以及箔条等无源干扰器材,对敌方雷达与无线电通信设备实施有源或无源干扰,达到压制、阻塞敌方通信指挥,诱骗敌方雷达或干扰敌卫星导航信号的目的,这在信息化战争中具有重要作用。

8.海上封锁与反潜

利用水面高速无人艇或无人潜水器可对水面舰船实施攻击,以完成海上航路封锁任务;利用无人飞行器、无人水面艇和无人潜水器可对潜艇实施侦察和攻击任务,这可显著提高海上封锁和反潜作战的效费比。

9.有效载荷(包括心理战载荷)投送

利用无人系统在敌方上空投放有效载荷要比利用有人系统更为安全,典型的实例是美国在阿富汗战争和伊拉克战争中由"捕食者"无人机发射"海尔法(地狱火)"导弹,美国正在研制供无人机投放的小直径弹药和专为地面军用机器人发射的小型导弹。利用无人机向敌控制区秘密投放各种心理战载荷,如传单、收音机等,可达到动摇敌军心的目的。

10.核、生、化监测

由于核武器、生物武器和化学武器产生的效应具有很强的破坏性和污染性,由人来完成监测任务危险性很大,而利用无人系统对核、生、化武器造成的破坏和污染区域及其程度进行监测具有明显的优越性。

第二节　无人系统的作战运用准则

随着现代科学技术,特别是以计算机、人工智能等为表征的信息科学技术的迅猛发展,各种人造的无人系统大量地进入人们的日常工作和生活之中,带来了高效和便捷。同样,在军事领域,无人武器系统正以几何级数的递增速度进入实战。目前,美国在伊拉克和阿富汗使用的无人系统(主要是小型地面机器人)已超过 5 000 个,到年底有可能突破8 000个。发展无人系统,满足未来战争需求,已成为世界主要军事强国的共识。

在发展无人系统的整个过程中,需从高技术战争军事需求与伦理的平衡的角度,考虑无人系统的运用准则问题。构建无人系统的作战使用伦理准则是我们面临的一项新的任务,也是一项长期的研究工作。这项工作在无人系统研究之初就应开始,而不是无人系统研制完成后再开始。爱因斯坦指出:"科学是一种强有力的工具。怎样用它,究竟是给人带来幸福还是带来灾难,全取决人自己,而不取决丁工具。"

一、无人系统的军事需求与作战伦理之间的平衡

无人系统的出现,很可能会导致一些传统的战争伦理,包括诸多的战争观念,如胜负观、控制观、道德观、人-机价值观等发生一系列深刻变化,这些变化也必将反映到无人系统的性能指标与技术指标、总体设计、技术方案和装备作战运用之中。

比如,在战场上,具有自主攻击能力的无人武器,能够依据预先设定的程序,攻击敌方作战人员,直至将其消灭或失能。但对已经受伤失去战斗能力或已放下武器的敌方人员,如何识别和判断对方的真正意图,并给以恰当的回应。当遇到敌人以平民为掩护实施袭击时,无人系统如何应对。这些是无人系统难以准确判断和做到的,一旦判断错误,其后果很容易导致滥杀无辜。又如,在复杂的战场环境中,当无人系统难以识别出敌我友,区分出敌方军事

目标和民用建筑时,它下一步的行动是什么? 若贸然攻击可能会误伤友军或无辜,若放弃攻击可能贻误战机或被敌方击毁。这些都是无人系统必须面对和解决的问题。总之,人类应赋予无人系统多大程度的自主权,在发挥其优势的同时如何避免其危害,这是无人系统必须解决的军事需求与作战伦理之间的平衡问题,也是无人系统研制者必须考虑的问题。无人武器系统的出现导致人们形成两种不同的意见(见表7-1)。

表 7 - 1　关于无人系统的两种意见表

对立方面	反对意见	支持意见
伦理道德	无法辨别敌方官兵是否已经失去抵抗能力或已经投降,很容易出现不分青红皂白地滥杀无辜; 容易引起国际人道主义关切,缺乏道德准则	主要用来摧毁敌人的武器装备、军事设施等目标; 在激烈的战场对抗过程中,很难区别敌人是否投降,即使有人武器系统也会对友军或平民造成误伤
失控或故障后果	仅凭预先设置的软件认定并攻击敌人,一旦出错或失控,甚至可能误伤自己,后果十分严重	人驾驶的飞机还有可能误挂上核弹在本土长距离飞行,一旦出现故障或失误,给人带来的灾难更为巨大
恐怖利用	一旦被恐怖分子利用,就会变成更可怕的"恐怖分子"	任何武器都可以被敌人利用,有人及无人系统都是"双刃剑"
超人智能	当自主军用无人系统的智能超过人类时,就会不按人类的意志行动,危及人类的安全	还远未发展到超过人类智慧的水平,即使将来智能化水平提高了,也不能确保永远在人类的控制之中

从表7-1中可以看出,无人系统的最大优势和长处是"无人",它们可以代替士兵不知"疲倦"、不怕"牺牲"地在恶劣的战场环境中,执行艰难危险的作战任务。无人系统的最大劣势和短处也是"无人",它们既不懂人类的伦理,也不讲人类的道德,它们是一群毫无"是非意识"的"冷血杀手",一旦失去人的控制,后果将是灾难性的。

二、无人系统的运用准则

1940年,美国科幻作家艾萨克·阿西莫夫在其经典之作《我,机器人》中提出了著名的"机器人三大定律":机器人不能伤害人类,也不能由于自己的"懈怠"而令人类受到伤害;机器人必须听从人类的命令,除非该命令与第一定律相悖;机器人必须在不违反第一和第二定律的情况下维持自己的生存。

目前,人们在研究智能机器人、自主无人系统时仍然借鉴这个著名的"机器人三大定律",并将其作为机器人、无人系统的使用准则。但是,很显然,这个"三大定律"不完全适用于无人系统的研制和运用,这是因为无人系统就是以敌人作为攻击的目标。

在战场对抗中运用自主无人系统时,人们会遇到一些困境,例如,由于缺乏指挥人员的实时监视,无人系统在执行作战任务时,面对预定程序外的突发性、非结构性事件和环境,将会无所适从,或做出错误的响应,以致危及已方或友方的安全。由于至今尚没有国际公认的关于无人系统作战的伦理准则和道德规范,也未形成通用的无人系统对有人武器系统、无人系统对无人系统的作战运用准则和规范,因此,在战场上,很可能出现无人系统作战"既不讲道德,又不讲道理"的局面,极易导致战场对抗出现严重的混乱,导致对抗僵局的不确定性和不可控性。

针对这些问题,我们提出无人系统作战运用的4条基本准则。

1."人本性"准则

无人系统只在规定的时间和空间内对特定的有生目标实越限定性的攻击,当对"敌""友""我"难以准确识别判断时,即使自身可能被摧毁,也不能贸然攻击,即具有"人本性"。

2."使用的专属性和退化性"准则

无人系统应能识别并确认授权使用者,即无人系统只"服从"于对它有控制权的使用者。在非授权使用、失控或故障情况下,应立即停止或终止执行任何攻击性指令,即具有"使用的专属性和退化性"。

3."非授权封闭性"准则

无人系统不能将自身携带的作战规则程序和/或指令由未经授权的使用者以任何方式传输或复制给其他武器系统,也不能接受来自其他武器系统的作战规则程序和/或指令,除非获得授权使用者的批准,防止出现"机器人叛徒",即具有"非授权封闭性"。

4."功耗自守性"准则

无人系统不能通过人工智能(包括自学习、自复制、自重构等)的方式,自主形成规定内容以外的新的攻击性程序或指令,即具有"功耗自守性"。

第三节　无人系统引发作战模式变革

随着人工智能技术的快速发展,"无人车""无人船""无人机"等大量智能化无人装备系统应运而生并运用于实战。智能化无人装备具有"空间多维、全天候、非对称、非接触、非线性、人员零伤亡"等作战运用特点,将改变战争构成要素、作战观念、组织形态和保障模式,从而推动战争形态的演变。

一、改变战争构成要素

战争构成要素包括作战人员、武器装备、作战空间等。智能化无人装备广泛运用于军事领域,必将对作战人员素质、武器装备效能、作战空间等战争构成要素产生根本性影响。

1.作战人员更需具备科技素养

现代战争中,军事科技已成为影响战争胜负的关键因素。武器装备的科技含量越高,对作战人员科技素养的要求也越高,这也促使战争由"力"的角逐、"能"的碰撞,向"智"的对抗转变。智能化无人装备正是人类智能的一种体现。未来战争中,作战人员将不仅是智能化武器装备的操作者,更是战场控制、思维较量、谋略博弈等智能对抗的主导者。因此,未来战争的作战人员只有具备很高的科技素养,才能更好地指挥与控制智能化无人装备投入战斗。

2.武器装备运用重视集成高效

智能化无人作战,更注重武器装备的系统集成、效能聚合、功能互补,其效能的发挥往往通过体系对抗的方式来实现。作战人员利用战场网络链接所有智能化无人装备,形成力量整合、功能融合、行动组合的作战集群。作战集群以高度智能化的形式,精确打击敌战略决策和作战指挥系统,必将显著提升作战效能。由于智能化无人装备体系集成的优势,未来战争运用"侦察感知、干扰摧毁、链路阻塞、接管控制以及使敌作战系统瘫痪"等多种作战手段,采取"点对点""端对端"的打击方法,将使"多轴攻击""精确点杀""控域夺心"等作战样式更加高效。

3.作战空间呈现全域多维一体

强大的战场网络,使未来作战空间的"界面"变得模糊。宏观来看新型技术空间和传统物理空间紧密融合,战争对抗由传统空间向"陆、海、空、天、电、网、心"多维一体拓展;作战域由单一物理域向"物理域、信息域、认知域、社会域"深度融合;制权争夺的重心由"信息、海洋、天空"向"智能、太空、网络"转移,形成"耦合紧密、互联互动"的一体化全域多维战场。微观来看,智能化无人装备能使人类突破脑力极限、生理极限和物理极限,可适应高温、极寒、高压、缺氧、有毒、辐射等恶劣环境,能完成极高、极远、极微、极深、极难等作战任务。另外,智能化无人装备还可自由地渗透到敌方作战空间,对敌实施监视和破坏。因此,任何时间、空间都有可能成为智能化无人装备进行作战的时空。

二、改变传统作战观念

以多维空间非线式智能化无人作战为主要特征的未来战争,将使传统的作战思想和观念受到冲击和挑战。

1.作战目标由歼灭敌有生力量向瘫痪敌作战体系转变

暴力是战争的根本属性,其本质目的是摧毁敌方的抵抗能力,然后使对方屈服。传统战争通过物质和精神暴力摧毁敌方的抵抗意志而使其屈服,即运用武器进行杀伤或威慑,同时运用舆论战和心理战瓦解敌信念、摧毁敌士气,最终目标是歼灭敌有生力量。而未来智能化无人作战,则以敌作战体系为直接打击对象。破击了敌武器装备体系,即意味着在相当程度上摧毁了敌作战能力和抵抗意志。未来智能化无人作战将大量运用远程打击、精确点杀、体系截击、系统瘫痪、点穴攻击等先进打击手段，而直接摧毁敌作战体系，将是未来作战的主要目标。

2.力量运用由寻求兵力集中向效能集中转变

一方面，智能化无人作战以无处不在的探测监视、侦察设备为"感知点"，以纵横交错的情报信息传输网络为"神经系统"，以"人脑＋人工智能"辅助决策为"指挥大脑"，将情报捕捉、信息传达、侦察检测、临机决断等环节有机衔接，可使战场信息精确传达，战场态势实时感知，战场迷雾变得稀薄，使传统作战因兵力集中而增大伤亡概率的弊端显露无遗。另一方面，随着武器装备体系综合效能的空前提高，兵力分散而效能集中的作战布局，将是未来作战力量运用的必然选择。

3.作战方式由注重按部就班向灵活多变转变

智能化无人作战战场空间极大拓展，作战时间大幅度压缩，作战节奏明显加快，对抗方式错综复杂，战场态势瞬息万变，战争充斥着多变性、复杂性、突然性，速度成为制胜的关键因素。传统战争中方案既定、模式固定、步骤拟定的"流程式"作战方式已被打破。在强大战场网络支撑下，智能化无人装备能够根据作战实境随机改变战术战法，依据战场态势变化，依靠智能化网络平台，采取灵活、机动、多变的作战方法，实施精确打击、电磁摧毁、网络攻击等多种作战手段，从而实现全时空、全频域、多维度、多方式的作战。

三、改变军队组织形态

智能化无人装备在战争中的运用，将在改变传统军事战略、作战理论、武器装备等方面的同时，也改变了未来军队的组织形态。

1.强调跨域协同，军种融合趋势明显

智能化无人装备的运用，在创造"全领域、全方位、全天候"一体化战场的同时，也使得战略、战役、战术行动高度融合，作战单元之间信息交互频繁，作战力量趋于多元融合，"跨域对抗"的作战样式凸显。这就要求作战主体由传统"陆、海、空"军种结构向"有人、无人"力量结构发展，军种相互融合渗透的趋势愈加明显，"一体化融合作战"的特征更为突出。

2.注重高效决策，指挥结构更为简约

智能化无人装备的运用，使作战节奏加快、突发状况增多，迫切需要指挥决策快速、高效。而信息感知、数据融合等智能化指挥与控制技术的快速发展，又为构建智能化、简约化指挥结构提供了有利条件。同时，数据资源共享、指令同步传输、武器平台互联互通互操作的成功实现，也使作战指挥能够实现"多域优势聚合、综合集成释能"的目标，构建出全域分布式作战指挥体系，从而形成"指挥员-作战集群"的简易指挥链，以及网络矩阵式组织指挥架构,确保了指挥层次简约、高效,指挥流程迅捷、优化,指挥效能精确释放。

3.突出灵活、机动,作战编成更具弹性

智能化无人装备的广泛应用将出现"人机编组""机机编组"等新的战斗编成,这就促使部队的编成模式向"自主适应、弹性编组"转变,以充分发挥作战单元功能多元的优势;科学优化人与武器的结合方式,深度融合有人与无人作战力量,注重人机协同,提升多样化作战能力;突出便于模块化灵活编组和具有独立战斗能力的优势,加强"云端大脑""数字参谋""网络神经"等高新技术的探索应用,实现无人化作战单元定制;重视作战单元的简单集合向深度模块化效能聚合发展,使作战单元与作战需求深度融合、无缝衔接,大幅度提升作战效能。

四、改变后装保障模式

智能无人化技术运用于后装保障,对传统的保障范围、保障方式以及保障防卫产生深刻影响,后装保障面临新的发展机遇。

1.保障范围大幅拓展

随着云计算、物联网、大数据技术不断应用于军事领域,智能无人化保障将能够满足"适时、适地、适量"的保障要求。特别是集人工智能感知、决策和反馈于一体的运动控制技术不断运用于机器人和无人系统,后装保障的运输能力将大幅度提高。智能无人化运输装备不仅可以实施全天候保障,而且具有"类人脑"功能,可以不断记忆储存保障数据和信息,通过深度学习,能持续不断地积累保障经验,实现临机判断、自主抉择、灵活避障等功能,从而能够在特殊区域、极端环境、极难条件下执行保障任务。

2.保障方式精确可控

传统的保障模式存在保障对象固定、随机调整难度大、保障层级多、保障灵活性差等缺点,已经难以适应快节奏、多变化的未来战场。智能无人化保障以信息网络为基础,依托感知与反应技术,能够实时获得保障需求,适时调整保障计划,科学、灵活地按需调控行动方案;利用强大的战场网络,促使保障组织从"链式"向"网状"转变,从"保障力量集中"向"保障效能集中"过渡;保障力量的使用从"计划性"向"灵活性、适应性"转变,以实现高效、精确、灵活保障。

3.保障防卫灵活自主

智能无人化保障具有高度信息化、临阵判断准确等优势,可以运用战场态势感知技术,对战场环境和敌方态势实时监测侦察;遇有危险情况,能够利用智能决策技术立即做出反应,快速做出应对,利用自动控制系统,迅速采取自我防卫措施;在大数据、云计算等技术支持下,能择优高效地选择安全保障路线,摆脱敌方打击,降低人员伤亡,可给予后装保障指挥员更大的决策和选择空间。

智能化无人装备的广泛应用,对未来战争的影响和改变必将是整体性和革命性的,必须统筹规划智能化无人装备的发展策略,深入研究其战法和运用方式,为打赢未来战争争取主动权。

第四节　有人/无人协同作战

一、有人/无人协同作战的概念

通过数据传输和通信,将有人机作为指挥机,无人机作为攻击机进行密切协同。通过地面指挥与控制中心实现战场信息共享、可用资源统一调度及作战任务的综合管理。由无人机完成目标探测、识别、攻击和评估,将探测和评估结果与有人机进行互通,由有人机完成信息整合,感知战场态势,最终共同完成信息获取、战术决策、指挥引导、武器发射和武器制导等作战任务。

二、有人/无人协同作战的优势

随着信息技术和传感器性能高速发展,现代战争中武器平台的智能化、无人化程度越来越高,作为 20 世纪末出现的一种新型武器装备,无人作战飞机具有费效比高、攻防兼备、无须顾忌飞行员伤亡等诸多优点,正逐步发展成为现代战争中重要的空基武器平台,并将在未来的智能化无人战争中发挥重要作用。

无人机发展的主要方向是实现在人不干预或极少干预的条件下,能够自主完成作战任务。但受制于当前信息技术发展水平,无人作战飞机的智能化、自主化水平仍然不高,且存在对卫星导航依赖性过强、与地面站通信不稳定、对战场变化临机反应能力弱等问题。因此,构建有人/无人协同作战体系,利用在空飞行员的决策优势更好发挥无人作战飞机平台特点,实现整体作战效能最大化,成为今后一个时期内比较现实可行的空中作战方式。发展有人/无人协同作战具有以下几个方面优势。

1.技术研发难度较低

全无人化空中作战对人工智能技术、高性能计算和传感器性能具有极高要求。目前,无人作战飞机的智能水平较低,还不能完全替代人的思维与判断,而数据链等通信控制技术已经比较成熟,可采取飞行员向无人机发送作战指令、无人机执行战术动作的模式实施协同作战。这种发展路线技术制约少、研发风险低,战斗力生成快。

2.装备建设过渡平缓

构建有人/无人协同作战体系只需对现有装备进行适当改装,无须研制全新机型,资源利用率高,能够在充分挖掘装备潜力的同时大量节约新装备研发和订购经费。

3.作战效能提高显著

有人驾驶飞机在执行空战和对地攻击等典型任务时,面临着载弹量有限、发射弹药和雷达开机时易暴露自身位置等难题,如采用有人/无人战机协同作战,可由无人机承担探测和攻击等危险任务,既能成倍提高弹药发射数量,又能有效保护有人飞机安全,部分二代、三代机甚至可通过此方式获得对抗四代机作战能力。

综上所述,虽然有人/无人协同作战只是现阶段无人机智能化程度不高的条件下采用的一种作战模式,但这种全新的组合必然会对未来空军发展产生重大影响,其在作战样式、指挥引导、组训模式等方面都将引发很多创新变革,因此,开展有人/无人协同作战能力生成问题研究具有十分重要的意义。

三、有人/无人协同作战的想定

有人机/无人机协同作战,能够在联合编队条件下充分发挥有人平台及无人作战平台优势,同时结合地面指挥与控制中心,制定符合战场需求的具体编队作战模式,并使其达到最大作战效能。

现假设我方接到命令要求立即执行对敌方营地的突袭任务,目标是摧毁敌方地面防御工事。由地面指挥与控制中心、有人机集群、无人机集群组成的有人机/无人机协同作战编队立即启动,对目标区域实施作战。

由若干无人机组成的侦察编队,对目标区域进行侦察,在地面指挥与控制中心或有人机的控制下,无人机多机协同搜索目标区域。多架无人机根据所携带的多种传感器,对目标区域进行综合探测,获得目标区域环境信息或态势信息,并将信息回传给指挥与控制中心或有人机(如果有人机参与,那么经过综合分析后,最终将目标信息发送给地面指挥与控制中心)。指挥与控制中心作为协同作战系统最高指控节点,通过对目标区域的卫星图像、目标信息等情报进行分析,得到战场全面态势情况。分析制定此次任务的整体作战流程和具体计划,选择符合作战计划的有人机和无人机类型及数量,组成协同作战编队,并引导其进入作战区域,共同执行地面指挥中心下发的打击任务。有人机作为移动的次级控制中心,主要负责完成作战执行阶段的具体战术决策和阶段性任务分配,同时需要对战场态势进行评估,为无人机组进行所需打击目标的分配,并为其规划相应的航线,最终以任务指令的方式发送给无人机。多架无人机作为编队僚机,对目标区域进行目标探测和干扰防御,发现目标后,立即锁定并跟踪,将目标信息和战场态势回传给有人机,请求有人机确认目标并下达是否攻击指令;待有人机下达攻击指令后,无人机攻击目标并进行毁伤评估。

在该作战想定中,地面指挥与控制中心是该协同作战系统的最高指挥单位,能够与各有人机和无人机分别进行通信,并可对整个作战编队的每一个体作战单元直接控制,以此确保作战系统中所有有人机与无人机之间的信息共享,最终达到统一调度可用资源和综合管理作战任务的目的。特定条件下有人机/无人机协同作战完成任务的想定示意图如图7-1所示。

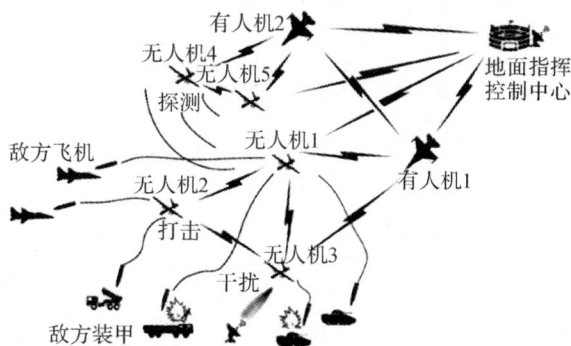

图 7-1　有人机/无人机协同作战完成任务的想定示意图

四、有人/无人协同作战的流程

有人机/无人机协同作战的关键是既能保留并充分发挥有人机和无人机的优点,又能最大限度地激发二者在编队中的作战潜力。编队中的每一架有人机和无人机都可视为作战系统的节点,需要在地面指挥与控制系统的指挥引导下,结合接收全部战场信息进行综合处理,以此进行战场态势感知和敌方威胁估计。在此基础上对特定作战任务下的指挥与控制进行决策,对编队中的每个有人机和无人机节点进行子任务分配和飞行路径规划,确保任务流程在协同条件下有条不紊地推进和展开,最终在无人机节点到达攻击区域后完成目标锁定、瞄准、发射等一系列动作,完成对目标的攻击和毁伤。有人机/无人机协同作战流程如图7-2所示。

1.任务装定

作战起初,有人机和无人机均处于待命状态,进行任务和航路数据的设定后,由地面指挥与控制系统指挥引导其进入作战区域。

2.战场数据信息处理

有人机对战场信息进行接收并汇总,经过计算分析完成综合处理,估计战场态势和敌方威胁。以此为依据对各无人机的任务进行分配,并为其规划飞行路径。处理结果通过信息传输传递给相关的各无人机。

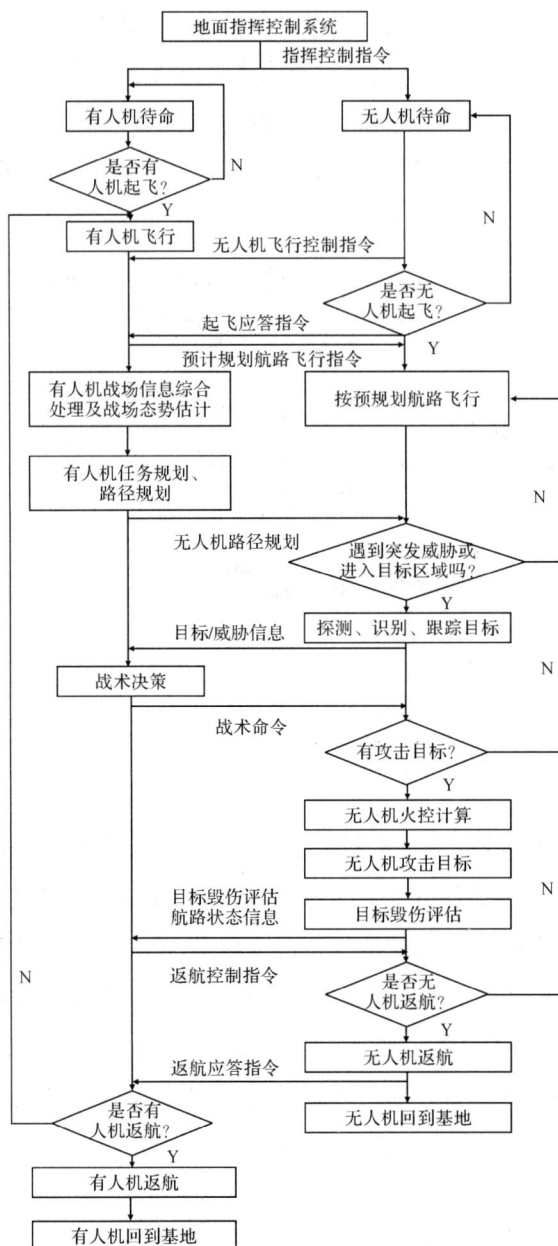

图 7-2　有人机/无人机协同作战流程示意图

3.战场侦察、监视和探测

无人机接收具体任务后,沿所分配的飞行路径进入作战区域,对该区域进行侦察、监视和探测等任务。所得到的探测信息将传输至有人机,后者据此进行信息整合,并继续为无人机输送指令,控制其下一步的探测。期间有人机和无人机时刻与地面指挥控制系统保持战场信息实时交换。

4.对目标实施攻击

根据无人机回传的战场实时数据,有人机再次对作战区域的无人机进行任务分配。与之前的任务分配不同的是,本次任务主要是为了对目标实时打击。无人机再次接收攻击任务指令后,开始进行末端打击所需的计算与分析,最终完成对目标的打击。

5.战场损伤评估

无人机在目标打击过程中时刻保持对战场的监测,并根据机载解算器及预定的算法对其自身完成的打击效果进行评估。同时,监测信息回传至有人机,有人机综合所有无人机的作战情况,对本次作战任务进行总体分析与评估,并统计我方的损伤与消耗情况。

6.再次攻击或返航

根据上步对打击效果的评估,有人机将判定本轮打击是否有效,目标是否已经被摧毁。如果目标毁伤程度未达到预想标准,那么有人机将再次根据当前战场信息及我方剩余战力进行评判,并准备下一轮打击。若目标已经被摧毁或已达到毁伤要求,则判定本次作战任务结束,无人机和有人机将先后返回基地。

第五节 集群作战

一、集群作战概念的由来

早在1959年,法国生物学家Pierre Paul Grasse就研究发现,昆虫之间存在高度结构化组织,蜂群内部分工明确,个体之间信息充分交流,社会行为丰富多彩,能够完成远远超出个体能力的复杂任务。

集群作战概念最先应用于无人机集群,而无人机集群概念的灵感正是来源于对蜜蜂的仿生研究,其研究目标就是在一定的任务背景下,通过对群聚生物的信息交互与协作行为进行模仿,使机群作为一个整体系统,智能化协同、自主化动作,完成单机平台难以完成的作战任务。因此,无人机集群作战也被形象地称为"蜂群"作战,如图7-3所示。

图7-3 无人机集群构想图

美国国防预先研究计划局(DARPA)早在 2000 年就曾对无人机集群空战进行了仿真研究,但美军真正大规模开展系统层实物研究是在"第三次抵消战略"之后。美军认为,世界军事强国日益完善的一体化防空系统对其全球介入能力构成了巨大威胁,急需改变观念,开发出具有经济可承受性且能满足作战能力要求的武器系统,继续保持其在强对抗环境下的绝对优势。于是,美国国防部于 2014 年提出了"第三次抵消战略",该战略的核心任务是构建和部署全球监视和打击网络,及时在全球任何地点发现目标并迅速向目标地点投送兵力,从而有效应对潜在敌人的反介入/区域拒止能力提升,并明确驱动此轮"抵消战略"的 5 个关键技术领域:具有自主学习能力的机器、人机协作、人类作战行动辅助系统、先进有人/无人作战编制、针对网络(攻击)和电子战环境进行加固的网络赋能自主武器等,如图 7 - 4 所示。集群作战概念正是在这种需求牵引下应运而生,蓬勃发展。

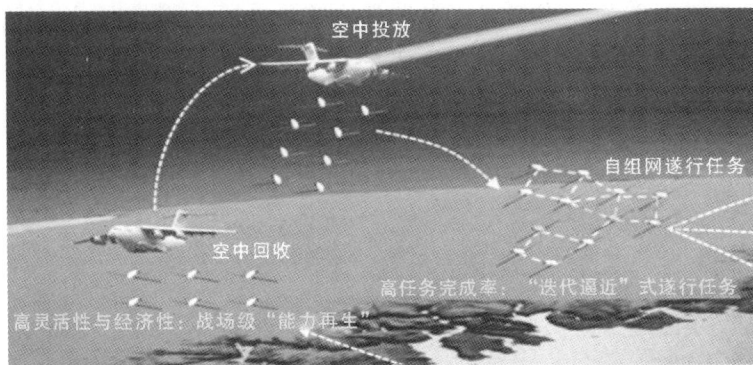

图 7 - 4 无人机集群执行任务示意图

二、无人集群系统的分类及特点

1.无人集群装备系统的分类

近几年,智能无人集群技术不论在基础理论、工程技术还是在实践应用中,都呈现出迅猛的发展势头,世界主要大国在军用和民用领域展开了激烈的角逐。智能无人集群技术的广泛适用性,决定了其在军事领域的巨大应用价值。利用智能无人集群技术对传统武器装备进行升级改造或深度融合,便可创造出形式多样的智能无人集群装备。从作战空间角度划分,可以将智能无人集群装备区分为太空中的小型卫星集群、空中的智能无人机集群、地面的智能无人战车集群、水面的智能无人船艇集群、水下的智能无人潜航器集群和无人潜艇集群等。

另外,各类智能无人集群装备均可作为承载平台,根据任务需要加装特定功能模块,进而衍生出种类丰富、功能独特的专用武器装备系统。例如:通过加装通信模块可实现系统之间的联合通信,构建更加健壮的联合指挥通信网络;通过加装侦察模块可有效拓展侦察范围,相互印证侦察目标,增强侦察效果;通过加装火力打击模块可实现"侦察"与"打击"系统之间的无缝链接,做到"发现即摧毁";等等。

2.无人集群装备系统的特点

从技术原理、发展历程和已经实现的军用和民用装备系统来看,智能无人集群技术装备主要有以下特点:

一是体积小、重量轻。2015年3月,美国海军研究办公室完成了低成本无人机集群技术项目第一阶段的测试工作,试射了"郊狼"无人机,其重量仅有5.9 kg。

二是数量多、规模大。集群装备与传统装备的显著区别就在于其庞大的数量和规模优势,自然界中的"蜂群""蚁群""鱼群""鸟群"等也是依靠规模优势来保持种群的繁盛,这也是集群装备的发展趋势,必将向着数量更多、规模更大的方向发展。

三是种类多、样式全。智能无人集群技术装备的核心优势在于其智能控制的硬件和软件系统,而这一核心优势不仅仅局限于无人机、无人船等装备,可以拓展运用到多种武器平台,发展出种类丰富、样式多样、功能独特的武器装备。

四是成本低、生产快。智能无人集群装备的发展重点不在于研发全新的装备,而是侧重于通过将传统装备进行体积小型化、功能专门化,以智能控制通过大量部署的方式,实现规模效应,可以大大降低生产成本,缩短生产周期,快速形成战斗力。

3.无人集群装备系统的优势

由于智能无人集群技术装备独特技术优势和巨大的规模优势,相较于传统武器装备更能适应未来战争,表现出明显的作战优势。

一是强大的战场生存能力。一方面,集群装备体积小巧、隐身性能高,敌方侦察设备很难发现,即使发现也很难及时有效摧毁;另一方面,由于广泛采用动态无中心自组网的技术,集群中部分装备的损坏,不会造成集群整体功能丧失,这是其强大战场生存能力的根本原因。

二是强大的环境适应能力。智能无人集群技术装备相较于人类士兵或者有人直接操作的装备更能适应高温、严寒、缺氧、危险地形等极端自然环境,也更能适应惨烈血腥的交战环境,能够不知疲倦、不感到孤独、不厌其烦地连续作战。

三是快速的战场恢复能力。集群装备因其成本低,便于大规模生产和储备。交战中一旦发生装备受损:可以采取快速补充投放或重新部署的方式,及时接替作战;也可以采取现场快速抢修的方式,继续投入作战,保证作战任务的尽快完成。

四是强大的突防能力。由于集群装备强大的战场生存能力和相较于兵力的速度优势,非常适合于执行抵近侦察、火力突击、渗透袭击等任务,是坦克、步战车、攻击直升机、歼击机等传统突击力量的有力补充。

三、集群作战的主要样式

1.攻——实施多域打击

集群装备体积小、隐蔽性强的特点,使其便于进行火力突击,尤其是针对重点目标的精确打击;多种集群装备同时发起集火射击,巨大的数量优势和速度优势既能提高杀伤概率,又可以增加攻击的突然性;尽管集群装备体积较小、弹药携带量有限,但其速度优势可大大缩短攻击周期,总体攻击效果相当可观;集群装备类型多、样式多、速度快、无人承载,作战中既可以发挥技术优势,也可灵活运用发挥谋略优势,相较于传统兵力和火力突击效果更加明显。例如,未来小型无人机群可以携带网络攻击武器,在敌对区域上空大面积组建伪通信基站网,注入并监视敌方通信系统,实施网络攻击。此外,在敌方密集防御的作战区域,无人机群可以挂载类似美国军刀小型炸弹等空载弹药,实现对敌方防御阵地的饱和攻击。

2.扰——进行战术欺骗

一是充当诱饵。在不了解敌方战场环境的情况下,如果贸然动用主力战机实施介入行动,很可能会造成巨大损失。此时,可以利用无人机群成本低廉的特质,将大量诱饵式的无人机投入敌方空域,诱使敌方防空火力和雷达作出反应,进而暴露敌方阵地。在作战环境下,敌方首波打击一般是火力最猛、反应最快的,为了避开敌方首波攻势,可以部署无人机群来吸引第一波满载攻击,或将敌方注意力从高价值资产目标上转移开,进而减少己方伤亡和损耗。

二是充当掩护。无人机"蜂群"还可携带电子干扰设备,组成前沿电子战编队,对敌方的预警雷达、制导武器进行电子干扰、压制、欺骗等,为后续作战力量开辟安全走廊,并提供可靠的掩护。

3.侦——集群协同侦察

利用配备多种传感设备的集群装备,可以多维度、多方向、多批次、长时间进行协同侦察,通过相互印证电子侦察、光学侦察、红外侦察以及雷达侦察等多种侦察手段的结果,可有效扩大侦察范围、拓展侦察要素、提高侦察精度、动态跟踪目标,明显增强侦察效果。

4.联——开展协同作战

一是人机联合。为了降低作战风险和成本,可运用大量的低成本无人机携带大量各种类型的传感器以及导弹,组成前沿作战编队,而有人驾驶飞机则从后方对集群无人机进行指挥与控制,引导其对复杂、高风险区域的目标进行打击;或者根据空中作战需要,与有人机组成编队,由有人驾驶飞机控制无人机僚机编队作战,并掩护有人驾驶飞机安全。

二是机群联合。无人机集群可根据任务需要,在机群内灵活配置侦察探测、信息处理、导弹火力等模块,形成一个具备侦察、干扰和打击能力的复合编队;或由若干个无人机集群分别配置侦察、火力模块,再组成一个大型突击编队,深入敌方纵深,对关键目标或高危目标进行实时的侦察与打击,以达成战略性的作战目的。

四、集群作战战例

当各国还在对无人机集群作战可行性进行研究之时,叙利亚境内却上演了一场真实对抗,且被外界解读为无人机集群作战概念运用于现实的首战。

2018年1月6日凌晨,驻叙利亚境内的俄军防空系统发现13个小型空中目标(即无人机)接近俄军事设施展开袭击。其中,10架无人机飞近赫梅米姆空军基地,另外3架飞近塔尔图斯港补给站。在此次反无人机集群作战中,俄军表现不俗,俄军无线电技术部队成功控制了6架无人机。其中3架被降落在基地外的地面,另外3架则在降落期间坠毁,其余7架全部被昼夜执勤的铠甲S形防空导弹系统击落。

2018年1月9日,俄罗斯国家媒体援引俄罗斯国防部一名匿名人士的话称,攻击发生时,美国一架P-8A飞机正在靠近赫梅米姆基地和塔尔图斯基地的地中海东部飞行,在地中海上空7 000 m的高度持续飞行了4个多小时。这位官员称,"控制无人机并投放GPS制导弹药需要在发达国家完成工程研究。此外,并非每个人都有能力使用太空监视数据来计算确切的坐标。我们再次强调,恐怖分子直到最近并不具备这种能力"。如果俄罗斯官员推断得没错,那么此次美军P-8A和无人机之间的协同作战就构成了美军所谓的"蜂群"作战样式:由小型的不相互依赖的无人机组成智能"蜂群",通过自主通信协调其操作实现目标,在这个过程中,P-8A上的机组人员对无人机进行精确控制,并提供GPS制导信息。

第六节　空地一体协同作战

信息化条件下的战争必然是"一域多层、空地一体"的立体攻防作战,体系与体系的对抗是其最显著的特征。随着平台中心战向网络中心战的转移,军队的作战理念也向信息主导、体系支撑、精兵作战、联合制胜的方向发展。如何准确把握信息主导、网聚能力、体系破击、联合制胜等信息化战争制胜机理的内涵和实质是一个亟待解决的问题。

解放军层面,尤其是新军事变革以来,空中突击旅、合成旅等新的部队组织形式的出现,使得陆军航空兵与陆军地面部队的联系更加紧密,这种改变更加强调跨兵种、跨军种的协同。网络中心战已不再仅仅是平台的网络化,而是要求实现传感器、武器、弹药的网络化,空地协同不仅仅是平台的协同,而是作战要素之间的协同。不断缩短打击链的时间,实现所见即消灭,是联合作战永恒的主题。

武警部队已构建出以各级固定指挥中心为依托,以车载、机载、船载机动指挥通信系统为枢纽,以光缆网、卫星网为传输链路的处置突发社会安全事件指挥系统,实现了任务部(分)队的随遇接入和首长机关对任务现场的实时化指挥与控制,基本满足了以执勤处置突发社会安全事件为中心、以反恐维稳为重点的多样化任务对处置突发社会安全事件指挥信息系统的保障要求。

但仍然存在一些问题:在任务现场尚未建立多元数据融合汇聚、按需共享,现场态势实时感知、综合呈现,指挥与控制智能辅助、精准到兵的战术级指挥平台,在任务现场和后方指挥部之间还缺乏同步感知、多级联动、一体高效的指挥与控制手段。而这恰恰是空地协同一体化作战体系的建设目标。

一、空地一体协同反恐作战体系的总体构想

空地一体协同反恐作战体系具体以空间维、装备维和功能维进行三维立体式呈现,如图

7-5 所示。空间维即将体系依据空间位置分为"空""地""网"三部分。"空"主要指空中诸如无人机、无人飞艇、有人直升机等空中装备,"地"主要指与反恐处置相关的单兵装备、车载装备、地面监控设备和基站等,"网"主要指用于"空"与"地"协同的各种功能网络。装备维即体系中所包含的所有装备,是支撑体系的物理基础;功能维即一体化反恐体系所实现的诸如侦察、驱散、打击、预警、通信中继、救援等多样化功能。空地一体协同反恐作战体系示意图如图 7-6 所示。

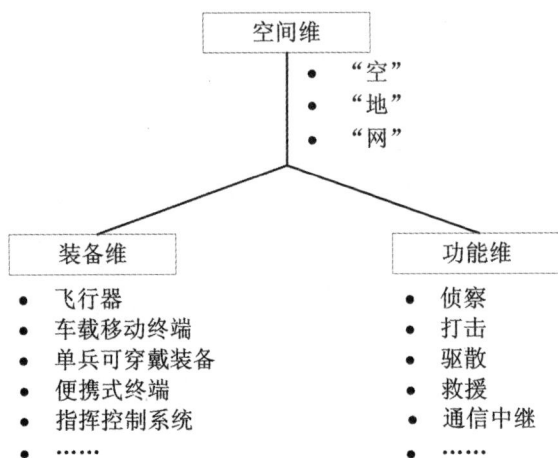

图 7-5 空地一体协同作战体系的三维示意图

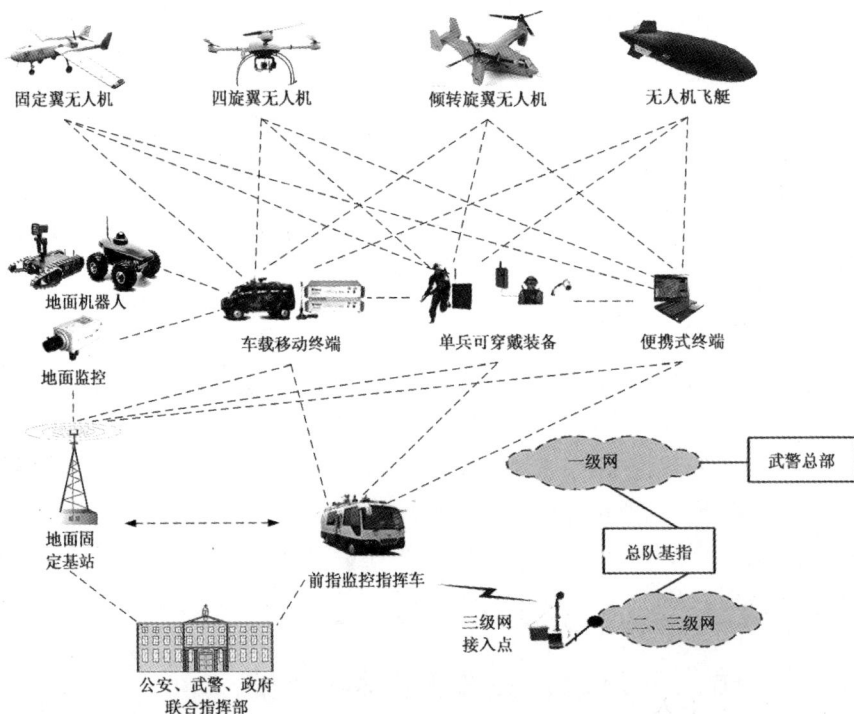

图 7-6 空地一体协同反恐作战体系示意图

二、空地协同作战的典型装备构成

(一)无人飞行器

无人飞行器是空地协同侦察与打击一体化反恐体系的空中主体,且不同类型的飞行器具有不同的特点,可根据具体任务需求选择不同的飞行器平台。以目前应用较为成熟的固定翼、多旋翼、倾转旋翼等为飞行平台,充分发挥各自的优长,利用固定翼隐蔽性好、多旋翼定点悬停、倾转旋翼航速高的特点,形成远近结合、优势互补的飞行力量。同时,根据疆区多风且风向多变的天候环境,增强其抗风性设计。

相应的平台可配备不同的设备以适应不同功能需求。彼此之间能够按照指控系统指令进行人工协同,同时无人机飞行控制系统具备机器学习等简单智能,能够自主进行协同编队、协同侦察和协同驱散。实际应用中一般视暴恐事件发生规模,采用不同数量、类型的飞行器组成特定功能集群处置任务。同时,飞行器上还可安装小型机载式预警雷达,可对低空"低小慢"航空器进行探测,将有效抑制航空器"黑飞"现象。

结合反恐任务背景具体情况,参照相应的国军标等规范进行以下8个方面的设计:①飞行平台。可根据具体任务需求选择不同的飞行器平台(固定翼无人机、单旋翼无人机、多旋翼无人机、倾转旋翼无人机、无人飞艇等),初步定为四旋翼无人机。②侦察与监视模块。主要可搭载可见光、红外两种摄像机。此外搭载探测距离为15 km左右MiniSAR的低空轻型无人预警系统,可为反恐人员提供单兵战场的侦察和监视能力。③通信模块。通信模块能够实现人机之间、机机之间以及与基站之间的互联互通,能够实时将信息传回。采用三种通信模式,420 MHz的警用频段、3G以及800 MHz的通航频段,能够进行高速率的数据图像传输,具有较强的信号传输穿透绕射能力,适用于城区、大型建筑物、地铁等复杂地形、电磁环境条件。④飞行控制模块。采用先进的自驾技术,实现自主起飞、自主飞行、路线巡航和自主降落,同时可以根据基站指令或授权单兵实现人工干预驾驶。设计视景驾驶系统可实现无人机的超视距飞行,从而可进行室内探测,并且能够在5级风力情况下对无人机飞行姿态进行很好的控制。⑤多功能挂载装置。设计多功能的挂载装置,能够满足发射不同非致命弹药、摄像机等的挂载需求。⑥瞄准系统。采用军用级瞄准系统,并和飞行控制模块和侦察系统相结合,既能够为机载武器系统提供精确点目标瞄准,又能够提供区域目标瞄准,提高打击精度。⑦发射系统。采用电发火发射系统,在充分考虑飞行稳定性的基础上,设计可控式发射系统,由地面单兵或指挥终端控制发射。⑧挂载弹药或装备的设计/选用。可依据致命/非致命的攻击模式,选用军用手枪或冲锋枪用弹药或警用枪发式弹药,实现武力打击与驱散的有机统一。

(二)地面反恐机器人

地面反恐机器人大体分为轮式和履带式两种类型,主要用于人群驱散、威慑、警戒等广场大规模暴恐事件的处置。目前的国内外地面无人作战平台一是没有专门搭载多类非致命武器装备的,二是很多地面无人作战平台体积较小,不能满足武警部队处置群体性事件和反恐的实际需要,容易遭踩踏、掀翻等,自身安全得不到保证。

设计的地面反恐机器人集地面侦察、打击、封控等功能于一体,是空中侦察的有力补充,既能够实施自主路线巡逻,又可接收单兵指令,根据需要实施武力打击和非致命驱散,相互协作可以构建隔离网实施有效封控。

(1)外形设计。以军警作战执法为设计准则,提高其震慑力。

(2)防护性设计。采用防火涂层材料,防止纵火袭击;加大强度设计,提高其抵御外物高速冲击的能力。

(3)自毁装置设计。加设自毁装置,一旦被对方捕获便立即自毁,防止授人以柄,以免被动。

(4)反拍照设计以反狗仔装置为原理,防止图谋不轨者的拍照、摄影等取证手段。

(5)武器系统配置。以军用武器、警用武器与机载设备相结合,实现武力打击与非致命驱散的可控使用。

(6)封控系统设计。采用机机协同的形式,根据需要快速搭建防暴隔离网,实施有效封控。

(三)车载移动终端

车载移动式终端集作战、通信、情报、机要等要素于一体,可实现对天空中多架无人机、飞艇等飞行器的运输装载、协同控制,可满足部队野战条件下对语音、数据、图像"三网合一"宽带网络接入的需求。此外,还可对处置的武装人员传输指令,可处理无人机回传的信息并进行及时、高效的处理,并形成相应的辅助决策方案,而后将信息快速、可靠地传输给前指监控指挥车和公安、武警、地方政府联合指挥部以便首长进行决策。当然,这中间涉及暴恐事件规模大小的问题。

车载移动终端还拥有协同指控系统,该系统主要由情报综合处理模块、辅助决策模块、模拟演练模块、自组网通信模块等组成。情报综合处理模块可接收并处理无人飞行器、地面机器人和单兵装备所传输信息,实时对这些信息进行融合,形成事发地域态势,并能够按需推送态势信息给各战术分队;辅助决策模块可自动或人工辅助生成装备和人员部署方案等,为指挥员决策提供可行性依据;模拟演练模块可手动/自动生成假想案例,并进行模拟演练;自组网通信模块由自组网电台、加解密终端组成,为以车代所指挥、多车联动指挥、协同指挥(空中装备与地面装备协同、无人装备与有人装备协同等)提供无线宽带多媒体通信支撑。

(四)单兵可穿戴装备

单兵可穿戴装备主要包括战术头盔、智能腕表、智能眼镜、肩携式针孔摄像机等可穿戴装备,可实现单兵侦察以及无人机、指挥员与单兵之间实时通信联络与信息共享。①战术头盔具有可见光、红外等不同观察模式,实时感知和记录态势,可以为反恐人员提供身临其境的多模式超视距目标指引信息。②智能腕表可向指挥终端提供反恐武装人员的位置信息、生理信息,实现语音对讲、指令接收等功能。能够与机载设备和基前指设备互联互通,无人机的侦察信息能实时传回到智能腕表;同时智能腕表还可以与基前指通信,接收其指令信息,回传现场感知。③智能眼镜可向武装人员提供无人机所侦察到的视频、图像,也可接收来自指挥部的指令;④针孔摄像机用于便衣反恐人员进行隐蔽侦察,非正常拍摄等。单兵可穿戴装备可进行语音、数据、图像一体化双向传输,语音通信距离为 2~6 km,图像通信距离为1~4 km,实现了指挥员与单兵之间实时联络与信息共享。

一方面单兵为系统组成个体,可实时接收来自指挥车融合后推送的重要信息,如混迹在人群中恐怖分子信息,或者滋事人员逃跑位置信息等;另一方面,单兵也成为一个侦察、战斗独立主体,实时地向指控系统提供局部重要战场信息。

(五)便携式终端

便携式终端主要有手持式终端和手提式终端两种。

(1)手持式终端指用于战术小分队执行任务时随无人机配置的手持飞行控制、数据分析仪等,包括单兵手持终端,可接收指控系统指令,为移动指挥车提供重要驱散或打击目标的指示信息。同时,手持飞行控制终端可方便独立指挥无人机,方便战术分队根据现场实际情况调整空中飞行平台以便获得更好的监视、侦察、打击效果。

(2)手提式终端主要可接收指控系统指令,为移动指挥车提供重要驱散或打击目标的指示信息,同时具有无人机集群控制、态势显示、任务规划、数据分析、虚拟实景、状态监控等功能。一是作为指挥车飞行控制冗余备份;二是还可以作为控制平台,让战术分队根据现场实际情况调整空中平台获得更好的监视效果。

(六)数据链路(自组织通信、指挥网络)

无人机、有人直升机、综合指挥车、离车指挥员、作战单兵依托自组网电台组成无中心节点网络,通过网络节点间的多方向无限通信功能,实现任意两个节点间的视频、语音和数据等指挥信息的双向传递。该网络属于 IP 无线局域专网,可通过 IP 接口与卫星、超短波、数字集群等其他网络互联互通,真正实现空天一体化侦测系统与现有指挥网络的有效融合,实现现场侦测态势向其他网络的快速传递,具备自动快速建网、灵活机动组网、抗毁顽存、自愈能力强等特点。

在应对恐怖、暴力、突发事件的过程中,完全可以采用搭配不同任务载荷来高质量地替代目前市面上各种警用无人机执行空中巡逻、侦察、监控、取证、搜索、喊话、空投、跟踪定位甚至打击驱散等任务,与其他地空反恐力量和装备优势互补,构成联防、联控、联打的指挥网络、通信网络和监控网络三网合一的立体式网络,如图 7-7 所示。

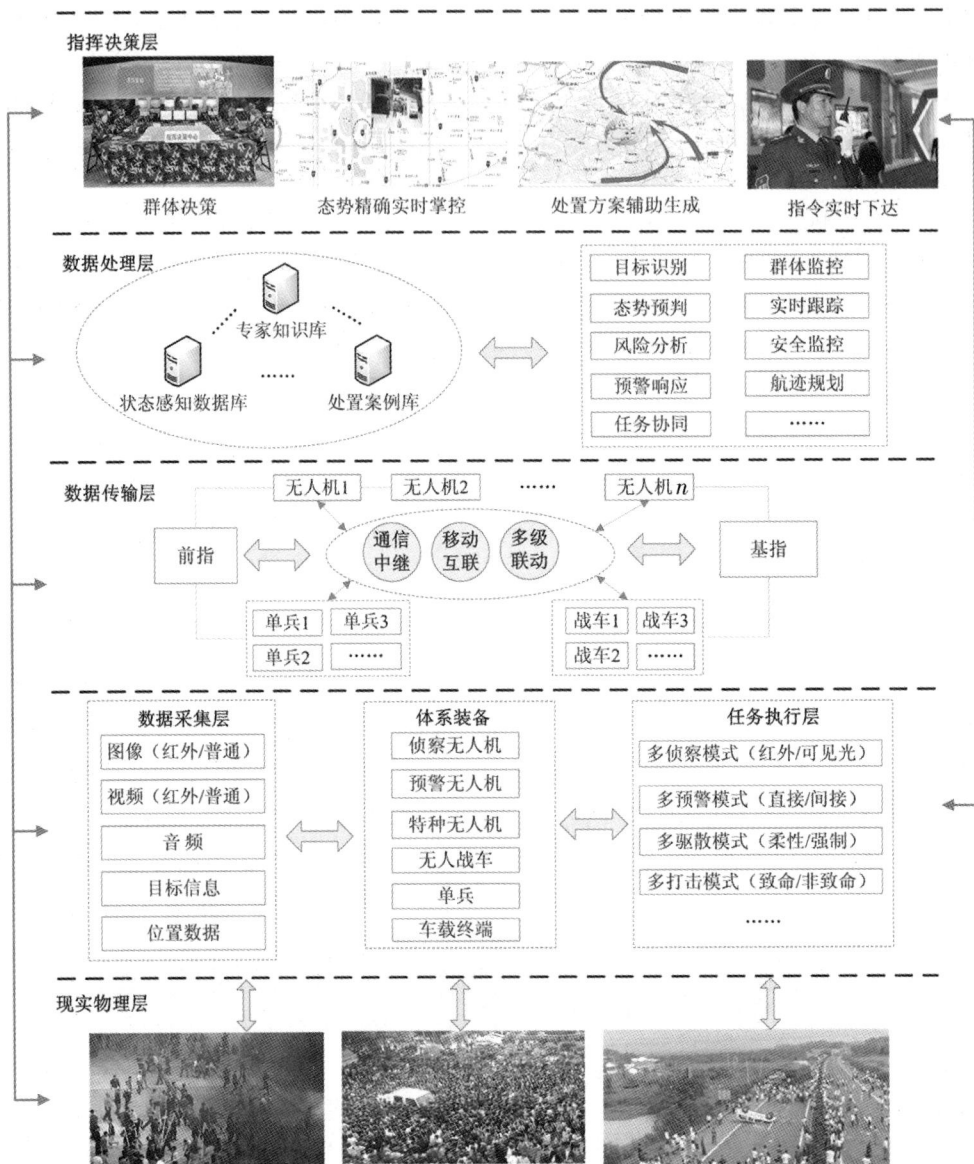

图7-7 空地一体协同反恐维稳作战体系层次结构示意图

三、空地一体协同作战的预期效益

(一)现场态势实时感知与综合呈现

为高效获取反恐情报,并解决其传输问题,实现日常/暴恐事件发生时现场态势的实时感知。一体化反恐体系整体采用空地协同式侦察,减少侦察视野盲区;系统空中飞行器的侦察包括高清全景监控模块、红外夜视模块、实时目标跟踪处理模块、基于4G的数据传输模块;地面机器人也拥有这些侦察模块,同时单兵可穿戴设备中如头盔上或肩携式也具有侦察

设备,这些都将通过数据传输模块传输给车载的智能视频图像处理模块进行实时处理,实现以下功能:

(1)现场态势实时感知与预警,通过多架无人机协作式地进行日常安全巡检,检测辖区内人群是否异常聚集、车辆是否异常冲撞等,并根据情况进行预警(传输预警信号或直接发射声光报警弹)。

(2)现场态势综合呈现,采用虚拟场景生成技术对火车站、省政府等重要目标进行成像,并建立数据库。暴恐事件一旦发生有助于迅速建立电子沙盘,便于首长进行指挥、决策。

(3)基前指挥部之间同步感知、多级联动,当暴恐事件发生时,多架无人机迅速到达事发地域并获取数据、图像等,回传至车载移动终端,经处理后回传至后方指挥大厅(指挥部)。

(4)在高楼林立、楼宇复杂城市中以及野外荒漠或山林间,通信信号盲区多,常会导致信号不能及时传递到指挥中心,致使决策滞后。一体化反恐体系中设计有无人飞行器搭载小型通信设备,这将起到通信中继的作用,对地形成不间断信号链接。这样即可完成实时通信组网、实时数据传输等,从而保证前后指挥部之间同步感知、多级联动。

(二)精确到兵的反恐行动指挥与智能辅助决策

(1)精确到兵的反恐行动指挥。灵敏的反恐通信网络是反恐行动指挥决策的前提,而构建高效的反恐行动指挥网络是反恐行动成功处置的关键。对于单兵,体系中设计有单兵战术头盔,可实时接收指挥车中指挥员所发出的指令调整其位置、实施的任务及对应战术及时汇报任务执行情况;对于指挥员,可通过无人机传回的实时图像和视频了解暴恐事件态势,通过单兵回传的音频、视频、图像及时了解我方人员所处位置、任务进展等信息,即可通过指挥网络进行精确到兵的指挥,利于任务处置。

(2)智能辅助决策。区别于其他突发性事件,暴恐事件政治目的明确,危害性更大,给社会人群带来的心理影响更深,处置的战法要求更高。因此,在反恐斗争中应牢牢把握其特征,加强反恐战法的研究,着力研究高技术条件下城市狭窄地、繁华区、人群集中区的反恐战法,努力提高指挥员谋略水平和指挥能力;要重点研究不同类型恐怖活动的处置策略和战法。这就对反恐行动的指挥员提出了较高的要求。但现实中出于信息获取、作战经验等原因,会影响指挥员做出正确的反恐决策。一体化反恐体系的车载设备中设计有反恐指挥辅助决策系统,可通过大数据实时分析处理、经验案例库推理等多种技术手段和方法,整合地面单兵可穿戴设备、空中无人机、路边视频监控等数据,最终给出最佳的辅助决策建议供指挥选择,可以大大提高决策效率。

(三)低空防卫预警

无人机携带便利、操作简单、获取渠道多,若恐怖分子采用无人机甚至无人机群在商场、学校甚至是医院等防范弱势但人口密集区实施大规模核生化恐怖袭击,其后果将不堪设想。目前无人机"黑飞"的报道不断见诸各大媒体,我们也不能排除今后恐怖分子采用无人机实施暴恐活动的可能。考虑到此类暴恐活动的破坏性、影响性极其恶劣,必须防患于未然。

而目前对于轻小型飞机、三角翼、滑翔伞、飞艇和无人机航模等此类具有"低、小、慢"特征的无人飞行器,常规探测技术难以识别发现。

空地协同侦察与打击一体化反恐体系通过在重点低空空域布设多架小型无人预警机,可及时发现不明小型飞行器,实现低空防卫预警,并可与我军现役的中高空预警机、雷达站等形成高低搭配,相应的情报传递与融合可形成全空域立体情报获取能力。

(四)暴恐事件的即时处置与响应

无人机可进行常态化重点地域巡检,一旦发现暴恐事件或事件征兆即可进行先期预警。此外,无人机快速机动能力强,且可挂载多样化任务处置装备,多架无人机和地面反恐装备相互协同,可实现暴恐事件的快速响应和即时处置,具体体现在以下3个方面。

(1)柔性驱散与强制驱散相结合。空中、地面的驱散系统主要分为劝诫式的柔性驱散系统和发射催泪弹等非致命武器的强制驱散系统:①柔性驱散系统。面对聚集的群众,为避免事态激化,一般会对人群进行劝诫离散。但当聚集规模很大,手持喊话收效甚微而周围无扩音设备时,使用无人机播撒传单、搭载扩音设备空中喊话等方式,传达正确的舆论导向、表达警方意图,对人群进行柔性驱散是较好的选择。②强制驱散系统。当一些大型群体骚乱事件出现,劝诫无效时,为避免事态进一步扩大,通常采用无人机挂载发射非致命武器(如催泪弹、爆震弹、爆染弹、发烟弹等)强制驱散人群。而无论上述哪种驱散形式都将涉及搭载的非致命武器和扩音设备的选择,以及挂载系统的设计、发射(投送)装置的设计等。

(2)致命打击和非致命打击相结合,暴恐事件影响较为恶劣,擒贼先擒王,为精确打击首要、带头暴恐/闹事分子,还设计采用空中跟踪打击的方式。无人机挂载自动步枪,发射橡皮弹等非致命弹药进行非致命打击,紧急情况下发射实弹进行致命打击,击毙首要分子,以便于快速控制局面。

(3)救援、照明等多种反恐保障方式相结合,暴恐事件核心地区地面机器人、车辆及人员无法靠近,此时的医疗物资和伤员输送就可以利用无人机的优势。此外,面对自焚的恐怖分子或被暴恐分子点燃的人员,可迅速派遣挂载灭火弹的无人机进行救援。此外,部队在野外夜晚执行反恐或救援任务时,照明也是个现实问题。通过飞行器机载照明设备、发射营救照明弹等方式可为部队提供照明,利于任务处置。

空地协同一体化反恐维稳体系可实现空中监控常态化、反恐态势监测实时化和侦察与打击一体化,可显著提升武警部队执勤处置突发社会安全事件、反恐维稳的情报收集和指挥处置效率,有利于促进战斗力提升,为维护社会稳定、保障人民安居乐业提供坚实支撑。

习　　题

1.未来无人系统会越来越多地应用,请结合武警部队多样化任务构想新的作战运用模式。

2.请深入思考无人系统大量应用后的人机交互问题。

3.请思考未来无人化作战背景下,人机权限分配、控制权限交接等问题。

4.请思考未来无人化作战模式下的战争伦理问题。

参 考 文 献

[1] FAHLSTROM P G, GLEASON T J. 无人机系统导论[M].郭正,王鹏,鲁亚飞,等译.
北京:国防工业出版社,2014.

[2] 沈林成,牛轶峰,朱华勇. 多无人机自主协同控制理论与方法[M].北京:国防工业出
版社,2013.

[3] 黄长强,翁兴伟,王勇,等. 多无人机协同作战技术[M].北京:国防工业出版
社,2012.

[4] 刘倩.武装无人机在反恐行动中的应用:以美国的全球反恐作战为例[J].武警学院学
报,2019,35(3):80-88.

[5] 尤嵩菀,王文龙.美俄军事智能化发展及启示[J].海军工程大学学报(综合版),
2020,17(2):64-69.

[6] National Consortium for the Study of Terrorism and Responses to Terrorism
(START). Global terrorism database[DB/OL]. (2021-01-16)[2024-05-16].
https://www.start.umd.edu/gtd/.

[7] SCHUURMAN B, BAKKER E, GILL P, et al. Lone actor terrorist attack planning and
preparation:a data-driven analysis[J]. J Forensic Sci,2018,63(4):1191-1200.

[8] 欧朝敏,罗国明.中国反恐领域研究的现状、脉络和展望:基于中国知网 2008—2018
年文献的计量研究[J].中国应急管理科学,2020(10):50-64.

[9] 吕立波.论反恐新形势下安全防范技术的应用[J].中国公共安全,2020(4):150-153.

[10] Institute for Economices & Peace. Global terrorism index 2020[EB/OL]. (2020-
11-25)[2024-05-16]. https://www.economics and peace. org.

[11] 陈功.我国反恐现行重大问题研究[D].长沙:中南财经政法大学,2018.

[12] 乔浩,战仁军,林原.面向使命任务的武器装备体系能力规划方法[J].控制与决策,
2020,35(8):2042-2048.

[13] 汪勇,梅建明.当前反恐斗争的特点、挑战及应对策略[J].中国人民公安大学学报
(社会科学版),2016,32(1):19-23.

[14] 张昊.无人系统作战样式分析[J].飞航导弹,2020(6):50-54.

[15] 贾永楠，田似营，李擎.无人机集群研究进展综述[J].航空学报，2020，41（增刊1）：723738.

[17] 贾高伟，王建峰.无人机集群任务规划方法研究综述[J].系统工程与电子技术，2021，43(1)：99－111.

[18] SAMPEDRO C，BAVLE H，SANCHEZ-LOPEZ J L，et al. A flexible and dynamic mission planning architecture for UAV swarm coordination[C]//2016 International Conference on Unmanned Aircraft Systems (ICUAS)，June 7－10，2016，Arlington，VA，USA. New York：IEEE，2016：355－363.

[19] DEEPA O，SENTHILKUMAR A. Swarm intelligence from natural to artificial systems：ant colony optimization[J]. Int J Appl Graph Theory Wirel Ad Hoc Netw Sens Netw，2016，8(1)：9－17.

[20] 段海滨，邱华鑫.基于群体智能的无人机集群自主控制[M].北京：科学出版社，2018.

[21] SCHWARZROCK J，ZACARIAS I，BAZZAN A L C，et al. Solving task allocation problem in multi unmanned aerial vehicles systems using swarm intelligence[J]. Eng Appl Artif Intell，2018(72)：10－20.

[22] 王祥科，刘志宏，丛一睿，等.小型固定翼无人机集群综述和未来发展[J].航空学报，2020，41(4)：023732.

[23] 武晓龙，王茜，焦晓静.美国小型无人机集群发展分析[J].飞航导弹，2018(2)：31－37.

[24] 宋怡然，申超，李东兵.美国分布式低成本无人机集群研究进展[J].飞航导弹，2016(8)：17－22.

[25] 贾高伟，侯中喜.美军无人机集群项目发展[J].国防科技，2017，38(4)：53－56.

[26] ALEJO C，ALEJO I，RODRIGUEZ Y，et al. Simulation engineering tools for algorithm development and validation applied to unmanned systems[M]. Cham：Springer International Publishing，2014.

[27] Defense Systems & Equipment International (DSEI). STM introduces mini-UAV systems to the world [EB/OL].（2019－11－14）[2024－05－16]. https://armadainter-national. com/2019/09/ stm-introduces-mini-uav-systems-to-the-world/.

[28] DUAN H B，YANG Q，DENG Y M，et al. Unmanned aerial systems coordinate target allocation based on wolf behaviors[J]. Sci China Inf Sci，2018，62(1)：14201.

[29] WANG X K，SHEN L C，LIU Z H，et al. Coordinated flight control of miniature

fixed-wing UAV swarms：methods and experiments[J]. Sci China Inf Sci，2019，62 (11)：212204.

[30] 段海滨，申燕凯，赵彦杰，等. 2019 年无人机热点回眸[J]. 科技导报，2020，38(1)：170 - 187.

[31] RAMIREZ-ATENCIA C，BELLO-ORGAZ G，R-MORENO M D，et al. Solving complex multi-UAV mission planning problems using multi-objective genetic algorithms[J]. Soft Comput，2017，21(17)：4883 - 4900.

[32] 戴定川，赵域，王松松. 无人机任务规划系统需求研究[J]. 无人机，2011(1)：43 - 44.

[33] 邢立宁，陈英武. 任务规划系统研究综述[J]. 火力与指挥控制，2006，31(4)：1 - 4.

[34] 吴小鹏，李亚雄，胡尧. 美军任务规划系统发展历程及启示[J]. 飞航导弹，2019(1)：59 - 63.

[35] 谭雁英，赵荣椿，祝小平，等. 基于智能 Agent 的小型无人机自主飞行任务管理器的设计[J]. 西北工业大学学报，2006，24(6)：754 - 758.

[36] 周锐，吴雯漫，罗广文. 自主多无人机的分散化协同控制[J]. 航空学报，2008，29 (增刊 1)：26 - 32.

[37] 齐智敏，黄谦，张海林. 智能无人集群任务规划系统架构设计[J]. 军事运筹与系统工程，2019，33(3)：26 - 30.

[38] 苏菲. 动态环境下多 UCAV 分布式在线协同任务规划技术研究[D]. 长沙：国防科学技术大学，2013.

[39] EVERS L，DOLLEVOET T，BARROS A I，et al. Robust UAV mission planning [J]. Annals of Operations Research，2014，222(1)：293 - 315.

[40] XU Y P，CHE C. A brief review of the intelligent algorithm for traveling salesman problem in UAV route planning[C]//2019 IEEE 9th International Conference on Electronics Information and Emergency Communication (ICEIEC)，July 12 - 14，2019，Beijing，China. New York：IEEE，2019：1 - 7.

[41] FENG W M，ZHAO N，AO S P，et al. Joint 3D trajectory design and time allocation for UAV-enabled wireless power transfer networks[J]. IEEE Trans Veh Technol，2020，69(9)：9265 - 9278.

[42] RIBEIRO R G，JUNIOR J R C，COTA L P，et al. Unmanned aerial vehicle location routing problem with charging stations for belt conveyor inspection system in the mining industry[J]. IEEE Trans Intell Transp Syst，2020，21(10)：4186 - 4195.

[43] PENG R. Joint routing and aborting optimization of cooperative unmanned aerial vehicles[J]. Reliab Eng Syst Saf，2018(177)：131 - 137.

[44] TANG H Y, WU Q Q, XU J, et al. A novel alternative optimization method for joint power and trajectory design in UAV-enabled wireless network[J]. IEEE Trans Veh Technol, 2019, 68(11): 11358 - 11362.

[45] KIM M H, BAIK H, LEE S. Resource welfare based task allocation for UAV team with resource constraints[J]. J Intell Rob Syst, 2015, 77(3): 611 - 627.

[46] ZHOU T R, ZHANG J M, SHI J M, et al. Multidepot UAV routing problem with weapon configuration and time window[J]. J Adv Transp, 2018(1): 7318207.

[47] 庞强伟, 胡永江, 李文广. 基于垂直区域宽度分解的无人机覆盖航迹规划[J]. 系统工程与电子技术, 2019, 41(11): 2550 - 2558.

[48] WEINSTEIN A, SCHUMACHER C. UAV scheduling via the vehicle routing problem with time windows[C]//AIAA Infotech@Aerospace 2007 Conference and Exhibit. Rohnert Park, California. Reston, Virigina: AIAA, 2007: 2839.

[49] ADBELHAFIZ M, MOSTAFA A, GIRARD A. Vehicle routing problem instances: application to multi-UAV mission planning [C]//AIAA Guidance, Navigation, and Control Conference, 02 August 2010 - 05 August 2010, Toronto, Ontario, Canada. Reston, Virginia: AIAA, 2010: 8435.

[50] GUERRIERO F, SURACE R, LOSCRI V, et al. A multi-objective approach for unmanned aerial vehicle routing problem with soft time windows constraints[J]. Appl Math Model, 2014, 38(3): 839 - 852.

[51] SATHYAN A, BOONE N, COHEN K. Comparison of approximate approaches to solving the travelling salesman problem and its application to UAV swarming[J]. IJUSEng, 2015, 3(1): 1 - 16.

[52] SEMSCH E, JAKOB M, PAVLICEK D, et al. Autonomous UAV surveillance in complex urban environments [C]//2009 IEEE/WIC/ACM International Joint Conference on Web Intelligence and Intelligent Agent Technology, September 15 - 18, 2009, Milan, Italy. New York: IEEE, 2009: 82 - 85.

[53] LIU H, LI X M, WU G H, et al. An iterative two-phase optimization method based on divide and conquer framework for integrated scheduling of multiple UAVs [J]. IEEE Trans Intell Transp Syst, 2021, 22(9): 5926 - 5938.

[54] FU Z J, MAO Y H, HE D J, et al. Secure multi-UAV collaborative task allocation [J]. IEEE Access, 2019(7): 35579 - 35587.

[55] SONG B D, KIM J, MORRISON J R. Towards real time scheduling for persistent UAV service: a rolling horizon MILP approach, RHTA and the STAH heuristic

[C]//2014 International Conference on Unmanned Aircraft Systems（ICUAS），May 27 – 30，2014，Orlando，FL，USA. New York：IEEE，2014：506 – 515.

[56] CHEN X，LIU Y T，YIN L Y，et al. Cooperative task assignment and track planning for multi-UAV attack mobile targets[J]. J Intell Rob Syst，2020，100(3)：1383 – 1400.

[57] JIA Z Y，YU J Q，AI X L，et al. Cooperative multiple task assignment problem with stochastic velocities and time windows for heterogeneous unmanned aerial vehicles using a genetic algorithm[J]. Aerosp Sci Technol，2018(76)：112 – 125.

[58] THIBBOTUWAWA A，BOCEWICZ G，RADZKI G，et al. UAV mission planning resistant to weather uncertainty[J]. Sensors（Basel），2020，20(2)：515.

[59] RADZKI G，NIELSEN P，BOCEWICZ G，et al. A proactive approach to resistant UAV mission planning［M］//Advances in Intelligent Systems and Computing. Cham：Springer International Publishing，2020：112 – 124.

[60] KAMAL W A，SAMAR R. A mission planning approach for UAV applications ［C］//2008 47th IEEE Conference on Decision and Control，December 9 – 11，2008，Cancun，Mexico. New York：IEEE，2008：3101 – 3106.

[61] ALIDAEE B，WANG H B，LANDRAM F. A note on integer programming formulations of the real-time optimal scheduling and flight path selection of UAVs ［J］. IEEE Trans Contr Syst Technol，2009，17(4)：839 – 843.

[62] BEHESHTI Z，SHAMSUDDIN S. A review of population-based meta-heuristic algorithm［J］. International Journal of Advances in Soft Computing & Its Application，2013，5(1)：1 – 35.

[63] YANG X S. Swarm intelligence based algorithms：a critical analysis［J］. Evol Intell，2014，7(1)：17 – 28.

[64] HU J Q，WU H S，ZHONG B，et al. Swarm intelligence-based optimisation algorithms：an overview and future research issues[J]. Int J Autom Contr，2020，14(5/6)：656.

[65] 韩博文，姚佩阳，孙昱. 基于多目标 MSQPSO 算法的 UAVS 协同任务分配[J]. 电子学报，2017，45(8)：1856 – 1863.

[66] 赵辉，李牧东，韩统，等. 基于多目标 MQABC 算法的无人机协同任务分配[J]. 华中科技大学学报（自然科学版），2016，44(3)：121 – 126.

[67] 魏瑞轩，吴子沉. 无人机集群实时任务分配方法研究[J]. 系统仿真学报，2021，33(7)：1574 – 1581.

［68］ 林君灿，贾高伟，侯中喜. 异构 UAV 编队反雷达作战中任务分配方法［J］. 系统工程与电子技术，2018，40(9)：1986-1992.

［69］ 魏得路，张雪松，胡明. 基于多信息素蚁群算法的联合任务分配方法［J］. 中国电子科学研究院学报，2019，14(8)：798-807.

［70］ SIMI S，KURUP R，RAO S. Distributed task allocation and coordination scheme for a multi-UAV sensor network［C］//2013 Tenth International Conference on Wireless and Optical Communications Networks (WOCN)，July 26-28，2013，Bhopal，India. New York：IEEE，2013：1-5.

［71］ WU W N，CUI N G，SHAN W Z，et al. Distributed task allocation for multiple heterogeneous UAVs based on consensus algorithm and online cooperative strategy［J］. Aircr Eng Aerosp Technol，2018，90(9)：1464-1473.

［72］ DASH R K，VYTELINGUM P，ROGERS A，et al. Market-based task allocation mechanisms for limited-capacity suppliers［J］. IEEE Trans Syst Man Cybern Part A Syst Hum，2007，37(3)：391-405.

［73］ 李相民，唐嘉钰，代进进，等. 异构多智能体联盟动态任务分配［J］. 西北工业大学学报，2020，38(5)：1094-1104.

［74］ 吴蔚楠，崔乃刚，郭继峰，等. 多异构无人机任务规划的分布式一体化求解方法［J］. 吉林大学学报(工学版)，2018，48(6)：1827-1837.

［75］ MAVROVOUNIOTIS M，LI C H，YANG S X. A survey of swarm intelligence for dynamic optimization：algorithms and applications［J］. Swarm Evol Comput，2017(33)：1-17.

［76］ YAN F，ZHU X P，ZHOU Z，et al. A hierarchical mission planning method for simultaneous arrival of multi-UAV coalition［J］. Appl Sci，2019，9(10)：1986.

［77］ BAROUDI U，ALSHABOTI M，KOUBAA A，et al. Dynamic multi-objective auction-based (DYMO-auction) task allocation［J］. Appl Sci，2020，10(9)：3264.

［78］ YE F，CHEN J，SUN Q，et al. Decentralized task allocation for heterogeneous multi-UAV system with task coupling constraints［J］. J Supercomput，2021，77(1)：111-132.

［79］ ZHEN Z Y，CHEN Y，WEN L D，et al. An intelligent cooperative mission planning scheme of UAV swarm in uncertain dynamic environment［J］. Aerosp Sci Technol，2020(100)：105826.

［80］ WANG Y B，BAI P，LIANG X L，et al. Reconnaissance mission conducted by UAV swarms based on distributed PSO path planning algorithms［J］. IEEE

Access，2008(7)：105086－105099.

[81] 侯岳奇，梁晓龙，何吕龙，等. 未知环境下无人机集群协同区域搜索算法[J]. 北京航空航天大学学报，2019，45(2)：347－356.

[82] 郜晨. 多无人机自主任务规划方法研究[D]. 南京：南京航空航天大学，2016.

[83] KURDI H A，ALOBOUD E，ALALWAN M，et al. Autonomous task allocation for multi-UAV systems based on the locust elastic behavior[J]. Appl Soft Comput，2018(71)：110－126.

[84] KURDI H，ALDAOOD M F，AL-MEGREN S，et al. Adaptive task allocation for multi-UAV systems based on bacteria foraging behaviour[J]. Appl Soft Comput，2019，83：105643.

[85] PANG B，SONG Y，ZHANG C J，et al. Autonomous task allocation in a swarm of foraging robots：An approach based on response threshold sigmoid model[J]. Int J Contr Autom Syst，2019，17(4)：1031－1040.

[86] 胡亮. 基于激发抑制的群智能劳动分工方法求解动态分配问题[D]. 武汉：华中科技大学，2019.

[87] XIAO R B，WANG Y C. Labour division in swarm intelligence for allocation problems：a survey[J]. Int J Bio Inspired Comput，2018，12(2)：71.

[88] KIM M H，BAIK H，LEE S. Response threshold model based UAV search planning and task allocation[J]. J Intell Rob Syst，2014，75(3)：625－640.

[89] WU H S，LI H，XIAO R B，et al. Modeling and simulation of dynamic ant colony's labor division for task allocation of UAV swarm[J]. Phys A Stat Mech Appl，2018，491：127－141.

[90] CHEN X，CHEN X M，XU G Y. The path planning algorithm studying about UAV attacks multiple moving targets based on voronoi diagram[J]. Int J Contr Autom，2016，9(1)：281－292.

[91] NIU H L，SAVVARIS A，TSOURDOS A，et al. Voronoi-visibility roadmap-based path planning algorithm for unmanned surface vehicles[J]. J Navigation，2019，72(4)：850－874.

[92] YAN F，LIU Y S，XIAO J Z. Path planning in complex 3D environments using a probabilistic roadmap method[J]. Int J Autom Comput，2013，10(6)：525－533.

[93] WANG Q，CHEN H，QIAO L，et al. Path planning for UAV/UGV collaborative systems in intelligent manufacturing[J]. IET Intell Transp Syst，2020，14(11)：1475－1483.

［94］ MAJEED A，LEE S. A fast global flight path planning algorithm based on space circumscription and sparse visibility graph for unmanned aerial vehicle［J］. Electronics，2018，7(12)：375.

［95］ 张琦，马家辰，马立勇. 基于简化可视图的环境建模方法［J］. 东北大学学报(自然科学版)，2013，34(10)：1383－1386.

［96］ 肖春晖，邹媛媛，李少远. 有障碍区域的多无人机多目标点路径规划［J］. 空间控制技术与应用，2019，45(4)：46－52.

［97］ 高升，艾剑良，王之豪. 混合种群 RRT 无人机航迹规划方法［J］. 系统工程与电子技术，2020，42(1)：101－107.

［98］ 张哲，吴剑，代冀阳，等. 基于改进 A-Star 算法的隐身无人机快速突防航路规划［J］. 航空学报，2020，41(7)：323692.

［99］ HOPKINS J，JOY F，SHETA A，et al. Path planning for indoor UAV using A^* and late acceptance hill climbing algorithms utilizing probabilistic roadmap［J］. Int J Eng Technol，2020，9(4)：857.

［100］ 魏瑞轩，许卓凡，王树磊，等. 基于 Laguerre 图的自优化 A-Star 无人机航路规划算法［J］. 系统工程与电子技术，2015，37(3)：577－582.

［101］ CHEN Y B，YU J Q，SU X L，et al. Path planning for multi-UAV formation［J］. J Intell Rob Syst，2015，77(1)：229－246.

［102］ CHEN Y B，LUO G C，MEI Y S，et al. UAV path planning using artificial potential field method updated by optimal control theory［J］. Int J Syst Sci，2016，47(6)：1407－1420.

［103］ HUANG C，FEI J Y. UAV path planning based on particle swarm optimization with global best path competition［J］. Int J Patt Recogn Artif Intell，2018，32(6)：1859008.

［104］ ROBERGE V，TARBOUCHI M，LABONTE G. Comparison of parallel genetic algorithm and particle swarm optimization for real-time UAV path planning［J］. IEEE Trans Ind Inform，2013，9(1)：132－141.

［105］ SHIN J J，BANG H. UAV path planning under dynamic threats using an improved PSO algorithm［J］. Int J Aerosp Eng，2020，2020(1)：8820284.

［106］ KONATOWSKI S. Application of the ACO algorithm for UAV path planning［J］. Przeglad Elektrotechniczny，2019，1(7)：117－121.

［107］ JI X，HUA Q Y，LI C Y，et al. 2－OptACO：an improvement of ant colony optimization for UAV path in disaster rescue［C］//2017 International Conference on Networking and Network Applications（NaNA），October 16 – 19，2017，Kathmandu，Nepal. New York：IEEE，2017：225 – 231.

[108] ALLAIRE F C J，TARBOUCHI M，LABONTE G，et al. FPGA implementation of genetic algorithm for UAV real-time path planning[J]. J Intell Rob Syst，2009，54(1)：495 – 510.

[109] CHEN Y B，MEI Y S，YU J Q，et al. Three-dimensional unmanned aerial vehicle path planning using modified wolf pack search algorithm[J]. Neurocomputing，2017(266)：445 – 457.

[110] 刘永兰，李为民，吴虎胜，等. 基于狼群算法的无人机航迹规划[J]. 系统仿真学报，2015，27(8)：1838 – 1843.

[111] 王秀锦，王强，杨帆. "海上狼群"分布式电子战系统构想[J]. 舰船电子对抗，2012，35(4)：8 – 10.

[113] WEITZENFELD A，VALLESA A，FLORES H. A biologically-inspired wolf pack multiple robot hunting model[C]//2006 IEEE 3rd Latin American Robotics Symposium，October 26 – 27，2006，Santiago，Chile. New York：IEEE，2006：120 – 127.

[114] MADDEN J D，ARKIN R C，MACNULTY D R. Multi-robot system based on model of wolf hunting behavior to emulate wolf and elk interactions[C]//2010 IEEE International Conference on Robotics and Biomimetics，December 14 – 18，2010，Tianjin，China. New York：IEEE，2010：1043 – 1050.

[115] CHEN H H，DUAN H B. Multiple unmanned aerial vehicle autonomous formation via wolf packs mechanism[C]//2016 IEEE International Conference on Aircraft Utility Systems（AUS），October 10 – 12，2016，Beijing，China. New York：IEEE，2016：606 – 610.

[116] ESCOBEDO R，MURO C，SPECTOR L，et al. Group size，individual role differentiation and effectiveness of cooperation in a homogeneous group of hunters [J]. J R Soc Interface，2014，11(95)：20140204.

[117] MURO C，ESCOBEDO R，SPECTOR L，et al. Wolf-pack (Canis lupus) hunting strategies emerge from simple rules in computational simulations[J]. Behav Process，2011，88(3)：192 – 197.

[118] TOMLINSON B，BLUMBERG B. Using emotional memories to form synthetic social relationships[J]. Retrieved April，2002(1)：2005.

[119] YANG C G，TU X Y，CHEN J. Algorithm of marriage in honey bees

optimization based on the wolf pack search［C］//The 2007 International Conference on Intelligent Pervasive Computing（IPC 2007），October 11 – 13，2007，Jeju，Korea（South）. New York：IEEE，2007：462 – 467.

[120] 柳长安，鄢小虎，刘春阳，等. 基于改进蚁群算法的移动机器人动态路径规划方法[J]. 电子学报，2011，39(5)：1220 – 1224.

[121] LIU C G，YAN X H，LIU C Y，et al. The wolf colony algorithm and its application[J]. Chin J Electron，2011，20(2)：212 – 216.

[122] HUNG T C，HUANG S J，PAI F S，et al. Design of lithium-ion battery charging system enhanced with wolf pack algorithm［C］//2012 Third International Conference on Innovations in Bio-Inspired Computing and Applications，September 26 – 28，2012，Kaohsiung，Taiwan，China. New York：IEEE，2012：195 – 200.

[123] TANG R，FONG S，YANG X S，et al. Wolf search algorithm with ephemeral memory［C］//Seventh International Conference on Digital Information Management（ICDIM 2012），August 22 – 24，2012，Macao，China. New York：IEEE，2012：165 – 172.

[124] MIRJALILI S，MIRJALILI S M，LEWIS A. Grey wolf optimizer[J]. Advances in engineering software，2014(69)：46 – 61.

[125] 吴虎胜，张凤鸣，吴庐山. 一种新的群体智能算法——狼群算法[J]. 系统工程与电子技术，2013，35(11)：2430 – 2438.

[126] HU J Q，WU H S，ZHAN R J，et al. Self-adaptive wolf pack algorithm based on dynamic population updating for continuous optimisation problems［J］. Int J Autom Contr，2021，15(4/5)：502.

[127] WU H S，ZHANG F M. Wolf pack algorithm for unconstrained global optimization[J]. Math Probl Eng，2014(1)：465082.

[128] WU H S，ZHANG F M. A uncultivated wolf pack algorithm for high-dimensional functions and its application in parameters optimization of PID controller［C］//2014 IEEE Congress on Evolutionary Computation（CEC）. July 6 – 11，2014，Beijing，China. New York：IEEE，2014：1477 – 1482.

[129] LI H，WU H S. An oppositional wolf pack algorithm for parameter identification of the chaotic systems[J]. Optik，2016，127(20)：9853 – 9864.

[130] ZHANG L Y，ZHANG L，LIU S，et al. Three-dimensional underwater path planning based on modified wolf pack algorithm［J］. IEEE Access，2017(5)：

22783 – 22795.

[131] 吴虎胜，张凤鸣，战仁军，等. 求解 0 – 1 背包问题的二进制狼群算法[J]. 系统工程与电子技术，2014，36(8)：1660 – 1667.

[132] WU H S，XUE J J，XIAO R B，et al. Uncertain bilevel knapsack problem based on an improved binary wolf pack algorithm[J]. Front Inform Technol Electron Eng，2020，21(9)：1356 – 1368.

[133] 吴虎胜，张凤鸣，李浩，等. 求解 TSP 问题的离散狼群算法[J]. 控制与决策，2015，30(10)：1861 – 1867.

[134] HU J Q，WU H S，ZHAN R J，et al. Hybrid integer-coded wolf pack algorithm for multiple-type flatcars loading problem[J]. J Rail Transp Plan Manag，2020 (16)：100201.

[135] LI H，XIAO R B，WU H S. Modelling for combat task allocation problem of aerial swarm and its solution using wolf pack algorithm[J]. Int J Innov Comput Appl，2016，7(1)：50.

[136] CHEN Y B，YANG D，YU J Q. Multi-UAV task assignment with parameter and time-sensitive uncertainties using modified two-part wolf pack search algorithm [J]. IEEE Trans Aerosp Electron Syst，2018，54(6)：2853 – 2872.

[137] 刘森琪，王鸿，于宁宇，等. 基于信息素启发狼群算法的 UAV 集群火力分配[J]. 北京航空航天大学学报，2021，47(2)：297 – 305.

[138] 林泰和，蔡育岱. 恐怖主义，战争与组织犯罪：三种行为模式探讨[J]. 全球政治评论，2020(69)：31 – 61.

[139] 马珑. 后"伊斯兰国"时期中国反恐对策研究[D]. 北京：外交学院，2020.

[140] 王雪莲. 当前国际反恐怖斗争面临的形势与对策[J]. 北方论丛，2019(6)：59 – 66.

[142] 乔顺利. 我国恐怖袭击的特点及其应对策略研究[J]. 新疆警察学院学报，2015，35 (3)：16 – 20.

[143] 潘韬. 暴力恐怖袭击案件特征研究[J]. 哈尔滨学院学报，2017，38(11)：51 – 54.

[144] 魏静，王菊韵，于华. 基于多模块贝叶斯网络的恐怖袭击威胁评估[J]. 中国科学院大学学报，2015，32(2)：264 – 272.

[145] 张超. 全球恐怖主义的发展态势分析[J]. 现代商贸工业，2020，41(12)：142 – 144.

[146] 陈毅雨，刘硕，钟斌，等. 基于 DoDAF 的空地协同反恐体系总体结构设计[J]. 装甲兵工程学院学报，2016(2)：73 – 79.

[147] 王新尧，曹云峰，孙厚俊，等. 基于 DoDAF 的有人/无人机协同作战体系结构建模 [J]. 系统工程与电子技术，2020，42(10)：2265 – 2274.

[148] 乔心，李永宾，葛小凯. 基于 DoDAF 2.0 的多机协同探测系统体系结构设计[J]. 空军工程大学学报(自然科学版)，2017，18(1)：20 - 26.

[149] 李文俊，杨学强，纪伯公. 基于 DoDAF 的装备保障信息系统集成体系结构设计[J]. 装甲兵工程学院学报，2018(5)：95 - 103.

[150] HUFF J，MEDAL H，GRIENDLING K. A model-based systems engineering approach to critical infrastructure vulnerability assessment and decision analysis [J]. Syst Eng，2019，22(2)：114 - 133.

[151] AZARI M M，ROSAS F，CHEN K C，et al. Ultra reliable UAV communication using altitude and cooperation diversity[J]. IEEE Trans Commun，2018，66(1)：330 - 344.

[152] SAEED A S，YOUNES A B，CAI C X，et al. A survey of hybrid unmanned aerial vehicles[J]. Prog Aerosp Sci，2018(98)：91 - 105.

[153] LUO D L，SHAO J，XU Y，et al. Coevolution pigeon-inspired optimization with cooperation-competition mechanism for multi-UAV cooperative region search[J]. Appl Sci，2019，9(5)：827.

[154] LIN L，GOODRICH M A. Hierarchical heuristic search using a Gaussian mixture model for UAV coverage planning[J]. IEEE Trans Cybern，2014，44(12)：2532 - 2544.

[155] SAN JUAN V，SANTOS M，ANDUJAR J M. Intelligent UAV map generation and discrete path planning for search and rescue operations[J]. Complexity，2018，2018(1)：6879419.

[156] LI P，DUAN H B. A potential game approach to multiple UAV cooperative search and surveillance[J]. Aerosp Sci Technol，2017(68)：403 - 415.

[157] HU X X，LIU Y H，WANG G Q. Optimal search for moving targets with sensing capabilities using multiple UAVs[J]. J Syst Eng Electron，2017，28(3)：526 - 535.

[158] ALOTAIBI E T，ALQEFARI S S，KOUBAA A. LSAR：Multi-UAV collaboration for search and rescue missions[J]. IEEE Access，2019(7)：55817 - 55832.

[159] 葛金鹏，蒋晓红. 无人系统集群协同网络研究[J]. 中国新通信，2020，22(23)：104 - 108.

[160] 郭行. 智能无人系统发展战略研究[J]. 无人系统技术，2020，3(6)：1 - 11.

[161] 赵留平，李环，王鹏. 水下无人系统智能化关键技术发展现状[J]. 无人系统技术，

2020，3(6)：12 - 24.

[162] 郭雷，袁源，乔建忠，等. 无人系统免疫智能技术[J]. 航空学报，2020，41
(11)：024618.

[163] 刘莉，董欣心，葛佳昊，等. 拒止环境下无人系统作战模式及关键技术[J]. 战术导
弹技术，2020(4)：167 - 174.

[164] 李林林，张承龙，卓志敏. 智能无人作战系统发展及关键技术[J]. 现代防御技术，
2020，48(3)：37 - 43.

[165] 徐淑升，李雪，张保学. 跨域无人系统协同技术在海洋监管工作中的应用[J]. 海洋
开发与管理，2020，37(8)：81 - 84.

[166] 李志航. 基于深度强化学习的自主无人系统驾驶策略研究[D]. 广州：广东工业大
学，2020.

[167] PHUNG M D, HA Q P. Motion-encoded particle swarm optimization for moving
target search using UAVs[J]. Appl Soft Comput，2020(97)：106705.

[168] SHAO Y, ZHAO Z F, LI R P, et al. Target detection for multi-UAVs via digital
pheromones and navigation algorithm in unknown environments[J]. Front Inf
Technol Electron Eng，2020，21(5)：796 - 808.

[169] YUE W, GUAN X H, WANG L Y. A novel searching method using
reinforcement learning scheme for multi-UAVs in unknown environments[J].
Appl Sci，2019，9(22)：4964.

[170] VALENTE J, BARRIENTOS A, DEL CERRO J, et al. Multi-robot visual
coverage path planning: Geometrical metamorphosis of the workspace through
raster graphics based approaches[M]. Berlin：Springer，2011.

[171] HU J W, XIE L H, LUM K Y, et al. Multiagent information fusion and
cooperative control in target search[J]. IEEE Trans Contr Syst Technol，2013，21
(4)：1223 - 1235.

[172] GAO C, ZHEN Z Y, GONG H J. A self-organized search and attack algorithm for
multiple unmanned aerial vehicles[J]. Aerosp Sci Technol，2016(54)：229 - 240.

[173] ZHEN Z Y, XING D J, GAO C. Cooperative search-attack mission planning for
multi-UAV based on intelligent self-organized algorithm[J]. Aerosp Sci Technol，
2018(76)：402 - 411.

[174] 刘重，高晓光，符小卫. 带信息素回访机制的多无人机分布式协同目标搜索[J]. 系
统工程与电子技术，2017，39(9)：1998 - 2011.

[175] KHAN A, YANMAZ E, RINNER B. Information exchange and decision making

in micro aerial vehicle networks for cooperative search[J]. IEEE Trans Contr Netw Syst, 2015, 2(4): 335 - 347.

[176] AZNAR F, PUJOL M, RIZO R, et al. Modelling multi-rotor UAVs swarm deployment using virtual pheromones[J]. PLoS One, 2018, 13(1): 0190692.

[177] DUAN H B, ZHANG D F, FAN Y M, et al. From wolf pack intelligence to UAV swarm cooperative decision-making[J]. Sci Sin-Inf, 2019, 49(1): 112 - 118.

[178] 伍尚慧. 海底"狼群"无人潜航器——国外无人潜航器的发展现状与趋势分析[J]. 军事文摘, 2018(3): 17 - 20.

[179] ZUB, KOWALCZYK, JEDRZEJEWSKA, et al. Wolf pack territory marking in the bialowieza primeval forest (Poland)[J]. Behaviour, 2003, 140(5): 635 - 648.

[180] CIUCCI P, BOITANI L, FRANCISCI F, et al. Home range, activity and movements of a wolf pack in central Italy[J]. J Zool, 1997, 243(4): 803 - 819.

[181] 陈虹. 模型预测控制[M]. 北京: 科学出版社, 2013.

[182] 刘琳琳, 周立芳, 嵇婷, 等. 多层次多模型预测控制算法的模型切换方法研究[J]. 自动化学报, 2013, 39(5): 626 - 630.

[183] 薛俊杰, 王瑛, 李浩, 等. 一种狼群智能算法及收敛性分析[J]. 控制与决策, 2016, 31(12): 2131 - 2139.

[184] MENASSEL R, NINI B, MEKHAZNIA T. An improved fractal image compression using wolf pack algorithm[J]. J Exp Theor Artif Intell, 2018, 30 (3): 429 - 439.

[185] ZHU Y, JIANG W L, KONG X D, et al. A chaos wolf optimization algorithm with self-adaptive variable step-size[J]. 2017, 7(10): 105024.

[186] HAN Z H, TIAN X T, MA X F, et al. Scheduling for re-entrant hybrid flowshop based on wolf pack algorithm[J]. Mater Sci Eng, 2018, 382: 032007.

[187] GAO Y J, ZHANG F M, ZHAO Y, et al. Quantum-inspired wolf pack algorithm to solve the 0 - 1 knapsack problem[J]. Math Probl Eng, 2018, 2018: 5327056.

[188] 傅文渊, 凌朝东. 自适应折叠混沌优化方法[J]. 西安交通大学学报, 2013, 47(2): 33 - 38.

[189] 傅文渊, 李国刚, 王燕琼. 区间长度可变的反向混沌优化算法[J]. 电子学报, 2019, 47(1): 113 - 121.

[190] CHEN C C, SHEN L P. Improve the accuracy of recurrent fuzzy system design using an efficient continuous ant colony optimization[J]. Int J Fuzzy Syst, 2018, 20(3): 817 - 834.

[191] LI M，CHEN H，ZHANG M，et al. Multi-swarm particle swarm optimizer with mutation and its research in biomedical information classification optimizer[J]. J Med Imaging Hlth Inform，2018，8(8)：1619 – 1626.

[192] LV L，ZHAO J. The firefly algorithm with Gaussian disturbance and local search [J]. J Signal Process Syst，2018，90(8)：1123 – 1131.

[193] AWAD N H，ALI M，LIANG J J，et al. Problem definitions and evaluation criteria for the CEC 2017 special session and competition on single objective bound constrained real – parameter numerical optimization[EB/OL]. (2016 – 9 – 12) [2024 – 05 – 16]. http://www.ntu.edu.sg/home/epnsugan/.

[194] CHEN H L，ZHANG Q，LUO J，et al. An enhanced bacterial foraging optimization and its application for training kernel extreme learning machine[J]. Appl Soft Comput，2020(86)：105884.

[195] XUE Y，JIANG J M，ZHAO B P，et al. A self-adaptive artificial bee colony algorithm based on global best for global optimization[J]. Soft Comput，2018，22 (9)：2935 – 2952.

[196] CHENG J T，WANG L，JIANG Q Y，et al. A novel cuckoo search algorithm with multiple update rules[J]. Appl Intell，2018，48(11)：4192 – 4211.

[197] LIN A P，SUN W，YU H S，et al. Global genetic learning particle swarm optimization with diversity enhancement by ring topology [J]. Swarm Evol Comput，2019，44：571 – 583.

[198] DERRAC J，GARCIA S，MOLINA D，et al. A practical tutorial on the use of nonparametric statistical tests as a methodology for comparing evolutionary and swarm intelligence algorithms[J]. Swarm Evol Comput，2011，1(1)：3 – 18.

[199] DEMSAR J. Statistical comparisons of classifiers over multiple data sets[J]. J Mach Learn Res，2006(7)：1 – 30.

[200] SLOWIK A，KWASNICKA H. Nature inspired methods and their industry applications：swarm intelligence algorithms[J]. IEEE Trans Ind Inform，2018，14 (3)：1004 – 1015.

[201] BONABEAU E，DORIGO M，THERAULAZ G. Inspiration for optimization from social insect behaviour[J]. Nature，2000，406(6791)：39 – 42.

[202] ROBINSON G E. Regulation of division of labor in insect societies[J]. Annu Rev Entomol，1992(37)：637 – 665.

[203] 肖人彬，王英聪. 群智能自组织劳动分工研究进展[J]. 信息与控制，2019，48(2)：

129 - 139.

[204] MERTL A L，TRANIELLO J F A. Behavioral evolution in the major worker subcaste of twig-nesting pheidole（Hymenoptera：Formicidae）：does morphological specialization influence task plasticity？[J]. Behav Ecol Sociobiol，2009，63(10)：1411 - 1426.

[205] AMENT S A，WANG Y，ROBINSON G E. Nutritional regulation of division of labor in honey bees：toward a systems biology perspective[J]. Wiley Interdiscip Rev Syst Biol Med，2010，2(5)：566 - 576.

[206] DUARTE A，WEISSING F J，PEN I，et al. An evolutionary perspective on self-organized division of labor in social insects[J]. Annu Rev Ecol Evol Syst，2011(42)：91 - 110.

[207] 李姝，裘昌利，栾爽，等. 美军无人系统发展规划研究综述[J]. 无人系统技术，2023，6(6)：101 - 108.

[208] 张晓莹. 多无人节点协同路径规划技术研究[D]. 杭州：杭州电子科技大学，2023.

[209] 陈赤联，张锴，郭褚冰，等. 无人作战体系构建研究初探[J]. 中国电子科学研究院学报，2023，18(9)：847 - 853.

[210] 曾江峰，谢杨柳，金哲毅，等. 水面无人艇集群编队控制技术综述[J]. 导航定位与授时，2023，10(5)：7 - 17.

[211] 关海杰，王博洋，王旭睿，等. 搭载任务载荷军用地面无人系统发展综述[J]. 兵工学报，2023，44(11)：3333 - 3344.

[212] 邱志明，孟祥尧，马焱，等. 海上无人系统发展及关键技术研究[J]. 中国工程科学，2023，25(3)：74 - 83.

[213] 刘亭亭. 通信受限下自主无人系统的任务协同和通信联合研究[D]. 北京：北京邮电大学，2023.

[214] 胡程程. 空地协同无人系统部署优化关键技术研究[D]. 南京：南京信息工程大学，2023.

[215] 李松，张春华，孙煜飞，等. 美军无人系统跨域协同作战能力发展研究[J]. 中国电子科学研究院学报，2023，18(3)：284 - 288.

[216] 初军田，张武，丁超，等. 跨域无人系统协同作战需求分析[J]. 指挥信息系统与技术，2022，13(6)：1 - 8.

[217] 司炳山，董志明. 外军无人系统自主行为决策技术发展研究[J]. 舰船电子工程，2022，42(12)：8 - 11.

[218] 刘佩林，陈祥，牛小明. 无人系统自主性技术研究现状与发展趋势[J]. 兵工自动

化，2022，41(12)：61 - 65.

[219] 朱丰，袁艺，王永华，等. 智能无人系统大步登上战争舞台[J]. 军事文摘，2022
      (19)：28 - 31.

[220] 王耀南，安果维，王传成，等. 智能无人系统技术应用与发展趋势[J]. 中国舰船研
      究，2022，17(5)：9 - 26.

[221] PARPINELLI R S, LOPES H S. New inspirations in swarm intelligence：a survey
      [J]. Int J Bio Inspired Comput，2011，3(1)：1.

[222] BESHERS S N, HUANG Z Y, OONO Y, et al. Social inhibition and the
      regulation of temporal polyethism in honey bees[J]. J Theor Biol，2001，213(3)：
      461 - 479.

[223] BONABEAU E, THERAULAZ G, DENEUBOURG J L. Quantitative study of
      the fixed threshold model for the regulation of division of labour in insect societies
      [J]. Proc R Soc Lond B，1996，263(1376)：1565 - 1569.

[224] KANG Y, THERAULAZ G. Dynamical models of task organization in social
      insect colonies[J]. Bull Math Biol，2016，78(5)：879 - 915.

[225] TRIPET F, NONACS P. Foraging for work and age-based polyethism：the roles
      of age and previous experience on task choice in ants[J]. Ethology，2004，110
      (11)：863 - 877.

[226] LEE W, KIM D. Adaptive approach to regulate task distribution in swarm robotic
      systems[J]. Swarm Evol Comput，2019(44)：1108 - 1118.

[227] IBRAHIM D S, VARDY A. Adaptive task allocation for planar construction using
      response threshold model[M]. Cham：Springer International Publishing，2019.

[228] LEE W, KIM D. History-based response threshold model for division of labor in
      multi-agent systems[J]. Sensors，2017，17(6)：1232.

[229] ZAHADAT P, HAHSHOLD S, THENIUS R, et al. From honeybees to robots
      and back：division of labour based on partitioning social inhibition[J]. Bioinspir
      Biomim，2015，10(6)：066005.

[230] WANG Y C, XIAO R B, WANG H M. A flexible labour division approach to the
      polygon packing problem based on space allocation[J]. Int J Prod Res，2017，55
      (11)：3025 - 3045.

[231] DE OLIVEIRA D, BAZZAN A L C. Traffic lights control with adaptive group
      formation based on swarm intelligence[M]. Berlin：Springer，2006.

[232] CICIRELLO V A, SMITH S F. Wasp-like agents for distributed factory

coordination[J]. Auton Agents Multi Agent Syst，2004，8(3)：237－266.

[233] DAVID MECH L. Alpha status，dominance，and division of labor in wolf packs [J]. Can J Zool，1999，77(8)：1196－1203.

[234] HU J Q，WU H S，ZHAN R J，et al. Self-organized search-attack mission planning for UAV swarm based on wolf pack hunting behavior[J]. J Syst Eng Electron，2021，32(6)：1463－1476.

[235] 吴成海.基于复杂适应系统范式的战斗随机协同控制方法研究[D].成都：电子科技大学，2018.

[236] 周同乐，陈谋，朱荣刚，等.基于狼群算法的多无人机协同多目标攻防满意决策方法[J].指挥与控制学报，2020，6(3)：251－256.

[237] STENGLEIN J L，WAITS L P，AUSBAND D E，et al. Estimating gray wolf pack size and family relationships using noninvasive genetic sampling at rendezvous sites[J]. J Mammal，2011，92(4)：784－795.

[238] WHITE K A J，LEWIS M A，MURRAY J D. A model for wolf-pack territory formation and maintenance[J]. J Theor Biol，1996，178(1)：29－43.

[239] 王勇，王聘，李关防，等.海上无人集群有人/无人协同控制架构[J].指挥控制与仿真，2022，44(5)：1－5.

[240] 董锐，杨阔.智能无人机系统发展及安全风险分析[J].数据通信，2022(2)：32－36.

[241] 马勇，王雯琦，严新平.水域无人系统平台自主航行及协同控制研究进展[J].无人系统技术，2022，5(1)：1－16.

[242] 常晓飞，蒋邓怀，姬晓闯，等.无人作战系统仿真发展综述[J].无人系统技术，2021，4(6)：28－36.

[243] 何鹏晖，苏成悦，施振华，等.面向多任务的无人系统通信及控制系统设计与实现[J].现代信息科技，2021，5(21)：74－77.

[244] 王杰东，董强健.无人系统路线图自主性分析[J].国防科技，2021，42(4)：32－36.

[245] 石亮.无人系统安全防护研究[J].国防科技，2021，42(4)：26－31.

[246] 何源洁，张华鹏.无人机数据链技术及发展[J].电子技术与软件工程，2021(16)：184－185.

[247] 王伟，王钦钊，刘钢锋，等.地面无人系统反制关键技术分析与综述[J].航空学报，2022，43(7)：025489.

[248] 付梦印，杨毅，岳裕丰，等.地空协同无人系统综述[J].国防科技，2021，42(3)：1－8.

[249] 张婷婷，蓝羽石，宋爱国.无人集群系统自主协同技术综述[J].指挥与控制学报，2021，7(2)：127－136.

［250］ 王文峰，余雪梅，徐冬梅. 无人系统互操作性标准化综述［J］. 中国标准化，2020
（12）：100－104.

［251］ KITTLE A M，ANDERSON M，AVGAR T，et al. Wolves adapt territory size，
not pack size to local habitat quality［J］. J Anim Ecol，2015，84（5）：1177－1186.

［252］ BAAN C，BERGMULLER R，SMITH D W，et al. Conflict management in
free-ranging wolves，Canis lupus［J］. Anim Behav，2014（90）：327－334.

［253］ PALAGI E，CORDONI G. Postconflict third-party affiliation in Canis lupus：do
wolves share similarities with the great apes？ ［J］. Anim Behav，2009，78（4）：
979－986.

［254］ MARTIN J，BARJA I，LOPEZ P. Chemical scent constituents in feces of wild
Iberian wolves （Canis lupus signatus）［J］. Biochem Syst Ecol，2010，38（6）：
1096－1102.

［255］ NOWAK S，JEDRZEJEWSKI W，SCHMIDT K，et al. Howling activity of
free-ranging wolves （Canis lupus） in the Bialowieza Primeval Forest and the
Western Beskidy Mountains （Poland）［J］. J Ethol，2007，25（3）：231－237.

［256］ HEBERLEIN M T E，TURNER D C，RANGE F，et al. A comparison between
wolves，Canis lupus，and dogs，Canis familiaris，in showing behaviour towards
humans［J］. Anim Behav，2016（122）：59－66.

［257］ 李磊，王彤，蒋琪. 从美军 2042 年无人系统路线图看无人系统关键技术发展动向
［J］. 无人系统技术，2018，1（4）：79－84.

［258］ 郭继峰，郑红星，贾涛，等. 异构无人系统协同作战关键技术综述［J］. 宇航学报，
2020，41（6）：686－696.